U0396871

大道

书系·教育

孙杰远　主编

陈闻　等著

绿色教育的实践逻辑

广西师范大学出版社

·桂林·

图书在版编目(CIP)数据

绿色教育的实践逻辑／陈闻等著. —桂林：广西师范大学出版社，2024.8

（大道书系／孙杰远主编. 教育）

ISBN 978 - 7 - 5598 - 6995 - 1

Ⅰ. ①绿… Ⅱ. ①陈… Ⅲ. ①环境教育 Ⅳ. ①X - 4

中国国家版本馆 CIP 数据核字(2024)第 099962 号

绿色教育的实践逻辑

LÜSE JIAOYU DE SHIJIAN LUOJI

出 品 人：刘广汉
责任编辑：吕解颐
装帧设计：李婷婷

广西师范大学出版社出版发行

（广西桂林市五里店路9号　　　邮政编码：541004
　网址：http://www.bbtpress.com　　　　　　　　）

出版人：黄轩庄

全国新华书店经销

销售热线：021 - 65200318　021 - 31260822 - 898

山东临沂新华印刷物流集团有限责任公司印刷

（临沂高新技术产业开发区新华路1号 邮政编码：276017）

开本：690 mm×960 mm　　1/16

印张：21.5　　　　　　字数：253 千

2024 年 8 月第 1 版　　　2024 年 8 月第 1 次印刷

定价：78.00 元

如发现印装质量问题，影响阅读，请与出版社发行部门联系调换。

总序：时代转型中的教育应对

张诗亚

"大道之行也，天下为公。"广西师范大学教育学部与广西师范大学出版社合作推出"大道书系"。很显然，其所追求的无疑是"天下为公"。

在该书系中，其"大道"的核心内容主要围绕教育和心理两大领域展开。我们现在面临的是一个前所未有的大变局时代，社会、教育，还有我们的心理都面临着巨大的挑战。如今的人工智能技术突飞猛进，ChatGPT、Gemini、Sora等不断涌现。这让我们不禁开始思考，学生学习与教师教学是不是还能安之若素，只注重知识的传授与接收；老师和学生的心理有哪些新变化，心理学应该注意哪些新问题，又该怎样去应对这些新问题。

教育学与心理学均需要重新审视其存在的意义，思考其是否还具有继续存在的合理性，以及在不断变化的时代背景下，是否能够继续推动教育的发展，并深入探讨如何应对新时代变化的教育和心理问题。这个课题不仅关乎广西师范大学教育学部和广西师范大学出版社，更是所有从事教育学和心理学研究的人必须面对的问题。在这个关键时刻，我们需要重新审视传统，从中寻找进一步发展的资源。

于是，我们回顾并梳理传统。"大道书系"便有探索中国少数民族儿童与国际儿童价值观形成的比较的作品。在新形势下，儿童大量接触网络、多媒体及人工智能，他们的价值观发生了哪些新变化？这个课题不仅关乎中国的儿童,也关乎世界各国的儿童。从这一角度出发,探讨儿童价值观在新形势下的形成,具有更为重要的价值。

广西是一个多元文化交融的地区,孕育了丰富的民歌传统。在这片土地上,民歌作为传统文化的重要组成部分,既面临时代的挑战,也迎来新的发展机遇。面对这些挑战与机遇,我们不仅要深入研究民歌的历史和传统价值,更要审视其在新形势下的育人功能。

学校和课堂在新形势下都发生了很多变化,这些变化涉及学校与社会、教师与学生、书本知识与生活实践,核心在于共生教育。面对共生教育,怎样去构筑师生关系,探寻互动双赢的局面,而不是一味地灌输教育?这个问题在新媒体、人工智能涌入教育之中时尤为突出。所以以共生教育的视角来看待这个新问题,去思索解决这个新问题的途径是十分重要的。

教育是一个多维度体系,涉及学校的实践、社会的实践,以及多个学科的理论层面。因此,需要从教育基本理论、教学论、教育技术、比较教育等方面出发,探寻这些新变化和新挑战。广西师范大学把整个教科院的老师都动员起来,认真思考这些新问题、新挑战,力图寻求新路径去解决这些问题,以推进教育学以及心理学的发展。

教育学、心理学也从不同的层面探索这些问题。例如,微观层面的学习心理、教学心理对学生、老师会产生很多新影响,带来很多新挑战;宏观层面的教育社会学则从相对广阔的视野研究社会变化对人的心理以及社会心理产生的影响,并寻求必要的应对措施;等等。

在人工智能等新技术大量涌现之际,我们需要思考如何应对变化,以促进教育的良性发展。这既是广西师范大学老师的事情,也是全国老师学生共同的责任,也是世界上相关研究者责无旁贷的使命。

这个努力不可能一蹴而就，毕竟新时代带来的是新问题，需要我们在较长时期内认真思考、应对挑战、解决问题。我相信广西师范大学能够坚持下去，立足实际，关注新技术对教育体系的影响，并结合实际情况探索新的发展路径。我相信，无论是在实践上还是理论上，他们都将有所建树。

中国式教育现代化的基本问题（代序）

孙杰远

以习近平总书记在党的二十大报告中鲜明提出并着重阐发中国式现代化重大论题为历史契机，中国教育现代化研究迎来一个理论建构与升华的重大转折点，标志性理论事件即中国式教育现代化论题的提出、讨论和探索。目前已出现多篇直接讨论中国式教育现代化问题的重要文献，并且文献数量增长趋势明显。这表明，该问题已经引起越来越多的学者关注并展开研究，这同时也反映出问题本身的重要性、迫切性和前沿性。整体上看，当前中国式教育现代化研究还处在起步阶段，即基本理论建构的初创阶段，诸多重要的原理性问题还有待深入讨论和探索。鉴于此，基于已有相关研究，本文尝试对中国式教育现代化的若干基本问题进行分析与阐释，以期推进中国式教育现代化理论的创建与发展。

一、中国式教育现代化的理论性质

中国式教育现代化是一个崭新的理论命题，科学认识和定位这一命题的理论性质，应该是展开其他相关问题研究的基本前提。一个命题的理论性质问题，往往也是关于该理论命题的理论归属问题，其中涉及该命题产生的话语逻辑与历史背景，也反映出该命题本身所蕴含的价值旨趣。

（一）中国式教育现代化是中国式现代化的理论映射

在没有出现中国式现代化这一理论命题的明确提法之前①，学界并未发生中国式教育现代化的话语及概念建构。显然，中国式教育现代化概念及相关理论生成可视为中国式现代化理论命题的逻辑产物。也可以说，中国式教育现代化作为一个教育理论命题，是中国式现代化这个总体性理论命题的具体延伸和内在阐发。这种延伸和阐发本身实际上构成了中国式现代化理论创新和理论体系建构的题中之义。习近平总书记在二十届中央政治局第一次集体学习时的讲话中便特别强调，"党的二十大在政治上、理论上、实践上取得了一系列重大成果"，学习党的二十大报告"不能仅停留在记住一些概念和提法。新时代以来，党的理论创新和实践创新是十分生动的，我们的学习也应该是生动的"②。就中国式现代化重大论断的学习而言，这实际上就是在指明，我们需要结合具体实践领域对应的理论需求，对中国式现代化的理论本质、价值纲领和方法论内涵等进行生动阐释与说明，由此，也才能够从不同维度丰厚中国式现代化的理论内涵，发展和完善中国式现代化的理论体系。

中国式教育现代化的概念、范畴和话语建构，必然是在中国式现代化的理论体系中完成。中国式教育现代化属于中国式现代化的重要内容，并整体反映中国式现代化的理论逻辑和价值逻辑。只有这样，才能够建立中国式现代化理论体系的内在一致性，同时使中国式教育现代化理论建构始终具备一

---

① "'中国式'现代化"较早应该是由邓小平提出，早在 1993 年，邓小平同志就说："我们搞的现代化，是中国式的现代化。"（参见《邓小平文选》〔第 3 卷〕，人民出版社，1993 年，第 29 页）正式提出中国式现代化理论命题并对其进行系统阐发，则是由习近平同志在十九届五中全会第二次全体会议、党的二十大以及学习贯彻党的二十大精神研讨班开班式等会议的系列重要讲话中完成，代表着中国式现代化正式作为党的重大理论成果的展现，也意味着中国式现代化道路已取得重大成就。

② 习近平：《在二十届中央政治局第一次集体学习时的讲话》，《求是》2023 年第 2 期。

种逻辑自洽的理论支撑。这应该是新时代中国话语、中国理论及中国自主性知识体系创新与建构的基本遵循,缺乏内在统一性和一致性的理论体系经不起历史考验,也经不起实践检验。同时,这也无疑应作为中国式教育现代化研究的基本理论自觉。

(二) 中国式教育现代化是关于中国教育现代化成就的理论判断

中国式教育现代化理论建构反映中国式现代化的理论逻辑,是关于中国式现代化理论的具体延展与阐发。但是,中国式教育现代化作为一种理论形式,不是一个简单地从理论到理论、从概念到概念的建构过程。作为一个新时代产生和建构的中国教育学重大理论命题,中国式教育现代化必然是对中国教育现代化实践的反映。中国式教育现代化的"中国式"之所以成立,根本上源自中国教育现代化实践所形成的基本规律、取得的伟大成就和展示的正确方向。

习近平总书记在学习贯彻党的二十大精神研讨班开班式上深刻强调:"中国式现代化是我们党领导全国各族人民在长期探索和实践中历经千辛万苦、付出巨大代价取得的重大成果。"①中国式教育现代化正是这种重大成果的具体表现,没有中国式教育现代化的历史与实践,便不会有中国式教育现代化的理论建构。这同时也表明,作为重大成果的"中国式"教育现代化是由中国共产党领导的百年教育现代化变革所积淀而成的总体特征,它不是朝夕所致,也不是某个因素、某个方面或某个类型意义上的教育现代化成效。中国式教育现代化的理论范式,是关于百年中国教育现代化伟大实践历程的深度研究和全面总结,是关于中国百年教育现代化的规律揭示与特征描述,同

---

① 《习近平在学习贯彻党的二十大精神研讨班开班式上发表重要讲话强调 正确理解和大力推进中国式现代化》,http://www.news.cn/politics/leaders/2023-02/07/c_1129345744.htm。

时又是关于中国传统教育思想和百年现代中国教育学探索的守正创新,是一种理论凝聚、理论重塑和理论升华。在此意义上,中国式教育现代化研究可以说是一种历史研究。

（三）中国式教育现代化是马克思主义教育理论中国化时代化的最新成果

在党的二十大报告中,习近平总书记特别指出:"实践没有止境,理论创新也没有止境。不断谱写马克思主义中国化时代化新篇章,是当代中国共产党人的庄严历史责任。"①很显然,中国式现代化正是马克思主义理论中国化时代化的最新重大理论成果。习近平总书记在学习贯彻党的二十大精神研讨班开班式上也强调,"概括提出并深入阐述中国式现代化理论,是党的二十大的一个重大理论创新,是科学社会主义的最新重大成果"②。相应地,中国式教育现代化必然就是马克思主义教育理论中国化时代化的最新重大成果,只不过,这个成果还需要新时代中国教育学人立足中国式教育现代化的百年历史和当下实践,不断进行理论探索、总结与创新,不遗余力地共同推进中国式教育现代化理论建设,不断开辟中国化时代化的马克思主义教育理论新篇章、新境界,展现出世界教育理论建构的中国特色、中国标识和中国贡献。

作为中国化时代化马克思主义教育理论的最新成果,中国式教育现代化理论必然生长于中国教育现代化理论建构的百年历史沃土,只能说,中国式教育现代化理论是百年中国教育现代化理论探索、创新和发展的结果。今日

---

① 习近平:《高举中国特色社会主义伟大旗帜　为全面建设社会主义现代化国家而团结奋斗——在中国共产党第二十次全国代表大会上的报告》,《人民日报》2022 年 10 月 26 日。
② 《习近平在学习贯彻党的二十大精神研讨班开班式上发表重要讲话强调　正确理解和大力推进中国式现代化》,http://www.news.cn/politics/leaders/2023-02/07/c_1129345744.htm。

言说中国式教育现代化,不能不在百年历史脉络和理论积淀中寻找理论建构的逻辑支持和知识养分,从而在历史中获得理论正当性。

中国化时代化的马克思主义教育理论,不仅完整地发挥了经典马克思主义教育理论的批判力和建构力,而且根据中国实际及其演进,不断开辟出马克思主义教育理论形式的新格局和新境界。在此过程中,这种批判力和建构力本身也得以不断发展创新。只有具备这种批判力和建构力,中国式教育现代化理论创新才能不断改进和发展自身。根据历史条件变化而始终保持人的自由全面发展学说的理论内核,以国家和人类发展的历史条件本身作为理论创新和完善的现实基础,又以国家和人类发展的历史现实作为理论建构的价值对象。由此,中国式教育现代化理论才能不断满足人民的需要、国家的需要、人类的需要,始终保持自身作为人民教育学、社会主义教育学和共产主义教育学的本质特性。

二、中国式教育现代化的基本内涵

中国式教育现代化是中国式现代化的理论映射,这意味着中国式教育现代化的基本内涵必然是在中国式现代化基本内涵中获得规定,二者具有逻辑一致性和本质共通性。习近平总书记在党的二十大报告中对中国式现代化的基本内涵做了明确阐发,这无疑构成了中国式教育现代化内涵建构的本质遵循,作为中国式现代化的具体延伸和阐释,中国式教育现代化理论必应立足于此,同时结合教育的事实、价值与话语,进而完成对中国式教育现代化基本内涵的科学解释。

（一）中国式教育现代化具有世界教育现代化共性与中国教育现代化特性

党的二十大报告明确指出:"中国式现代化,是中国共产党领导的社会主义现代化,既有各国现代化的共同特征,更有基于自己国情的中国特色。"①
根据这一重要论断,首先要明确的是,中国式教育现代化不是以西方资本
主义国家提供的教育话语、理论、知识及其背后的、价值准则为主导的教育
现代化,中国式教育现代化根植于中国历史与文化传统,建基于中国共产
党领导的、在中国大地上发生的伟大教育实践变革运动,具有深厚的国家
教育文化基因、广泛扎实的人民教育实践基础和坚定科学的中国化时代化
马克思主义理论纲领。因此,中国式教育现代化具有鲜明的"中国"历史逻
辑、理论逻辑和实践逻辑。其次要明确的是,中国式教育现代化不是故步
自封、盲目排外的教育现代化,中国式教育现代化是在世界教育现代化宏
大历史浪潮中进行的,属于世界教育现代化的内在组成部分,同世界其他
国家一样,中国的教育现代化被赋有工业革命与信息技术革命以来现代社
会孕育的教育现代化一般属性。

　中国式教育现代化形成于与若干先进合理的现代性教育元素之间的交
融、转化和发展进程中,同时,又在这一进程中充分发挥中国教育文化、实践、
理论与制度优势,完成了对西方资本主义国家主导的教育现代化模式的批判
性超越,从而实现了教育现代化的"中国式"创造。教育现代化与现代世界的
经济现代化、政治现代化、文化现代化、思想现代化的进程几乎同步发生,教
育现代化与其他一切现代化进程互为动力,不断推动人类文明的整体现代化
进程。在这一进程中,教育现代化的鲜明特征是教育科学化、教育民主化、教
育普及化、教育制度化、教育法治化、教育智能化等,这也是世界各国教育现
代化呈现出来的一般特征。但是在教育现代化发展的基因结构、价值前提、

───────

① 习近平:《高举中国特色社会主义伟大旗帜　为全面建设社会主义现代化国家而团结奋
　斗——在中国共产党第二十次全国代表大会上的报告》,《人民日报》2022 年 10 月 26 日。

标准规范、目标追求、实践样态、文化表征等方面,中国式教育现代化则充分地展现出了自身的独特性质。由于中国式教育现代化在进入教育现代化建构的卓绝历史进程中始终坚持马克思主义的立场、观点和方法,并始终贯通发扬中国传统儒释道文明的核心文化精神与价值体系,"更加注重以德为先,更加注重全面发展,更加注重面向人人,更加注重终身学习,更加注重因材施教,更加注重知行合一,更加注重融合发展,更加注重共建共享"①,因此,中国式教育现代化的独特性质同时又展现出创造教育现代化新一般性的巨大潜能,这种巨大潜能恰好蕴藏于中国式现代化关于构建人类命运共同体和推进世界和平发展的伟大愿景之中。

(二) 中国式教育现代化是满足巨大规模人口需求的教育现代化

中国式现代化是人口规模巨大的现代化,这意味着中国式教育现代化必然致力于满足超大规模人口的教育需求,并通过教育现代化促进超大规模人口现代化。满足超大规模人口的教育需求,意味着中国式教育现代化是一种服务全体人民的教育现代化,这样的教育现代化不因阶层、民族、性别、区域或其他任何先天与后天因素而表现出教育不平等和不公正。反之,则是以平等、民主和公平为基本原则,立足人民立场而持续推进教育平等化、教育民主化和教育公平化建设,最大限度地保护人民的合法教育权益,最大程度地为人民创造优质的教育资源。

人口规模巨大的教育现代化,实质是以教育现代化为动力机制促进巨大规模人口的现代化。现代化的核心是人的现代化,教育现代化的根本特征即实现人的现代化。中国式教育现代化始终坚持"以人民为中心的发展思想,

———————

① 《中共中央国务院发布〈中国教育现代化 2035〉》,《人民日报》2019 年 2 月 24 日。

让全体人民享有更好更公平的教育,努力让每个人都有人生出彩的机会,获得发展自身、奉献社会、造福人民的能力"①,因此必然是一种促进最大规模人口现代化的教育范式,也必然是对封建等级教育、资本主义阶级压迫教育的历史超越和"范式革命"。人的现代化在国家意义上便是培养中国特色社会主义建设者和接班人,培养担当民族复兴大任的时代新人,因此,中国式教育现代化本身蕴含着科教兴国战略和人才发展战略的辩证逻辑。

（三） 中国式教育现代化是赋能全体人民共同富裕的教育现代化

中国式现代化是全体人民共同富裕的现代化,这一方面表明,中国式教育现代化必然是一种让全体人民共同享有充足而优质教育资源的现代化,亦即在教育作为财富的意义上,中国式教育现代化要满足全体人民共同享有教育财富。教育财富包括教育物质财富和教育精神财富,前者表现为教育经费、师资力量、教育设备等,后者表现为教育制度与实践活动中蕴含的先进知识与文化、正当道德与伦理、丰沛情感与人文。教育财富的共同富裕,意味着国家人民能够适切地享受到可以创造人生价值与幸福感的教育财富。

另一方面表明,中国式教育现代化在教育功能的意义上,要实现教育对全体人民共同富裕的全面赋能。教育赋能全体人民共同富裕,亦即赋能中国各民族共同富裕。② 共同富裕是中国式现代化的基本内涵,在教育赋能的意义上,本质即为教育能够阻断贫困的代际传递③,同时赋能全国各族人民、各区域

---

① 陈宝生:《国之大计　党之大计——新中国教育事业的历史成就与现实使命》,《人民日报》2019 年 9 月 10 日。
② 孙杰远:《教育赋能:各民族同步实现现代化的必然选择》,《教育研究》2022 年第 10 期。
③ 王学男、吴霓:《教育是阻断贫困代际传递的治本之策——习近平总书记关于教育的重要论述学习研究之二》,《教育研究》2022 年第 2 期。

人民创造生活财富与人生财富,使每个人都能在教育获得感中发现创造财富的奥秘与力量。教育赋能是知识与能力、情感与态度、技术与方法、思想与价值观等方面的综合性赋能,也是针对性、个性化的赋能,它意味着每个人都能在教育中获得自身发展和财富创造的综合素质与个性化方式。

(四) 中国式教育现代化是促进物质文明和精神文明协调发展的教育现代化

中国式现代化是物质文明和精神文明协调的现代化,这是对中国实践和中国社会各个领域的总体规定。就教育而论,中国式教育现代化同样是物质文明和精神文明相协调的教育现代化。也就是说,中国式教育现代化事实上包含两个基本判断维度,一是教育中的物质文明建设,二是教育中的精神文明建设。而在教育作为一种育人活动的本质属性上而言,精神文明建设无疑是中国式教育现代化的根本维度,物质文明建设则是中国式教育现代化的基础维度。没有物质文明便不会有教育现代化,它真实地表现为教育活动得以正常开展和不断发展进步的物质基础。缺乏精神文明,更加不会有真正的教育现代化,它深刻体现为教育活动中蕴含的丰富的人文与科学精神资源、多元而先进的文化与知识体系、丰沛饱满的情感与心理样态、正当且良好的道德与伦理关系。

近代以来,在中国教育现代化的曲折历史进程中,出现过政府教育经费不足、学校设备缺乏或陈旧、学校教师队伍萎缩、家庭贫困而供不起子女上学等现实物质问题,极大地限制了中国教育的精神文明建设。因此,中国式教育现代化的历史进程,在很大程度上正是一个不断创造和丰富教育中的物质文明的过程。可以说,直到国家历史性地取得脱贫攻坚的伟大胜利,全国基本建成小康社会,物质文明意义上的中国式教育现代化才真正实现。这一过程中,中国教育改革与发展同步迅速推进教育中的精神文明建设。改革开放以来特别是 21 世纪以来,中国的若干教育改革举措在根本上就是在提高教育中的精神文明,素质教育的落实、"三维目标"的确立、"核心素养"的启动、"五育并举"的推进、"立德树人"根本任务的坚持与强化等,无不是在深化教育中的精神文明建设。如果说我国教育现代化历史进程中曾反复出现过物质文明匮乏、精神文明不足、物质文明与精神文明不协调的情况,那么在新时代中国式教育现代化很好地解决物质文明建设的基础上,精神文明建设将成为重中之重和根本任务。由于新时代教育精神文明建设是一种更高更远的战略目标——"培养担当民族复兴大任的时代新人,全方位多要素协同育人,为党育人、为国育才"①,它必然要求物质文明建设的持续增量和品质保障,如教育数字化转型的技术基础、五育并举的实践基础、高质量教师队伍建设的财政基础等,由此,才能真正实现中国式教育现代化进程中物质文明与精神文明的协调发展。

(五)中国式教育现代化是实现人与自然和谐共生的教育现代化

中国式现代化是人与自然和谐共生的现代化,换言之,中国式现代化不是以牺牲自然生态为代价的现代化,中国式现代化在追求人的现代化、人类社会现代化的同时,要确保自然生态的可持续发展。逻辑上,中国式现代化摒弃了人类中心主义的西方现代化逻辑,转而力图建构一种将自然生态的可持续性纳入现代化基本内涵的中国式现代化逻辑,构建人与自然生态生命共同体和发展共同体,正如习近平总书记所指出:"人与自然是生命共同体,人

---

① 吴安春等:《落实立德树人根本任务——习近平总书记关于教育的重要论述学习研究之十》,《教育研究》2022 年第 10 期。

类必须尊重自然、顺应自然、保护自然。"①显然，"西方现代化模式盘剥、榨取、蔑视自然的态度已经与全球生态文明建设的大格局相抵牾，而人与自然和谐共生的现代化新模式才是人类未来发展的必由之路"②。中国式现代化道路无疑是对西方现代化模板的反拨和超越，成为人类现代化进程的崭新选择。

人与自然和谐共生的中国式教育现代化是中国式现代化人与自然和谐共生性质的核心表达。实现人与自然和谐共生，根本前提是实现人的思维模式、价值体系、能力结构和行为方式的综合发展——对应人与自然和谐共生的要求，只有涵养出人与自然和谐共生的思维、态度、价值观、能力、素养与行为，才能在真正意义上破除人类自我中心的现代化逻辑。这意味着必须开展人与自然和谐共生教育③，构建人与自然和谐共生的教育模式，围绕人与自然和谐共生而系统性、整体性地重构现代教育，破除人类中心主义支配下的教育范式，"将教育的目标从人道主义转变为生态正义"，"在生态意识基础上牢固地建立所有的课程体系和教育"，使人们"学会如何通过共同生存来促进生态公平"④。因此，实现人与自然和谐共生的中国式现代化的动力前提和关键构成，都在于推进人与自然和谐共生的中国式教育现代化，也就是构建一种立足人与自然和谐共生的中国式现代化教育模式，坚持绿色发展理念，力图通过新时代共生教育、生态教育、自然教育及德智体美劳五育并举，培养具

---

① 习近平：《习近平谈治国理政》（第四卷），外文出版社，2022 年，第 355 页。
② 解保军：《人与自然和谐共生的现代化——对西方现代化模式的反拨与超越》，《马克思主义与现实》2019 年第 2 期。
③ 孙杰远：《论自然与人文共生教育》，《教育研究》2010 年第 12 期。
④ 阿弗里卡·泰勒等：《学会融入世界：适应未来生存的教育》，《陕西师范大学学报》（哲学社会科学版）2021 年第 5 期。

有自然情怀、生态伦理与价值自觉的时代新人。

（六）中国式教育现代化是推进世界和平发展的教育现代化

习近平总书记指出，"我国现代化强调同世界各国互利共赢，推动构建人类命运共同体，努力为人类和平发展作出贡献"[①]，"在坚定维护世界和平与发展中谋求自身发展，又以自身发展更好维护世界和平与发展"[②]。"推动构建人类命运共同体，是中国式现代化的突出特征"[③]，是中国式现代化同西方某些发达资本主义国家的掠夺性、殖民性现代化的根本区别。中国式教育现代化必然是走和平发展道路的教育现代化。中国式教育现代化首先不会制造阶级不平等，不会成为阶级压迫、民族压迫的助推工具，杜绝任何教育暴力和校园暴力，致力于打造和平和谐的教育秩序与教育生态。中国式教育现代化大力传播和平与发展的价值信念，培养具有和平信念并能为人类和平发展贡献智慧的时代新人。

中国式教育现代化反拨和抵制霸权与强权逻辑、狭隘民族主义与国家主义支配下的、试图通过对其他国家和民族实施文化霸权和价值渗透，进而实现国家暴利的教育逻辑。相反，为促进世界和平与发展，中国式教育现代化首先坚持平等、开放、包容的教育价值观建构，积极发扬中国儒家以"仁"为核心、道家以"尊重自然"为核心的传统优秀价值体系，促进教育实践中人的良善道德、健康人性的积极养成。中国式教育现代化积极汲取并转化创新世界各国各民族教育现代化的合理要素，同时也尊重各国各民族不同的教育文化

---

① 习近平：《习近平谈治国理政》（第四卷），第 124 页。

② 习近平：《高举中国特色社会主义伟大旗帜　为全面建设社会主义现代化国家而团结奋斗——在中国共产党第二十次全国代表大会上的报告》，《人民日报》2022 年 10 月 26 日。

③ 本报评论员：《中国式现代化是强国建设、民族复兴的康庄大道——论深入学习领会习近平总书记在学习贯彻党的二十大精神研讨班开班式上重要讲话》，《人民日报》2023 年 2 月 11 日。

传统和教育模式,但是不会助长侵略型、对立型、暴力型、野蛮型等思维方式与价值观念的传播,更不会成为它们的孵化器。反之,任何这样的思维方式和价值观念,都要经过中国式教育现代化的检验、批判和修正,由此塑造有利于促进世界和平与发展的合格现代人,真正实现基于世界和平与发展的人的现代化。

三、中国式教育现代化的本质要求

习近平总书记在党的二十大报告中指出:"中国式现代化的本质要求是:坚持中国共产党领导,坚持中国特色社会主义,实现高质量发展,发展全过程人民民主,丰富人民精神世界,实现全体人民共同富裕,促进人与自然和谐共生,推动构建人类命运共同体,创造人类文明新形态。"[①]中国式现代化的本质要求,亦为中国式教育现代化的本质定性。

(一) 中国式教育现代化是中国共产党领导下的教育现代化

坚持中国共产党的领导,是中国式教育现代化最为鲜明的本质特征。历史表明,没有中国共产党的领导,就不会有中国式教育现代化。中国共产党对我国教育事业的全面领导,"是办好教育的根本保障"[②]。中国共产党的领导,确保了中国现代教育改革与发展的正确方向,中国共产党探索并不断发展创新的中国化时代化马克思主义成为中国式教育现代化的科学理论指南、方法论体系和行动纲领,指引中国式教育现代化具有解放人类和促进人的自由全面发展的普遍价值属性。作为中国教育现代化实践的领路人,中国共产

① 习近平:《高举中国特色社会主义伟大旗帜　为全面建设社会主义现代化国家而团结奋斗——在中国共产党第二十次全国代表大会上的报告》,《人民日报》2022 年 10 月 26 日。
② 王定华:《新时代我国教育改革发展的新方向新要求——学习习近平总书记在全国教育大会上的重要讲话》,《教育研究》2018 年第 10 期。

党始终坚持为人民服务的宗旨,带领中国人民进行艰苦卓绝的百年中国教育变革运动,合力开辟出中国特色的社会主义教育现代化道路①,历史性地完成了国家教育普及,教育公平和教育质量不断迈上历史新台阶。正是因为有了中国共产党的正确领导,世界教育现代化大潮流中才能涌现出一条"中国式"的教育现代化道路。这条道路不仅表明中国教育现代化是科学的、正确的、独特的,同时也在向世界不断证明自身对已有资本主义文明主导的教育现代化模式的吸收转化与批判性超越。

（二） 中国式教育现代化是中国特色社会主义的教育现代化

中国式教育现代化以"中国式"充分彰显出自身的独特性,这种独特性首先展现为中国式教育现代化的中国特色社会主义性质。也就是说,中国式教育现代化不是资本主义的教育现代化,也不是其他社会主义模式的教育现代化,而是具有中国特色的社会主义的教育现代化。中国式教育现代化,不论从中国性还是现代性角度看,其教育的思想与政治属性都是社会主义性质。坚持社会主义办学方向,成为中国式教育现代化的根本遵循。这意味着,中国式教育现代化的根本特征,就是全面深入地贯彻落实"立德树人"的根本任务,培养中国特色社会主义的建设者和接班人,核心是"帮助学生掌握科学的世界观和方法论,用社会主义核心价值观教育学生,为他们的一生成长奠定良好的思想基础"②,促进学生全面发展,使学生成为中国特色社会主义现代化建设的真正主人。

---

① 刘世清、袁振国:《中国共产党领导教育发展的百年征程与历史经验》,《教育研究》2021 年第 11 期。
② 本报评论员:《始终坚持社会主义办学方向——二论学习贯彻习近平总书记高校思想政治工作会议讲话》,《人民日报》2016 年 12 月 10 日。

（三）　中国式教育现代化是教育高质量发展的教育现代化

教育高质量发展是中国式教育现代化的根本性评判尺度，没有教育的高质量发展作为实践和事实基础，中国式教育现代化只能沦为一种理论的虚妄或缺乏实质内涵的概念。教育高质量发展首先体现为在创新、协调、绿色、开放、共享的新发展理念指导下的中国高质量教育体系构建①，这意味着这样的教育体系能够主动应对当下社会主要矛盾与时代性问题、契合国家科技与人才战略、满足人民日益增长的"上好学"的迫切需求。教育高质量发展，根本上体现为教育的内涵式发展，换言之，不能做好"立德树人"根本工作，不能促进每一个学生全面发展，不能发展学生综合素质和培养学生个性，不能高品质高效率实施五育融合，都不能算是教育的高质量发展。概言之，教育高质量发展必须聚焦新时代的教育文化软实力和人才培养质量，突出教育为新时代国家战略服务的能力与水平。在此意义上，中国式教育现代化的中心任务正是推进教育高质量发展，中国式教育现代化必然要围绕教育高质量发展，在反思性、批判性和建设性的多重意义上完成系列教育现代化的任务与目标。

（四）　中国式教育现代化是充分彰显教育民主性的教育现代化

民主是新时代中国特色社会主义政治文明建设的根本主题，也是实现中华民族伟大复兴的题中要义。构建一种全过程人民民主的中国社会，必须有赖于教育民主化的普遍实施。教育民主化，意味着人的教育权力与人在教育中的主体性的彰显，也意味着民主性政治文明在教育场域中的具体展现。充满民主性的教育，能够培育具有民主思维、深知民主价值、践行民主行为的现

---

① 管培俊：《建设高质量教育体系是教育强国的奠基工程》，《教育研究》2021 年第 3 期。

代中国公民,并由此,进而推动中国社会民主化建设,实现中国特色民主性政治文明新形态构建。因此,中国式教育现代化必然是充满教育民主性的教育现代化,它服务于中国全过程人民民主的实现,同时又让教育改革与实践充满民主文明的气息。中国式教育现代化致力于培养具有民主意识、民主自觉和民主能力的新时代中国公民,因而,必然要求实现中国教育治理能力与体系的现代化,其核心是创新发展具有浓厚民主文化、良好民主政治生态的教育场域,在教育治理、教育决策、课程建设、教学实践、学习活动中合理展现全过程人民民主。

（五）中国式教育现代化是创造人类文明新形态的基本方式

中国式现代化的本质要求之一是创造人类文明新形态,中国式教育现代化的本质要求也必然是创造人类文明新形态。"中国特色社会主义、中国式现代化新道路、人类文明新形态是对同一历史过程、历史发展变化的不同描述维度,它们有着共同的历史逻辑、理论逻辑和实践逻辑,其内在逻辑是一致的、本质特征是共同的。"[1]中国式教育现代化与人类文明新形态的逻辑关系,在于中国式教育现代化正在创造一种人类教育文明新形态,这一新形态是人类文明新形态整体结构(物质文明、政治文明、精神文明、社会文明、生态文明协调发展)中的基本要素,同时又是传承与创新整体人类文明新形态的基本动力机制。中国式教育现代化创造人类教育文明新形态的逻辑在于中国式教育现代化始终致力于解决世界教育现代化难题,并在百年历史探索中形成了解决这种难题的中国经验与方案[2],从而为人类现代教育文明提供了新的方向和图景。特别是,这种人类教育文明新形态突破和超越了西方资本

---

① 冯俊:《中国式现代化新道路展现人类文明新形态》,《中国社会科学报》2021年10月19日。
② 张志勇、袁语聪:《中国式教育现代化道路刍议》,《教育研究》2022年第10期。

主义教育文明的局限性,成为一种面向世界人民、地球生态、人类命运共同体的崭新教育景观,"开辟了人类走向'真正的普遍的文明'的现实途径,成为引领时代变局和推动人类文明进步的旗帜"①,在教育的意义上,这种普遍的文明正是关于人的全面发展的教育文明,促进世界和平发展的教育文明,以及不断推动人类与地球生态共生发展的教育文明。

四、中国式教育现代化的实践逻辑

中国式教育现代化是在不断解决中国教育问题和人类教育问题的历史进程中实现的,由若干创新性、改革性、发展性、持续性的具体实践所构成。由于它是在实践中逐步构建人类教育文明新形态,因此,必然是一种伟大实践。这种伟大实践发生在中国大地上,实践主体是中国共产党领导的中国人民。同时,在推动构建人类命运共同体的中国式现代化历史进程中,中国与世界、中国人民与世界人民已经形成一种共同体的关系,因此,中国式教育现代化又是一种世界性的发生,一种由世界人民共同体所推动的伟大实践。

(一) 中国式教育现代化以人民需求为实践起点

作为一种历史进程和伟大实践,中国式教育现代化的逻辑起点首先就展现出了这种教育现代化道路必然是可持续的,也必定会超越西方发达资本主义国家所主导的教育现代化模式。这个逻辑起点正是"以人民为中心",换言之,中国式教育现代化是以解决广大人民关心的教育问题、满足广大人民的教育需求为教育改革与实践的起点,进而逐渐彰显鲜明的中国特色。百年中国教育现代化的演进历史生动表明,只要始终坚持这个逻辑起点,中国式教育现代化就始终具有强大的批判力、建构力和生命力。它的基本实践特征正

---

① 孙代尧:《论中国式现代化新道路与人类文明新形态》,《北京大学学报》(哲学社会科学版)2021年第5期。

是不断破除教育中的等级性、压迫性、暴力性、霸权性、垄断性、不平等性、不公平性、片面性、野蛮性、随意性等问题，不断推进教育民主化、教育平等化、教育公平化、教育法治化、教育科学化、教育文明化、教育全面化、教育系统化。

新时代背景下，中国式教育现代化进入实践新征程，核心的实践逻辑在于化解人民日益增长的对好教育、高质量教育的需要和教育不平衡、不充分发展之间的主要矛盾，坚持"立德树人"根本任务，扩大教育公平，提高教育教学质量，办好人民满意的教育，促进人的全面发展。能不能真正展现出教育现代化的中国特色，就看这样的教育现代化模式能否在高质量发展的国家教育体系和内涵式发展的教育实践中，让新时代的中国人民真正感受到教育获得感、教育成就感和教育幸福感。同时，也是看这样的教育现代化是否可以真正赋能每一个中国人民的整全人格、良好德性、综合素质与人生发展。

（二）中国式教育现代化以教育评价为实践导向

"教育评价事关教育发展方向，有什么样的评价指挥棒，就有什么样的办学导向。"①中国式教育现代化之所以能够展现出自身超越西方主导的一般教育现代化模式的一面，一个重要原因就在于中国的教育改革、实践与发展，始终保持着一种国家意义上的价值尺度、标准规范与逻辑法则。国家通过统一的评价制度导引国家教育体系的运行与发展，这是中国特色社会主义教育现代化的重要标志。中国式教育现代化必然相应地存在一种中国式教育评价现代化，此时的"中国式"鲜明地突显为中国的国家性质、国家质量和国家尺度。

---

① 《中共中央国务院印发〈深化新时代教育评价改革总体方案〉》，《人民日报》2020年10月14日。

中国式教育评价现代化因此成为中国式教育现代化的根本性议题,进一步的问题就在于,教育评价本身的科学性和正当性直接意味着中国式教育现代化的科学性和正当性。如果说中国式教育现代化是促进人口规模巨大、全体人民共同富裕、人与自然和谐共生、物质文明与精神文明协调、世界和平发展的教育现代化,那么,中国式教育评价现代化就必须立足于此,形成统一而正确的价值导向,建构科学系统的评价指标体系。如果说中国式教育现代化是以人为本、促进人全面发展的教育现代化,那么,中国式教育评价现代化就必然要遵循人的发展的基本规律,符合教育发展的基本规律,使"教育评价回归教育本体"——"一种培养人的社会实践活动,专门指向人的多样、可持续和有价值发展"①构建起科学且符合国家性、时代性的教育评价范式。总之,中国式教育现代化要以不断进步的国家教育评价制度为前提,不断促进国家教育评价制度科学化和时代化发展。唯有如此,中国式教育现代化才能保持自身的可持续性、中国特色性和现代化前沿性。中国式教育评价现代化的基本意义可概括为:"有效发挥教育评价的指挥棒作用,强化国家在育人用人方面的制度执行力,对在育人、选人、用人领域执行社会主义制度起着引领、指导和监督作用,对加强新时代教育事业和民族复兴大业将产生重大而深远的影响。"②

(三) 中国式教育现代化以中国式教师队伍现代化为支撑

建设高质量的现代化教师队伍,既是中国式教育现代化的内涵建设,同时也是中国式教育现代化的动力蓄能。中国式教育现代化将教师队伍建设作为一以贯之的根本支柱,这构成了中国式教育现代化区别于西方国家教育现代化

---

① 石中英:《回归教育本体——当前我国教育评价体系改革刍议》,《教育研究》2020 年第 9 期。
② 张宁娟等:《构建科学的符合时代要求的教育评价制度——习近平总书记关于教育的重要论述学习研究之七》,《教育研究》2022 年第 7 期。

的一大鲜明特色。这种特色可以说是中国优秀教育文化基因的延续与强化，也可以说是中国共产党在推进中国式教育现代化的历史进程中，对教育基本规律的进一步的科学认识与深刻总结。对于中国式教育现代化而言，没有教师的教育是不成立的；没有高质量的现代化教师队伍，教育现代化也是不可能的。教师是国家价值与权威的代言人，是青少年儿童健康成长和全面发展的人生导师。要培养现代化的高素质人才、塑造新时代中国公民，就必须首先具备现代化的高素质教师队伍；要培养担当民族复兴大任的时代新人，就必须首先具备具有民族担当和民族精神的教师队伍。正如习近平总书记所强调的："一个人遇到好老师是人生的幸运，一个学校拥有好老师是学校的光荣，一个民族源源不断涌现出一批又一批好老师则是民族的希望。国家繁荣、民族振兴、教育发展，需要我们大力培养造就一支师德高尚、业务精湛、结构合理、充满活力的高素质专业化教师队伍，需要涌现一大批好老师。"[1]

中国式现代化的教师队伍，首先要强调教师素质的中国式现代化，根本上是要突出师德的建设与发展，核心是"明确教师的使命是为党育人、为国育才"，教师必须具备"以德为首"的综合素养[2]。教师素质体现为道德素质和专业素质两大维度，在推进中国式现代化的历史进程中，教师素质无论是从师德角度还是专业角度，都应立足于巨大规模受教育人口、全体人民共同富裕、物质文明和精神文明相协调、人与自然和谐共生和世界和平发展等中国式现代化基本内涵，进而发展出相应的道德品质、价值理念、伦理态度、思维方式、知识基础和能

---

[1] 习近平：《做党和人民满意的好教师——同北京师范大学师生代表座谈时的讲话》，《人民教育》2014 年第 19 期。

[2] 易凌云等：《坚持把教师队伍建设作为基础工作——习近平总书记关于教育的重要论述学习研究之四》，《教育研究》2022 年第 4 期。

力结构。同时也要紧紧围绕全面推进中华民族伟大复兴和构建人类命运共同体的伟大战略目标,构建起相应的素养结构和专业基础。其次强调的是教师队伍结构的中国式现代化。这意味着教师队伍建设必须以中国式教育现代化的价值目标、基本内涵和本质要求为总体依据,对新时代中国教师队伍进行整体性重塑和结构化培养,始终保持国家教师队伍、区域教师队伍、学校教师队伍在多种维度上结构合理。由此,既满足国家战略之需,也满足人的现代化之需,还满足教师队伍现代化之需。最后强调的是教师队伍的整体职业幸福感问题。中国式现代化的教师队伍一定要通过"提高专业胜任力、塑造专业尊严、给予专业保障、强化专业地位、加强专业规约"等战略措施,解决当前教师队伍普遍缺乏职业幸福感的问题①。必须以强有力的国家政策和制度,激发师范生乃至普通大学生对教师职业的向往,让在职教师真正热爱教育事业,满怀热情和憧憬地开展教育工作,富有专业精神和职业追求地培养学生,从而提升教师队伍的整体素质和专业能力,维持国家教师队伍的稳定性、活力性和高质量发展。

(四) 中国式教育现代化以五育融合为实践方式

迈入新时代的中国式教育现代化,是一种整体性、关联式、融合性的教育现代化。有学者指出:"未来基础教育的高质量发展,注定是整体式、体系化中的变革与发展,是一种新整体、新体系的呼之欲出。这个新体系,在我看来就是以'五育融合'为支点或杠杆的全面培养体系。"②中国式教育现代化所蕴含的整体性、体系化、关联式高质量发展,则指向整个国家教育体系。以"五育融合"为支点或杠杆,所撑起来的也将是新时代作为整体的国家教育。

从教育类型与教育层阶的角度看,中国式教育现代化将打破各级各类教育

---

① 李广、盖阔:《中小学教师职业幸福感调查》,《教育研究》2022年第2期。
② 李政涛:《"五育融合"推动基础教育高质量发展》,《人民教育》2020年第20期。

之间的隔离性,从人的全面发展、终身学习角度重构各级各类教育间的逻辑关联、价值关联和实践关联,比如基础教育、职业教育与高等教育之间,形成各级各类教育的整体育人功能和联合育人功能。又如,从学校空间与校外空间的关系上看,中国式教育现代化将破除家庭、学校和社区之间的割裂性,在遵循不同教育空间的独特性基础上,建构家庭、学校和社区之间的积极教育关联,以三者为整体,推进教育空间重塑,营造青少年儿童健康成长、快乐生活、全面发展的崭新教育生态。同时,进一步缩短社会教育空间和自然教育空间的距离感,实现人文与自然的充分融合,让学生能够在自然生态空间和社会教育空间的和谐共生中获得生命与心性的自由发育和健康生长。再如,从学校内部的教育实践角度看,便是打破学科界限、知识界限、课堂界限、年级界限、教师界限、教学模式界限、教学工具界限,构建全方位、系统化、渗透式的教育模式。在实践范式的意义上,"五育融合"意味着学生可以在学校任何一次教学活动中得到德智体美劳多方面素养与能力的发展,意味着学生可以在任何一次教学活动中发挥自身的自主性和创造性,并且能够在独立学习、合作学习、探究式学习中展现自己的个性,获得不同的价值体验和成就感。

(五) 中国式教育现代化以教育数字化转型为实践新样态

当前,中国式教育现代化正处在一个教育数字化转型的时代。教育数字化转型成为中国式教育现代化的实践新样态,并为教育高质量发展全面赋能。也可以说,教育数字化转型构成了中国式教育现代化的重要时代内涵,没有教育数字化转型便没有中国式教育现代化。孙春兰在世界数字教育大会上的讲话中便强调,"现代信息技术对教育发展具有革命性影响","各级各类学校不断丰富数字教育应用场景,推动数字技术与传统教育融合发展,创新教育理念、方法、形态,让数字技术为教育赋能、更好服务于育人的本质","顺应数字时代潮流推进教育变革和创新,是世界各国共同面临的重大课题"。① 怀进鹏也指出,"数字化转型是世界范围内教育转型的重要载体和方向","中国政府高度重视数字教育发展,将其作为数字中国重要组成部分",目前已在教育信息化方面实现跨越式发展。集成国家智慧教育公共服务平台,释放数字技术对教育高质量发展的放大、叠加、倍增、持续溢出效应,现在已经成为世界最大的教育资源库。② 换言之,中国式教育现代化必须将教育数字化转型列为题中要义,并将其视为实现教育高质量发展和教育强国战略的重大契机。

相关研究表明,"教育数字化转型是一种划时代的系统性教育创变过程,指将数字技术整合到教育领域的各个层面,推动教育组织转变教学范式、组织架构、教学过程、评价方式等全方位的创新与变革,从供给驱动变为需求驱动,实现教育优质公平与支持终身学习,从而形成具有开放性、适应性、柔韧性、永续性的良好教育生态"③。这就是说,中国式教育现代化事实上可以说是一个在教育领域全面应用信息技术的过程,主要表现为以教育信息化全方位、立体式、系统化赋能新时代中国教育变革与发展。教育数字化转型的重要特点在于打破教育空间与教育资源的壁垒,通过教育技术变革实现教育领域的融合式、整体式和联通式发展,创建崭新教育样态。建构教育数字化转型的辩证法,保持对数字技术本身的反思精神和批判力,则是中国式教育现代化的另一个重要特点。同时,教育数字化转型过程中涉及技术的伦理风险、科技与人文的关系、人工智能作为"外脑"与人本身的"内脑"的关系等基本问题,皆需要立足中国传

---

① 《孙春兰出席世界数字教育大会开幕式并致辞》,http://www.moe.gov.cn/jyb_xwfb/xw_zt/moe_357/2023/2023_zt01/tt/202302/t20230213_1044395.html。

② 怀进鹏:《数字变革与教育未来——在世界数字教育大会上的主旨演讲》,《中国教师报》2023年2月15日。

③ 祝智庭、胡姣:《教育数字化转型的本质探析与研究展望》,《中国电化教育》2022年第4期。

统与实践、人的发展与教育规律、时代特征与未来趋势等进行辩证把握。正如有学者所指出："互联网创生的数字化新时空既带来了急剧增长的丰富信息资源，又制造了最大的'文化垃圾车'，这里充满机遇又布满陷阱。"①本质上讲，在大力推进教育数字化转型的历史进程中，中国式教育现代化必须处理好的一个根本问题在于，要着力探究并解决好教育数字化转型与教育基本规律、人的全面发展的基本规律之间的关系问题。只有在充分认识和科学把握教育数字化转型的基本原理的基础上，才能"中国式"地推进教育数字化转型，才能形成教育数字化转型的"中国式"特征与道路。

---

① 桑新民等：《教育数字化转型系统工程笔谈》，《现代教育技术》2023 年第 1 期。

目 录

第一章　绿色教育的内涵及其价值

第一节　概念界定

"概念明确是正确思维的首要条件"[1]，这是哲学家、逻辑学家金岳霖先生的经典论断。《说文解字》中释义"绿"为"帛青黄色也"。绿色，是绝大多数植物生命上升阶段的本色，是大自然各种植物色彩的主色调。发展至今，"绿色"一词已不单纯指一种颜色，它还有更深的含义，与环境保护、经济和社会发展乃至人的发展紧密相关。

一、绿色教育

绿色教育的内涵是随着人们认知的不断发展而逐渐完善、丰富起来的，目前处于多定义而无定论的局面，专家学者从不同的角度来理解绿色教育，并对其内涵进行了阐述。总的来说，目前学术界关于绿色教育的理解可以分为以下五种观点：

第一，绿色教育即环境教育，这是绿色教育的最初含义。《新词语大词典》将"绿色教育"定义为"对学生进行的环保教育"[2]。龚达煊等同样认为，绿色教育是"关于环境的教育"，是"为了环境的教育"，是"在环境中教育"；绿色教育旨在"通过相关的教育活动，使学生树立起绿色思想，增强爱护大自

---

[1]　金岳霖：《形式逻辑》，人民出版社，1979年，第24页。

[2]　尤世勇、刘海润主编：《新词语大词典》，上海辞书出版社，2003年，第759页。

然的情感,获取更多保护生态环境知识,养成良好的生活方式和行为习惯"。① 1972 年在斯德哥尔摩召开的人类环境会议是全球环境教育运动的发端,会议强调要利用跨学科的方式,在各级正规和非正规教育中、在校内和校外教育中进行环境教育。1977 年,在苏联第比利斯召开的政府间环境教育会议上通过的《第比利斯宣言》(Tbilisi Declaration),将环境教育的目标划分为意识、知识、态度、技能和参与等五个方面。在我国,1979 年,中国环境科学学会环境教育委员会召开了第一次会议,此后,各级各类学校的环境教育兴起,学者们积极探讨环境教育的内涵。徐辉等认为,环境教育是以跨学科活动为特征,旨在唤起受教育者的环境意识,使他们理解人类与环境的相互关系,学会解决环境问题的技能,树立正确的环境价值观与态度的一门教育科学。② 虽然学者们对环境教育的内涵的理解还存在分歧,但大部分学者认为环境教育由意识、理解、技能、价值观与态度五个要素组成。

第二,绿色教育是超越环境教育的可持续发展教育,这是绿色教育的基本含义。1987 年,世界环境与发展委员会发布的《我们共同的未来》(Our Common Future)将可持续发展定义为"既满足当代人的需求,又不对后代人满足其自身需求的能力构成危害的发展"。这种可持续发展包括经济、环境和社会的可持续性,根本上说是人与自然、人与人之间的协调发展。③ 1992 年,联合国环境与发展大会发布的《21 世纪议程》(Agenda 21)里,将可持续发展理念与教育结合起来,环境教育开始向可持续发展教育的方向转变。在我国,早在 1998 年,时任清华大学校长的王大中就提出要将清华大学建设成

---

① 龚达煊、施萍:《加强国际交流开展绿色教育的实践研究》,《上海教育科研》2003 年第 8 期。
② 徐辉、祝怀新:《国际环境教育的理论与实践》,人民教育出版社,1998 年,第 32 页。
③ 钱易、唐孝炎主编:《环境保护与可持续发展》第二版,高等教育出版社,2010 年,第 161—164 页。

"绿色大学",并指出"绿色教育"是全方位的环境保护教育和可持续发展教育,是学生综合素质培养的重要组成部分,它要求将绿色教育理念渗透到教学的各个科目中,包括人文科学、社会科学、自然科学和技术科学等。① 侯志奇等认为,绿色教育基于可持续发展理念,面向每一个具体的人,以教育为手段帮助其建立"人-自然-社会"和谐共生、可持续发展的意识与理解、知识与技能、价值观与态度。② 李娟等认为,绿色教育是以可持续发展理念为指导的、全面的可持续发展教育,它要求将可持续发展观渗透到学校教学和管理的各个环节,在教育过程中实现学校和师生的全面可持续发展。③ 学者们关于绿色教育与可持续发展教育的关系论述表明,可持续发展是绿色教育的应有之义,绿色教育应基于可持续发展教育来推动和实施。

第三,绿色教育是人文教育和科学教育的交融,这是绿色教育的引申含义。持这一观点的代表是杨叔子院士,他从高等教育学的角度对绿色教育进行界定。2002 年,杨叔子院士在《教育研究》上发表了题为"绿色教育:科学教育与人文教育的交融"的文章,指出绿色教育不仅是现代教育的目标、内容和方法,其核心思想与内涵就是素质教育,要将绿色教育提升到素质教育的高度。④

第四,绿色教育是尊重生命、促进青少年健康成长的教育,这是绿色教育的比喻含义。长春市西五小学校长丁国君提出将"绿色教育"作为西五小学

① 王大中:《清华大学建设"绿色大学"研讨会主题报告节录——创建"绿色大学"示范工程,为我国环境保护事业和实施可持续发展战略做出更大的贡献》,《环境教育》1998 年第 3 期。
② 侯志奇、韩提文、侯维芝:《基于可持续发展理念构建高职绿色教育体系》,《职教论坛》2016年第 33 期。
③ 李娟、田宝柱、静丽贤:《绿色教育视域下高校校园文化建设》,《教育与职业》2016 年第 21 期。
④ 杨叔子:《绿色教育:科学教育与人文教育的交融》,《教育研究》2002 年第 11 期。

的办学理念,她把"绿色"解读为生命、和谐、健康;指出"绿色教育是生命的教育,是以人为本的教育,是爱的教育",是关爱学生个性和谐、身心健康发展的教育,是一种全新、多元、高层次的教育,像是一抹温暖的阳光,给人带来光明的同时温暖人的心灵。① 罗贤宇等同样将"绿色"解读为生命,认为绿色是生命的象征、和谐的象征;绿色教育是以"培养身心健康且能与自然、社会和他人和谐相处的现代人"为目的的教育,它的核心在于关爱和促进人的自由而全面的发展,以多元化的评价方式,鼓励学生个性的发展,让生命之花绽放光彩。② 叶向红也持同样的看法,她指出,绿色是生命的颜色,绿色教育则是充满生命力的教育,旨在让学生焕发生命活力,让学生自由生长。绿色教育的精神实质是尊重生命、尊重规律、尊重差异。尊重生命,强调学生是鲜活的生命个体,绿色教育要培养学生的独立性和自主性,让学生健康、自由地成长;尊重规律,强调教学规律及人的身心发展的规律,绿色教育要遵循教学规律和人的身心发展规律,在恰当的时间给学生施以恰当的教育;尊重差异,即关注学生的个体差异,给学生提供个性化的教学。③ 叶澜教授提出的"生命·实践"教育学,其核心观点是"教天地人事,育生命自觉",认为"个体生命自觉的形成,是个体生命质量与意义在人生全程中得到提升和实现的内在保证",指出教育最为尖锐的任务是培养一种"新人":合格的公民,富有个性与创造力,能够自觉地不断超越自我,与当代社会具有内在的一致性。④ 这应该是对教育要尊重生命、尊重规律的最深刻的解读。

---

① 丁国君:《丁国君与绿色教育》,北京师范大学出版社,2015年,第25—29页。
② 罗贤宇、俞白桦:《绿色教育:高校生态文明建设的路径选择》,《云南民族大学学报》(哲学社会科学版)2017年第34期。
③ 叶向红:《绿色教育"三尊重"理论探析》,《中国教育学刊》2015年第4期。
④ 叶澜:《回归突破:"生命·实践"教育学论纲》,华东师范大学出版社,2015年,第235—326页。

第五，绿色教育是环境教育、可持续发展教育、生命教育的总和，这是绿色教育的现代含义。张笑涛指出，绿色象征生命的健康，代表着希望，代表着蓬勃发展。绿色教育包含了环境教育、可持续发展教育、生命教育这三重底蕴，它是培养和提高环保意识的教育，是保护学生生命健康、让其焕发生命活力的教育，是促进学生自身及其与自然环境、经济社会的可持续发展的教育。① 北京师范大学余清臣教授指出，"绿色教育"是一种隐喻，具有丰富的内涵，从社会层面看，绿色教育是保护环境、促进环境可持续发展的教育；从教育领域看，绿色教育是呵护生命、尊重生命、促进学生可持续发展的教育。两者皆为中国"绿色教育"的重要内涵，不可偏废。② 唐炳琼认为"绿色教育是充满生机与活力的教育，是民主与公平的教育，是倡导科学、人文、健康、和谐、可持续发展理念的教育"。绿色教育发端于环境教育，并在环境教育的基础上被赋予了现代化、人性化的意义，"绿色"象征着自然，象征着安全、无污染，从这一层面来说，"绿色教育"指的是环境教育，旨在教育人们尊重自然、保护自然、顺应自然，与自然和谐相处；从人性的角度来说，"绿色"还象征着生命，象征着文明与尊重，尊重生命、尊重学生个性的自然化发展，这一层面上的"绿色教育"就超越了环境教育的范畴，发展成更符合现代社会需求的教育理念。③

从学者们给绿色教育下的定义来看，第一种观点把绿色教育等同于环境教育，其内涵过于狭窄；第二种观点把绿色教育视为环境保护教育与可持续发展教育的简单相加，内涵片面；第三种观点从高等教育学的角度对绿色教

---

① 张笑涛：《生命视野中的绿色教育》，《中国教育学刊》2017年第9期。
② 余清臣：《绿色教育在中国：思想与行动》，《教育学报》2011年第7期。
③ 唐炳琼：《绿色教育理论与实践》，重庆大学出版社，2010年，第105—107页。

育进行界定,但没有做具体的、深层次的解读;第四种观点把绿色教育理解为生命教育,尊重生命和个性的教育,站位较高;第五种观点把绿色教育视为环境教育、可持续发展教育、生命教育的总和,虽然涵盖较广,但对绿色教育与环境教育、可持续发展教育、生命教育之间的关系的认知不够清晰和明确。因此不难看出,专家学者的观点都有一定的合理性,同时也存在一些不足。

解读绿色教育必先理解"绿色"二字。《辞海》对"绿"字的解释是:像草和树木茂盛时所呈青中带黄的颜色。绿,是一种很独特的颜色,从色彩分类上说,它既不属于冷色系,也不属于暖色系,而是居于冷、暖色系中间,这使得它既不像冷色那么冰凉,又不像暖色那么炽热,给人以清新又温暖的感觉。英国埃塞克斯大学的研究人员曾经对绿色做过研究,结果显示绿色是最能保护眼睛的颜色,人眼在面对这种颜色时感觉最为舒适;同时,绿色是大自然的颜色,是森林里大树茂盛的树叶,是广阔草原上小草鲜嫩的芽儿,充满生机与活力。因此,在人们心里"绿色"一词意味着如同大自然般的生机与活力,象征着爱与希望。在漫长的文化发展过程中,"绿"除了以一个色彩词的身份存在,还衍生出其他含义,被广泛地应用于人类生活的方方面面。在环境遭到污染、大自然受到破坏时,为保护自然、捍卫自然之绿,人们倡导"绿色发展"。于是很多新的概念出现了,如绿色革命、绿色建筑、绿色食品、绿色设计、绿色消费等。如果"绿色"仅仅是一个表示色彩的词,那么上述这些概念的意思就是绿颜色的革命、绿颜色的建筑物、绿颜色的食物。但这显然不是正确的解释,这里的"绿色"不应该仅仅表示色彩,人们追求"绿色",不是在寻求那种青中带黄的颜色,而是在追寻世间一切的美好。人们追寻美好的生态环境,绿色就象征着低碳环保;人们追寻和谐的社会、美好的生活,绿色就象征着民主与文明,象征着尊重与关怀;人们追寻长久的安居乐业,绿色就象征着邻里和谐、可持续发展。绿色，能给人们带来美的享受，在人们心中，绿色是一个积极的概念，因此人们在追求理想、向往美好生活的过程中会不自觉地将这一积极的概念转移到其他美好的事物上。①

　　何为教育？教育是能够培养和增长人的知识与技能，影响人的思想品行的一切活动的总称，是教育者有组织、有计划地利用一定的方法、手段向受教育者传授知识与技能，影响受教育者的思想行为的活动。从本质上来说，教育是以培养人、塑造人为目的的活动，所以教育活动本身是没有物理意义上的颜色区分的，但教育活动在培养人的过程中应该是"绿色"的。中国古代教育家对教育过程进行了许多探索，并从中总结出了不少世代相传的教育原则。如因材施教原则，它要求教育者在教育过程中遵循儿童身心发展的规律，根据受教育者不同的知识水平、认知风格、兴趣爱好、学习习惯等设定相应的教学目标，选择合适的教学方法，使学生的个性得到充分发展；再如启发式教学原则，这源于孔子的"不愤不启，不悱不发"，即任何教育活动都应该充分调动学生的主动性与积极性，让学生学会自主探究学习，这既是终身教育的要求，也是促进学生可持续发展的必由之路。

　　教育并无物理颜色之区分，"绿色"并非只有颜色之绿的含义，所以绿色教育并非指绿颜色的教育，对绿色教育的理解应该取"绿色"一词的衍生义，结合教育的特性。综合上述多位学者的观点，并结合对"绿色"的理解，笔者认为绿色教育是秉承可持续发展和绿色发展理念，以绿色校园为保障，以促进教育的绿色发展和学生的健康成长为目的，在教育教学中渗透环境教育、可持续发展教育和生态文明教育的学校教育活动。这一概念包含如下几层

---

① 周晓凤、武振玉、郭维：《论色彩词"绿"在使用中的语义充实》，《学术交流》2014 年第 7 期。

内涵：一是学校在办学过程中贯彻绿色发展和可持续发展理念。二是学校有一个绿色校园和智慧校园，能为教育教学提供舒适、环保、高效的环境和平台。三是教育教学中积极渗透环境教育、可持续发展教育和生态文明教育，提升学生的生态文明素养。环境教育、可持续发展教育是绿色教育的应有之义，绿色教育要关注人类赖以生存的自然环境，关注自然环境的可持续发展，关注人类社会的可持续发展，更要关注人的可持续发展，其实质是促进人、自然、社会的和谐共生。四是尊重教育教学规律和青少年的成长规律，尊重学生的个体差异，因材施教，培养学生自主学习、终身学习的能力。

通过对绿色教育概念内涵的分析，不难发现，绿色教育与素质教育、道德教育、人的全面发展教育等概念具有密切的关系，既互相联系又相对独立。

关于素质教育的内涵，1997 年国家教委在《关于当前积极推进中小学实施素质教育的若干意见》的文件中做出了明确解释："素质教育是以提高民族素质为宗旨的教育。它是依据《教育法》规定的国家教育方针，着眼于受教育者及社会长远发展的要求，以面向全体学生、全面提高学生的基本素质为根本宗旨，以注重培养受教育者的态度、能力，促进他们在德智体等方面生动、活泼、主动地发展为基本特征的教育。"[1]素质教育的关注点在于学生素质的提升，是在"尊重学生主体性和主动性的前提下，根据学生个人发展和社会发展的实际需要，全面提高学生道德素质、业务素质、文化素质和身体心理素质等的一种教育理念和教育实践"[2]。绿色教育作为一种教育理念，其倡导的教育观念和教育目标同素质教育追求的方向是一致的，并在一定程度上丰富和充实了素质教育的理论和内涵。但绿色教育不等同于素质教育，绿色教育必

---

[1] 《关于当前积极推进中小学实施素质教育的若干意见》，《人民教育》1998 年第 1 期。

[2] 眭依凡、王贤娴：《再论素质教育》，《中国高教研究》2017 年第 8 期。

须渗透在课程教学和日常活动中,才能完成其"绿色"的使命,才能推动我国素质教育的进步和发展,可以说推进绿色教育与实施素质教育是相辅相成的。

在我国道德教育理论研究中,关于道德教育内涵的界定方式庞杂且尚未达成统一,总的来说,大都是从道德与教育两个方面来进行界定的。所谓道德是指"以善恶评价的方式调节人际关系的行为规范和人类自我完善的一种社会价值形态"[①],是对人的本质的一种规定,是人之为人的存在方式,是人们应然的智慧的生活方式或生活智慧。而教育是教化培育的意思,人类社会中一切有目的地影响人的身心发展的社会实践活动都可称为教育。教育是培养人的活动,即"育人"。道德教育就是以潜移默化的方式影响人们的精神面貌,或是学校有目的、有计划、有组织地对人们进行系统的教育,其根本旨趣在于对人精神世界的引领,培养人的德性。而绿色教育的环境保护、可持续发展内涵,要求其必须结合对环境、生态的认知和环境保护教育,融合环境伦理、生态伦理教育和体验,是在环境、经济、社会等的可持续发展、绿色发展背景下对受教育者有目的地施以道德影响的教育活动,是道德教育的重要内涵,也是道德教育的任务和所要达成的目标。

二、绿色学校

"绿色学校"一词源于何时何地,也许我们很难找到令所有人都认可的答案,但不可否认的是,绿色学校并不是凭空产生的,它是环境教育发展到一定阶段的产物。我国在吸收和总结国外"绿色学校""生态学校"经验的基础上提出创建绿色学校,这是一项符合中国国情的全国性的环境教育行动。

[①]　《辞海》(第六版缩印本),上海辞书出版社,2010年,第334页。

创建绿色学校,是学校参与全社会环境保护、可持续发展行动、生态文明建设的起点和标志,其宗旨在于通过学校的环境教育和生态文明教育,培养学生的环境素养和生态文明素养,提高学生的环境意识和生态文明意识,促进学生养成良好的行为习惯,实现健康成长和发展。随着社会的发展和时代的变迁,环境教育、生态文明教育也会发生改变,而绿色学校也必然会被赋予新的内涵。自绿色学校诞生以来,学界对于绿色学校的内涵,可谓众说纷纭,但至今并未形成统一的意见。如张远增认为,绿色学校从本质上讲是学校以可持续发展思想为指导,不断完善自我管理、改进教育手段、降低教育投入、提高办学效率的过程。① 黄宇认为,绿色学校指那些认同、秉承可持续发展教育理念并将之运用在实践中,对学校教育进行改造、发展的学校。② 黄清认为,绿色学校指以环境教育为突破口,以可持续发展的理念为指导,不断更新教育观念和教育内容,改进教育手段,完善教育管理,减少教育浪费,提高办学效益,从而促使自身不断进步与发展的学校。③

我国政府及相关组织的文件对绿色学校的内涵进行了专门的描述。1996 年 12 月,国家环境保护总局、中共中央宣传部、国家教育委员会印发的《全国环境宣传教育行动纲要(1996—2010 年)》提出:到 2000 年,在全国逐步开展创建"绿色学校"活动。"绿色学校"的主要标志是:学生切实掌握各科教材中有关环境保护的内容,师生环境意识较高,积极参与面向社会的环境监督和宣传教育活动,校园清洁优美。这应该是我国权威部门对绿色学校

① 张远增:《绿色学校评价几个相关问题的初步研究》,《环境教育》1999 年第 4 期。
② 黄宇:《"绿色学校"辨析》,《环境教育》2005 年第 1 期。
③ 黄清:《关于发展"绿色学校"的思考》,《漳州师范学院学报》(哲学社会科学版)2006 年第 2 期。

内涵的最早的界定。张俊峰认为,绿色学校是指以培养适应社会发展所需要的高素质人才为目的,以环境保护与可持续发展理论为导向,通过跨学科渗透环境教育及有计划地组织环境教育教学实践,提高学生综合素质及创新能力;融环境教育、学校教学和管理为一体,逐步改善校园环境质量,创建具有当代校园文明时尚的学校。① 教育部学校规划建设发展中心从政治、经济、社会、文化和生态五个维度对绿色学校的概念进行了全方位的梳理,指出:绿色学校是指在实现基本教育功能的基础上,以习近平新时代中国特色社会主义思想为指引,以深入学习贯彻党的十九大精神为统领,在日常教育与管理工作全过程中,坚持绿色发展理念,推进资源全面节约和循环利用,着力提高师生的生态文明素养,培养师生形成简约适度、绿色低碳的生活习惯和生活方式,以建设绿色规划理念、生态教育体系、宜人美丽环境、节能低碳校园为目标的学校。②

由此可见,对"绿色学校"内涵的界定可谓见仁见智。无论是学者的观点,还是官方的观点,都有一定的合理之处。需要指出的是,一般人很容易把"绿色学校"理解为"绿化学校""园林式学校"或"卫生先进学校"。他们仅从字面意思去理解"绿色"二字,殊不知"绿色"二字在当今社会已经有了较为深刻的含义。事实上,"绿色学校"并不等于"绿化学校"。"绿化"仅仅是"绿色学校"建设中的一个方面,在"绿色学校"创建的过程中,只在绿化、美化、净化上下功夫是远远不够的。"绿色"不仅意味着"绿化",还意味着与环

---

① 张俊峰:《创建面向可持续发展的绿色学校刍议——浅析国家新一轮基础教育课程改革的绿色学校观》,《环境教育》2002 年第 6 期。
② 转引自李平沙《探寻绿色学校创建的中国方案——专访教育部学校规划建设发展中心副主任邬国强》,《环境教育》2018 年第 9 期。

境的和谐,意味着可持续发展,意味着青少年身心健康地成长。

绿色学校的内涵,至少包括如下几层含义:第一,绿色学校是实施环境教育和生态文明教育的学校,强调将环境和生态保护的知识、技能、观念的教育贯穿于学校教育教学全过程,提升师生的生态文明素养。第二,绿色学校是坚持可持续发展、绿色发展的学校,学校把可持续发展理念、绿色发展理念融入学校教学、科研、管理、建设及改革的全过程,积极参与生态文明建设。第三,绿色学校是促进青少年健康成长的学校,它强调保护学生的个性,关注学生的全面、健康、可持续发展。第四,绿色学校应该有一个绿色校园乃至智慧校园,环境优美,节能低碳。基于此,关于绿色学校的基本内涵,我们比较认同教育部学校规划建设发展中心的界定。

与绿色学校密切相关的概念是绿色大学。关于绿色大学的内涵,学者们从不同的角度出发,有不同的阐述。对已有的概念进行深入分析发现,学者们主要从经济学、环境伦理学、高等教育管理学等角度对绿色大学的概念进行定义。其中从高等教育管理学的视角对绿色大学下定义的居多,这一类概念大多指出了绿色大学建设的理念、目的、指导思想、功能、内容、总体要求、任务、实施途径和措施等。虽然学者对绿色大学的定义各不相同,但在理论基础和目标方面基本趋于一致:大多数学者均以可持续发展和环境保护为指导思想或理论基础;均提出以人才培养为核心,以融入可持续发展理念、绿色发展理念和生态环境意识为目标。

除了学者的观点外,相关政府部门在颁布的政策文件中也明确了绿色大学的概念。2001 年 5 月,国家环保总局在《2001 年—2005 年全国环境宣传教育工作纲要》(环发〔2001〕85 号)中指出,绿色大学的主要标志是:学校能够向全校师生提供足够的环境教育教学资料、信息、教学设备和场所;环境教育成为学校课程的必要组成部分;学生切实掌握环境保护的有关知识,师生环境意识较高;积极开展和参与面向社会的环境监督和宣传教育活动;环境文化成为校园文化的重要组成部分,校园环境清洁优美。2004 年 6 月,广西壮族自治区环保厅等部门在《广西壮族自治区"绿色大学"评估标准》中指出,所谓绿色大学就是将可持续发展和环境保护的原则及指导思想落实到大学的各项活动中,融入大学教学全过程的新颖高等院校,主要包括绿色教育、绿色科研、绿色校园三方面的内容。

无论是官方的观点,还是专家学者的观点,都有一定的合理之处。随着绿色大学建设的不断深入推进,绿色大学将被赋予更加丰富的内涵。在新时代,绿色大学也应该注入新的内涵。笔者认为,所谓绿色大学,是指在办学过程中,把可持续发展理念、绿色发展理念渗透到学校建设和发展的各方面各环节,实现内涵式高质量发展的高等学校,主要包括绿色教育、绿色科研、绿色校园、绿色文化等四个方面的内容。

需要特别指出的是,在启动之初,绿色学校的创建对象主要是中小学和幼儿园,后来延伸到高等学校,于是就有了绿色大学创建。本书所讨论的绿色学校,其创建对象一般指幼儿园、中小学和高等学校。但为深入分析问题,增强研究的针对性和说服力,我们对绿色学校、绿色大学创建分别进行研究。绿色学校的内涵是不断丰富和发展的,新时代的绿色学校,不同于以往的绿色学校,其内涵随着环境教育和生态文明教育的推进、生态文明建设的发展而不断变化、升华。

三、绿色生活方式

绿色生活方式是我国大力倡导的。2011 年 12 月,国务院印发的《国家环境保护"十二五"规划》明确提出"推进绿色创建活动,倡导绿色生产、生活方式"。2015 年 11 月,环境保护部发布《关于加快推动生活方式绿色化的实施意见》(环发〔2015〕135 号),提出到 2020 年,公众绿色生活方式的习惯基本养成,最终全社会实现生活方式和消费模式向勤俭节约、绿色低碳、文明健康的方向转变,形成人人、事事、时时崇尚生态文明的社会新风尚。该文件没有明确界定何为绿色生活方式,但字里行间透露出绿色生活应包含"勤俭节约、绿色低碳、文明健康"等内容。2017 年 11 月,党的十九大报告指出,要"形成绿色发展方式和生活方式"。为贯彻落实习近平生态文明思想和党的十九大精神,2019 年 10 月,国家发展改革委《关于印发〈绿色生活创建行动总体方案〉的通知》(发改环资〔2019〕1696 号)提出通过开展节约型机关、绿色家庭、绿色学校、绿色社区、绿色出行、绿色商场、绿色建筑等创建行动,广泛宣传推广简约适度、绿色低碳、文明健康的生活理念和生活方式,建立完善绿色生活的相关政策和管理制度,推动绿色消费,促进绿色发展。"绿色生活方式"创建是建设美丽中国的重要抓手,已上升到国家战略层面,自然成为全社会重点关注的问题,也是各级政府的重要工作任务。

然而,如此重要的一个议题,许多基本的问题仍有待明确,首要的便是绿色生活方式的内涵。学术界关于绿色生活方式的研究在不断推进,但研究成果不多、尚不系统。如果此问题不能得到科学解答,那么其他的研究,比如绿色生活方式的理论基础、政策的制定与执行、推广普及的策略等都难有清晰的思路。田华文等在分析国内外学者的观点后指出,绿色生活方式的内涵可分为内外两个维度。外部维度为环境友好行为,是绿色生活方式的外显,可理解为绿色生活方式下的行为选择会产生对自然环境有益的后果,同时反对任何直接或间接损害环境的行为。内在维度包含三个部分,即勤俭节约的生活习惯、有益身心的健康特性以及良好的个人修养。① 我们认为,这一分析是比较全面客观的。

　　与绿色生活方式密切相关的概念是绿色行为。伴随着经济的不断发展,生态环境也在持续不断地恶化,绿色行为的养成和推进迫在眉睫。党的十九大报告强调:"必须树立和践行绿水青山就是金山银山的理念。"要"形成绿色发展方式和生活方式"。绿色行为理念的提出,不仅有助于培育和树立良好的绿色行为价值观,也有助于促进经济发展方式的改变。这些年专家学者对于绿色行为的研究在持续不断地深入和推进,不同领域的专家学者对绿色行为给出了不同的定义。孟陆、刘凤军等结合消费者思维认为"绿色行为是指个体符合绿色理念的活动,如:绿色购买行为、为环保事业进行捐赠、参与环保活动和低碳出行等等"②。王玉科从经济学的角度指出"绿色行为是在具备绿色知识、绿色意识、绿色态度的基础上,在生活方式及生活习惯上的实际表现"③。杨苏则从企业管理的角度将绿色行为界定为:"契合绿色化发展方向的,资源利用效率高且对周围环境负责的社会组织或自然人的行为,且把以最少的资源消耗和最低的环境污染来获得尽可能大的经济、社会和环保收益作为其决策目标。"④卢志坚、李美俊、孟宣辰则从高校的角度提出"绿色行为主要包括节约资源行为(节电、节水、节粮等)、绿色消费、绿色出行和环

① 田华文、崔岩:《何为绿色生活?——基于多个政策文本的扎根理论研究》,《干旱区资源与环境》2020 年第 1 期。
② 孟陆、刘凤军、陈斯允、段珅:《消费者思维决策方式对持续参与绿色行为意愿的影响》,《心理科学》2020 年第 6 期。
③ 王玉科:《大学生绿色行为及其影响因素研究》,《经济研究导刊》2020 年第 6 期。
④ 杨苏:《绿色行为决策的演化机理及影响因素研究》,博士学位论文,合肥工业大学,2016 年。

保行为"①。林珂君、杨平宇也从大学教育的角度将绿色行为的概念表述为："绿色行为是指由社会组织或自然人倡导的、符合绿色大世界和绿色理念的活动,是人们对周围生态环境的反应与行动情况,展现了人们绿色道德意志的高低。其中,绿色主要由生命、节能和环保这三个因素组成,体现了健康的生活方式。绿色行为的内容主要围绕意识行为、养成行为、实践行为和公益行为展开,包括绿色行为意识、绿色行为习惯、绿色实践活动和绿色公益活动四个方面。"②从诸位专家学者的表述中可以看出,不同领域对于绿色行为的表述与侧重是不同的,笔者从绿色教育的角度,将绿色行为简单地理解为:人们在绿色理念的指引下倡导的符合绿色大世界以及绿色发展的活动和行为,包括但不局限于节约资源、绿色消费、绿色出行、环保行为、公益行为等。

四、生态文明教育

生态文明是人类社会发展阶段中的一种新型文明范式,是原始文明、农业文明、工业文明后人类文明形态的最新形式,追求经济社会和生态自然和谐共生发展,它要求社会成员树立人与人、人与自然和谐共生的价值理念,要求社会建构绿色、节能、高效的生产方式,倡导健康、节约的绿色生活方式。③我国"生态文明教育"概念最早是在 1998 年王良平发表的《加强生态文明教育,把环境教育引向深入》一文中出现的,文中认为"环境教育的目标已无法完全适应生态文明的诉求,生态文明教育则是环境教育在生态文明时代走向

---

① 卢志坚、李美俊、孟宣辰:《高校生态文明教育对大学生绿色行为的影响分析——以上海为例》,《干旱区资源与环境》2019 年第 12 期。
② 林珂君、杨平宇:《大学生绿色行为调查及习惯养成研究——基于对温州大学城大学生绿色行为的调查研究》,《环境教育》2019 年第 7 期。
③ 岳伟等:《生态文明教育研究》,中国社会科学出版社,2020 年,第 36—50 页。

深入的必由之路"①。但自 2000 年以来,我国学术界对于生态文明教育的研究逐渐增多,研究视角也逐渐多元化。陈丽鸿在《中国生态文明教育的理论与实践》一书中认为,"生态文明教育是针对全社会展开的向生态文明社会发展的教育活动",它"吸收了环境教育、可持续发展教育的成果,把教育提升到改变整个文明方式的高度,提升到改变人们基本生活方式的高度"②。彭秀兰在《浅论高校生态文明教育》一文中,区分了广义的生态文明教育与狭义的生态文明教育,指出"广义的生态文明教育是针对社会全体公众而言的,狭义的生态文明教育则指专门的学校教育"③。杨冬梅在《从"独自"到"对话"——高校生态文明教育的变革》一文中明确了生态文明教育的学科性质,认为生态文明教育"归根到底属于德育教育"④。

上述研究虽然都对生态文明教育的内涵做了重要的探索与阐述,但视角都比较单一,并没有进行整体的把握。综合已有研究的界定,笔者更赞同和认可岳伟、陈俊源、徐洁等的观点,认为生态文明教育是培养公民生态素养的主题教育活动,是基于生态文明理念的教育范式转型。⑤

生态文明教育作为服务生态文明建设的教育活动,是以人与自然和谐共生为出发点,针对全社会成员开展的主要包括生态文明知识、生态文明技能与行为、生态文明伦理和审美等教育内容的教育活动,它倡导将伦理关怀的视野从人类自身延伸至整个生态系统,学会像敬畏人类自己的生命意志一样

---

① 王良平:《加强生态文明教育,把环境教育引向深入》,《广州师院学报》(社会科学版)1998年第1期。
② 陈丽鸿:《中国生态文明教育的理论与实践》(第二版),中央编译出版社,2019年,第77页。
③ 彭秀兰:《浅论高校生态文明教育》,《教育探索》2011年第4期。
④ 杨冬梅:《从"独自"到"对话"——高校生态文明教育的变革》,《环境保护》2011年第16期。
⑤ 岳伟、陈俊源、徐洁:《生态文明教育:内涵、特性及理念》,《中国德育》2022年第20期。

敬畏所有的生命意志,形成"人-自然-社会"和谐共生的价值观念。生态文明教育在生态文明建设中发挥着基础性、先导性、实践性、全民性和综合性的作用。生态文明教育是一项系统性工程,它是面向全社会所有成员的生态文明素养培育和提升活动。

第二节　绿色教育的基本要素

绿色教育有丰富的内涵,包含但不限于绿色校园、绿色教学、绿色管理、绿色德育、绿色科研等基本要素,绿色教育的实施必须落实到学校办学的全方位全过程中。建设绿色校园是实施绿色教育的基本保障,开展绿色教学是实施绿色教育的基本途径,践行绿色管理理念有助于提升绿色教育的效益,倡导绿色德育是实施绿色教育必不可少的组成部分,开展绿色科研是推动绿色教育向前发展的催化剂。

一、绿色校园：绿色教育的物质条件

绿色教育源于环境教育,不仅指保护环境的教育,也意味着优美、整洁的校园环境是环境教育有效的工具,发挥着强有力的力量。学校是人才培养的摇篮,干净、整洁的校园是保证师生正常工作、学习和生活的基础。绿色校园包含多重含义,从字面上来说,"绿色"指的是环境的绿化,绿色校园指的就是因样式布局恰当而形成的干净、整洁、优美、宜人的校园环境,所追求的是校园的环境质量。从更深的层面思考,"绿色"代表生态和谐、可持续发展,应从生态可持续发展的角度来考虑校园环境的建设,追求校园环境的生态效益,在校园环境建设的方方面面都要体现出保护环境、节约资源的理念。

校园里的花草树木、教学设施、建筑物等都是校园的组成部分，绿色校园的建设包含环境之"绿"、建筑物之"绿"、生态园林景观之"绿"三部分。环境之"绿"是绿色校园物质文化建设的首要任务，也是建设绿色校园最基本的要求。环境之"绿"首先体现为校园良好的卫生状况，包含很多方面。有人认为，不乱扔果皮、纸屑，不随地吐痰就是做到了环境卫生，这种观点是片面的，事实上不乱扔垃圾、不随地吐痰只是环境卫生标准中的一个小小的要求，环境卫生所包含的范围非常广泛，除了废污处理外，还包括食品和饮用水卫生、空气污染及噪声污染等公害的防治、病媒管制等内容。打造绿色校园环境，除了做好废水、废物及垃圾处理，还必须做好其他污染物的处理工作。

建筑物是校园的重要组成部分，各式各样的建筑物共同构成了师生校园生活的场所，校园建筑物设计合理与否在很大程度上会影响师生校园生活的质量。合理的校园建筑物规划设计不仅注重建筑物的功能性，更注重建筑物的人文性，给予师生更多便利。绿色校园建筑追求的就是功能性和人文性并存。首先，建筑物的设计布局要合理利用自然条件，比如在建筑物高度和间距的处理上，要充分考虑采光、通风、防噪以及土地资源利用等问题。其次，建筑物的选材用料要环保安全、无毒无公害，达到绿色建筑的基本要求。再次，校园道路、运动场地等场所的建筑材料和技术，要充分考虑环保性能和成本。如校园人行道，可采用各色多孔的混凝土植草路面砖来铺设，植草路面砖具有植草孔，在绿化路面的同时还可以吸收地表的水分，在下雨天可以起到减少地面积水的作用。

校园的生态园林是师生休闲娱乐、互动交友的主要场所，绿色校园的生态园林应该给人带来轻松、愉悦、舒适的体验，师生们在工作、学习之余漫步其中，可以卸下一身疲惫，尽情感受大自然之美。校园生态景观设计不仅应重视生态功能,例如气候调节、除尘降噪、固氮释氧、保护生物多样性等,更应重视整体性,强调景观与居住者的互动关系。校园的生态景观设计可以分为两个部分:一是校园绿地景观设计,二是校园水景观设计。此外,生态景观设计不应仅仅停留在传统的定性(布局、形态等)设计上,还应利用先进的模拟技术对景观的生态效应进行定量分析,从而更有效地指导设计。

我国住房和城乡建设部 2019 年 3 月批准《绿色校园评价标准》为国家标准,编号为 GB/T51356—2019,自 2019 年 10 月 1 日起实施。该标准认为,绿色校园就是为师生提供安全、健康、适用和高效的学习及使用空间,最大限度地节约资源、保护环境、减少污染,并对学生具有教育意义的和谐校园。该标准从规划与生态、能源与资源、环境与健康、运行与管理、教育与推广等五个方面制定了国家标准,是我国绿色校园评价的依据,适用于中小学校、职业学校和高等学校,将对我国绿色校园建设产生重要的推动作用。

二、绿色教学:绿色教育的主要途径

绿色教学是实施绿色教育的主要途径。绿色教学是指在绿色教育理念的指导下,坚持以学生为本,遵循学生身心发展规律,坚持学生主体、教师主导的地位,在教学内容和方法的设计上兼顾科学知识的传递与人文精神的培养,即在关注学生知识与技能发展的同时兼顾学生情感、态度、价值观的培养,在教学过程中关注每一位学生个性的发展、灵性的激发,培养学生的创新精神以及主动学习、合作学习、终身学习的意识和能力。绿色教学追求的是师生的共同成长及可持续发展,主张转变教师角色,以互动交流、相互学习的对话精神营造和谐、民主的课堂氛围,建立绿色课程体系,助力绿色教育的开展。

（一）绿色教学下的绿色教师

绿色教师是秉承绿色教育理念的教师，是具有爱岗敬业、爱生如子、乐于奉献、勤于研究的精神，具备完善自我、终身学习理念和高度职业幸福感的教师。绿色教学对绿色教师有两方面的要求：一是在对待学生方面，二是在对待教师职业方面。

在对待学生方面，绿色教学要求绿色教师具有爱岗敬业、爱生如子的高尚的师德素养。绿色教学下，教师的角色不再是单纯的知识传递者，而是转变为学生学习活动的策划者、组织者、促进者、合作者。首先，绿色教师是学生学习活动的组织策划者。绿色教学倡导教学要以学生为中心，激发学生学习的主动性与积极性，教师应当从以前的"以教定学"的教学模式转变为"以学定教"，即从学生的角度来考虑选取什么样的教学方式、教学手段。这就要求教师关心学生、热爱学生，在了解学生现实特点和自然天性的基础上，确定合理的教学目标，选择个性化的教学方式，设计符合学生特点的教学方案；在教学过程中要努力营造一个和谐、民主的课堂氛围；把课堂的自主权、话语权还给学生，设计探究式、协作式的学习活动，为学生创造参与学习的条件，提供自主探索的空间，培养学生自主学习、协作学习的能力，同时鼓励学生大胆想象、大胆质疑、大胆反驳，而教师负责从旁调控、因势利导，教师角色从"教学掌控者"转变为学生学习活动的组织策划者。其次，绿色教师是学生学习活动的促进者。与传统教师惯用的"填鸭式"的知识灌输手段不同，绿色教师在学生的学习过程中充当的是促进者、指导者的角色，而不是灌输知识的操作工。在教学过程中教师要激发学生的学习兴趣，帮助学生明确学习目标、选择恰当的学习方法，并且维持学生的学习热情等，改变传统课堂上的教师讲、学生听的教学模式。绿色教师作为学生学习的促进者，注重启发和鼓励学生去思考问题、解决问题，比如在从旧知识向新知识迁移时启发学生分析新旧知识之间的联系，以深化学生对旧知识的理解与掌握，促进其对新知识的理解。最后，绿色教师是学生学习活动的合作者。绿色教学要求教师树立教学相长的观念，教学相长是建立平等师生关系的基础。在教学过程中教师不应该仅仅把学生看作教育的对象，更应该看作相互学习的伙伴，通过教与学的相互启发，让自己日常的教学活动成为发现自身不足、改善和提升自身专业水平的教学实践。绿色教师必须树立教学相长的理念，只有内心理念的变化才会带来教师的教学行为的改变，让教师乐于了解学生、尊重学生，与学生共同学习、共同成长，成为学生学习的合作者。

在对待教师职业方面，绿色教学要求绿色教师群体具有团结友爱、善于合作、乐于奉献、勤于科研的专业化发展水平以及完善自我、终身学习的可持续发展观念。就教师群体而言，绿色教学倡导人与人之间的和谐发展，因此绿色教师群体应该团结友爱，群体中的所有绿色教师都应当树立起集体观念，互帮互助，而不是各自为政。绿色教学还要求教师进行科研。虽然教学是教师的首要工作，但只教学不科研的教师看不到教学过程中存在的问题或者看到了问题也没有办法解决。科研是发现问题并解决问题的过程，磨刀不误砍柴工，做科研的过程实际上就是提升自身教学水平的过程。就个体而言，绿色教师应当树立终身学习的理念。学习是人类赖以生存和发展的重要手段，活到老，学到老。对于肩负着教书育人重任的人民教师来说，终身学习尤为重要，因为要想给学生一杯水，教师自身就要有一桶水，甚至是源源不断的河流、一片汪洋大海。随着社会的进步和时代的发展，知识更新换代、日新月异，停止学习的人根本无法满足信息时代的需求，唯有不断学习，把自己变成知识的"源头活水"，才能站稳讲台，成为一名真正吸引学生的、有魅力的教师。

（二）绿色教学下的绿色课堂

绿色教学下的绿色课堂是师生互动交往、共同成长的新型课堂，是绿色对话和绿色活动共同构成的课堂，是让学生少听而多说多做的课堂。

绿色课堂倡导绿色对话。传统的课堂上老师负责讲授，学生只是被动地听，对学习内容死记硬背，对相关知识点的理解只停留在表层。我们常常会在教室里看到这样的景象：教师在讲台上讲得唾沫横飞，而底下的学生多是昏昏欲睡。这样的课堂有碍学生个性的发展，同时也大大地打击了教师的授课热情。与传统课堂不同，在绿色课堂上，教师的职责是设置疑问和启发引导，鼓励学生进行自主探究学习，大胆尝试提出自己的疑问、分享自己的见解，以师生平等的互动交流方式来组织课堂教学，在向学生传递科学文化知识的同时启迪学生向真、向善、向美。绿色课堂是突出自信、培养自信的课堂，师生平等对话，教师用尊重与关爱给学生以鼓励，让学生爱上老师、爱上课堂，爱上那个敢于提问、敢于质疑、敢于分享的自信的自己。

绿色课堂组织绿色活动。在这个信息技术瞬息万变的时代，学习，是没有尽头的，这个时代倡导终身学习，倡导活到老，学到老。绿色教育关注学生的可持续发展，致力于培养学生的终身学习能力，即使离开了学校，他们依然能够自主学习。绿色课堂担负着提升学生学习能力的使命，绿色课堂活动的设计必然要建立在培养学生的自主探究学习能力、合作学习能力和创新学习能力的基础上。通过绿色课堂活动让学生养成爱学、乐学、好学的良好习惯，既向学生传授当前社会所需的知识和技能，又培养学生终身学习的意识和能力，让他们在社会上仍然能不断学习，不断完善自身，以跟上时代的步伐。

（三）绿色教学下的绿色课程

绿色课程是绿色教学的一个重要组成部分，绿色课程的设置必须具有发展性,有利于学生终身学习的意识和能力的培养,有利于学生潜能的开发与个性的发展,有利于学生合作能力和创新精神的培养。

在兼顾国家课程的前提下,学校应当遵循绿色生态理念,设计开发动态发展、立体多元的绿色课程,打造个性化的绿色课程体系,给每一位学生提供个性化的绿色教育课程,包含绿色隐性课程和绿色显性课程。隐性课程是对学生产生潜移默化作用的课程,让学生从其所处的环境中学习到计划之外的知识,会对学生的情感、态度、价值观等产生一定的影响。绿色隐性课程发生在学生的学校生活、班级生活中,学校领导班子优秀的人格魅力、学校教师队伍朝气蓬勃的精神风貌、校园里浓厚的绿色文化氛围等都是绿色隐性课程的重要组成部分,是绿色隐性课程主要的教学载体。打造绿色隐性课程必须从校园的人和物入手。第一,要重视学校的领导者、教师对学生的表率作用和示范作用,以及学生与学生之间的相互影响、相互促进;第二,要重视校园绿色文化的感染力和影响力的发挥,包括利用优秀的精神文化去充实师生的精神世界,利用优美的校园环境去给学生以感染和熏陶。显性课程是学校教学计划之内的各门学科及各种教学活动的总和,绿色显性课程应该包括渗透绿色理念的国家标准课程以及学校自主开发的绿色校本课程。对于中小学校来说,语文、数学、英语、体育等课程是国家规定的标准课程,教师在进行国家课程教学时也可以创造性地渗透绿色发展的理念,找准学科知识与绿色发展理念的最佳结合点,探索学科课程的绿色教育模式。例如语文课程中学生绿色环保情感的激发、数学课程中学生批判性思维的培养、体育课程中学生的身心健康教育等。教师应根据学科和教学内容的不同特性,有针对性地在教学过程中渗透绿色教育理念。绿色校本课程的开发对建设绿色课程具有非常重要的意义,学校应当根据自身拥有的资源和条件,打造充分体现自身特色的绿色校本课程,以满足学生对绿色课程的个性化需求。校本课程的开发以综合实践类为主,教学方式以学生的自主探究、自主实践为主,并辅以理论教授,旨在让学生亲身感受和体验绿色教育,在实践中提高绿色发展意识和能力。①

（四）绿色教学下的绿色德育

德育,是我国素质教育的重要组成部分,是教育者根据社会发展的需要,有组织、有计划地对受教育者的思想价值观念实施系统影响的教育活动,在青少年身心健康成长的过程中起着至关重要的作用。一般来说,德育有三个层次的基本内容:一是基本道德行为规范教育,即对学生进行文明行为教育,培养学生的文明习惯,教会学生如何做人,比如对《小学生守则》《中小学生日常行为规范》的教学;二是公民道德与政治品质教育,这方面主要包括集体主义教育、爱国主义教育、民主法制观念教育,旨在培养学生的集体荣誉感、爱国精神和法治意识;三是培养正确的世界观、人生观、价值观的思想品德教育。

绿色德育则是融合了绿色教育理念的一种追求人的健康快乐、人与自然和谐统一的新的德育观,它源于环境保护教育,提倡热爱自然、保护自然;但它又超越了环境保护教育,在关注环境保护的同时也倡导尊重人性,既注重人与自然的和谐、可持续发展,也注重人的身心健康和全面发展。从狭义上来说,绿色德育指的是环境保护意识教育,即培养学生尊重自然、热爱自然、保护自然的绿色环保意识,让学生养成爱护大自然的一草一木、爱护环境卫生的良好习惯。而从广义上来说,这里的"绿色"指的是尊重生命、关爱生命,

---

① 刘晓波:《生态视野绿色情怀:威海市普陀路小学特色建设专辑》,光明日报出版社,2017 年,第6—22 页。

那么绿色德育指的就是以学生为本,在尊重学生的基础上,对学生实施思想价值观念的影响,引导学生处理好个人与自我、他人、自然、社会的关系,促进其身心健康。绿色德育最大的特点就是关注学生的未来发展,旨在培养学生积极向上的价值观、人生观、世界观,为学生的终身发展奠定坚实的基础。这里,我们所倡导的绿色德育取的是广义的绿色德育之意。

(五) 绿色教学与智慧教育同向而行

智慧教育是现代教育理念和现代信息技术在教育教学中的运用,是基于互联网、物联网、多媒体、大数据、课程资源库等教育资源的教育教学模式,是基于现代教育理念、现代教育技术对传统教育教学方式的变革,是集教学理念、教学方式、学习方式、教学评价方式于一体的教育教学模式创新。智慧教育的价值和意义在于教育资源的集约和节约,在于教师教学和学生学习的高效率和强有效性,在于线上教学和线下教学可结合、远程教学和课堂教学能共享、虚拟教学与现实教学可融合,在于现代教学与传统教学相互吸引,在于校内教育和校外教育的协调配合。智慧教育所追求的价值理念和教育教学目标与绿色教育相向而行,都有个性化教学、资源节约、简洁高效、绿色低碳等价值和目标取向。推动绿色教学,必然离不开智慧教育、智慧教学的参与和支持,这包括智慧校园建设、智慧学习环境建设、智慧教学模式建构等。

三、绿色管理:保障绿色教育效益的重要手段

管理,是活动的策划者、组织者通过一定的方法、手段,对活动所涉及的各项人力、物力、财力以及信息等进行合理的协调、分配、利用,以实现活动目标的过程。学校管理即是学校管理者对学校中的人力、物力、财力、信息等进行有效的分配、利用,以实现学校的发展目标的过程。学校领导者在对学校进行管理时,以绿色教育理念为其管理思想,在绿色教育理念的指导下对学

校的各项事务进行管理,这样的管理便是绿色管理。我们知道,绿色教育追求和谐、可持续发展,那么渗透了绿色教育理念的绿色管理必然也是追求和谐、可持续发展的,绿色学校管理是整合校内外一切有益于学校发展的资源,优化各要素之间的关系,合理地分配、利用,以促进学校系统高效率、高质量、和谐、可持续发展的过程。绿色学校管理的显著特征是基于绿色评价的以人为本、自主化和可持续发展性。

（一）绿色管理是以人为本的管理

在管理活动中,人既是管理者,同时也是被管理者。因此,人是管理活动中最重要的因素,做好管理工作最重要的是做好人的管理。基于这一认识,绿色管理倡导以人为本的管理,只有以人为本,尊重人、理解人、关爱人,才能得到人的尊重、理解与支持,才能长治久安。

在绿色学校管理中,对人的管理主要分为对教师的管理和对学生的管理。教师是学校系统的重要组成部分,在学校的行政系统中,他们既是学校的员工,同时也是学校教育教学职能的直接实施者;在学校的管理系统中,他们既是管理者,也是被管理者,学校的发展离不开他们的贡献。实行绿色学校管理,应当树立以教师为本的管理思想,以尊重、认可、激励为管理原则,要尊重教师在工作中的话语权;肯定教师在工作中的成长与发展;重视教师的心理感受,在任务分配、工作布置时,以更具有人文情怀的互动研讨代替命令式的单向灌输,激励教师积极主动地参与到学校的管理工作中,凸显教师在学校中的主人翁地位。学生是学校存在的根本因素,没有学生,学校的存在是没有意义的,因此学生是学校系统的核心要素之一,实行绿色学校管理,应当树立以学生为本的管理思想。以生为本的管理,就是在管理过程中关注学生的个体差异,尊重学生的个性发展,遵循学生的身心发展规律,以发展的眼光看待和评价学生,把每一个学生看成成长中的、平等的、独立的人;建立健全人文情怀与科学精神兼备的管理制度,采用人性化的管理方法,构建全新的、和谐平等的师生关系,在管理中促进学生的全面健康发展。

(二)绿色管理是自主化的管理

叶圣陶老先生曾经说"教是为了不教",意思是教师的教是为了以后的不教,且在教师不教的情况下学生也能够自主学习。换句话说,教师教学的目的应当是在教的过程中培养学生自主学习的能力,促使学生养成自主学习的习惯,而不是让学生掌握某一项特定的知识或技能。授人以鱼不如授人以渔,只有让学生学会自主学习,才能取得教师不教学生也能学习的效果。本质上来说,教师的教学其实也是对学生学习的一种管理,因此,同理可得,管是为了不管。如果说,管理的目的是让被管理者唯命是从,那么将会得到以下两种结果:第一,被管理者在工作上遇到任何问题都会第一时间向上反映,并讨要解决问题的办法;第二,被管理者不再需要对工作进行任何的反思与改进,只需要等待命令,然后不假思索地听命行事。这样的情况不仅会大大地增加管理者的工作量,而且会使被管理者丧失在工作上参与、思考和选择的机会,严重打击他们工作的积极性,管理者的"独断专行"更会似一盆冷水般浇灭他们对工作的热情。因此,管理的目的不应该是让被管理者言听计从,而应该是实现被管理者的自我约束,让其自主寻找解决问题的办法,即自主化的管理,这是管理的最佳状态,也是绿色管理所倡导的。

(三)绿色管理是可持续发展的管理

学校的绿色管理应该是可持续发展的管理,可持续发展是绿色管理的原则,同时也是绿色管理的目标。首先,绿色管理的过程是面向可持续发展的,可持续发展理念贯穿了绿色管理的全过程,不管是对教师、学生还是对其他教育物质资源的管理,都必须坚持可持续发展的原则。在对教育系统中的人进行管理时,要关注人的成长,要尊重人的个体差异,由以往的"统一管理"转变为"弘扬个性",使人焕发生命活力,构建和谐的人际关系,致力于培养人的生态环保理念和绿色、和谐的可持续发展意识。其次,可持续发展是绿色管理所追求的目标。教育过程中要用到的人力、物力、财力构成了教育资源的总和,教育资源是教育事业得以顺利向前推进的基础和保障。但教育资源是有限的,受到经济条件的制约,有的学校可能存在师资力量不足的问题,而有的学校可能正在遭遇教学设备、设施落后的困境,解决这些难题的关键在于学校要学会管理有限的资源,通过绿色管理,促进教育资源的优化配置,实现资源的开放共享,最大限度地发挥资源的效益,节约成本,降低能耗,使有限的资源能够发挥无限的作用。

(四)绿色管理是基于绿色评价的管理

教育评价是教育者对教育活动、教育质量进行的判断。陈玉琨教授认为,教育评价是教育者对教育活动满足社会效益和个体需要的程度的判断过程。教育的绿色评价应是教育者和教育管理者对受教育者的德智体美劳等方面的全方位、全过程的客观公正的价值判断活动,这种教育评价强调教育个体评价的科学性、发展性、人文性,强调遵循教育的发展规律和学生发展的客观规律,强调以德为先、能力为重、全面发展,面向人人、因材施教、知行合一,坚决改变用分数给学生贴标签的做法。实施绿色评价是学校教育质量评价改革的新思路。在当下,教育的绿色评价,非常重要且紧急的任务是改变单纯以学业成绩评价学生的方式。上海在全国率先构建义务教育质量"绿色评价"体系,"主要包括十项绿色指标:学生学业水平指数、学生学习动力指数、学生学业负担指数、师生关系指数、教师教学方式指数、校长课程领导力指数、学生社会经济背景对学业成绩的影响指数、学生品德行为指数、学生身心健康指数、跨年度进步指数"①,在全国产生较大反响。

四、绿色科技：绿色教育的氧化剂

科技创新是学校特别是高校的重要职能之一,开展科技创新不仅有利于学校教学、人才培养的发展,更有利于经济、社会治理的进步。对于绿色教育来说,开展绿色科技是夯实绿色教育的理论基础,促进绿色教育理论与实践相结合的有效途径。绿色科技是指基于绿色教育理念,以人与自然和谐共生为主题,以可持续发展为目的,既强调经济社会的发展,又重视生态环境保护的科学研究和技术创造。不同的学科领域中,绿色科技具有不同的开展方式。在人文社会科学的研究领域中,绿色科技的开展主要以对绿色发展理念的理论研究为主,主张其研究成果能为生态文明建设、经济社会的可持续发展提供咨询意见和对策建议。在自然科学研究领域中,绿色科技则以绿色技术、绿色工艺、绿色产品的研发为核心②,可以细化为两方面的内容:一是绿色技术层面的工业技术的研发与应用,旨在提高工业技术水平,设计、开发低成本、高性能的工业设备、设施,以减少工业废气、废水对环境的污染;二是可持续发展层面的环境保护与经济发展的研究,如生态环境修复工程、濒危动植物保护研究、生态水文化研究等,致力于环境污染治理,改善生态环境质量,转变经济发展方式使其与环境保护相协调。绿色科技不仅具有绿色的研究目的,还追求绿色的研究过程,即在开展科技研发的过程中,以绿色发展理念为指导,通过合作共享的方式优化研究过程,减少研究过程中的资源消耗,

---

① 《让学生健康快乐地成长——素质教育如何推进》,《光明日报》2012 年 7 月 12 日。
② 盛双庆、周景:《绿色北京视野下的绿色校园建设探讨》,《北京林业大学学报》(社会科学版) 2011 年第 10 期。

以降低研发成本。大型绿色科技项目一般沿用国家批准立项、政府财政拨款支持、高校负责实施的三位一体的科研模式,而高校进行研究的方式一般是与社会企业进行合作,企业负责提供场地和研究设备,并将高校研发的新技术应用于实践,这样的科研模式有利于提高资源利用率,节约科研成本。开展绿色科技是对绿色教育理念的具体实践,积极申请与实施绿色科技项目有利于推动绿色教育理论与实践的发展。不同性质的高校在绿色科研方面的侧重点不同,理工类的高校一般比较注重绿色技术的研发,文科类的学校则倾向于生态理念、生态哲学等方面的理论研究。①

第三节 绿色教育的价值

绿色教育的提出并不是一种偶然现象或主观存在,而是当今飞速发展的社会的需求和呼唤。这些年来,随着经济社会的不断发展,环境问题、生态问题也越发突出,绿色教育作为环境保护、生态文明建设的有力措施和途径是非常必要的。党的十八大报告中提出要"着力推进绿色发展、循环发展、低碳发展",强调了经济社会绿色发展的重要性。党的十八届五中全会提出了"创新、协调、绿色、开放、共享"五大发展理念,把绿色理念作为其中之一,强调推进绿色发展,并写进"十三五"规划《建议》。《建议》中强调:"绿色是永续发展的必要条件和人民对美好生活追求的重要体现。"随着当今社会经济、科技的飞速发展,"绿色"一词的含义早已超出其本义,逐渐发展成了绿色文明和绿色发展的代名词。而教育作为推动人们积极参与环境保护和可持续发展

---

① 李红梅:《绿色发展理念与"服务绿色崛起"的理论与实践研究》,人民出版社,2018年,第229页。

的主要驱动力,对唤醒学生的生态意识和绿色意识具有重要的推动作用,绿色教育作为一种新的教育理念,是我国全面实施素质教育的应有之义,是教育现代化的必然要求,有利于培养新时代创新创业人才。

一、绿色教育是一种新的教育理念

随着生态环境问题的出现、全球化浪潮的不断推进,人们对生存环境愈发关注和重视,各国学者和有识之士从各自的学科、领域出发,在学术、思想、技术等多种层面上探讨环境保护问题,产生了一大批新型学科和交叉学科,一些思想和观点已逐渐渗透到了生产、生活、教育等领域。"绿色教育"正是在这一形势下应运而生的,可以说绿色教育是随着环境教育和实践的发展,在可持续发展理论与实践中产生的一种新的教育发展理念,也是未来教育适应时代发展的一种新的理念。绿色教育这一新的教育发展理念,主要"新"在以下几个方面:

第一,"新"在其教育内涵上。关于绿色教育的内涵,学界有较多的讨论,学者从不同的视角出发,提出的观点颇多,前文已有论述,概括起来包括如下几种:一是认为绿色教育就是环境保护和可持续发展教育;二是认为绿色教育是呵护生命的教育;三是认为绿色教育是激发活力从而实现可持续发展的教育;四是认为绿色教育是科学教育与人文教育的交融。因此,我们发现,绿色教育是一个内涵丰富、颇有新意的教育理念乃至教育范式。它秉承可持续发展、绿色发展理念,基于环境教育、可持续发展教育、生态文明教育乃至生命教育,旨在培养学生的可持续发展意识与能力,具体表现为环境保护意识和自主学习、协作学习、终身学习的能力,主张尊重学生的个体差异,鼓励学生大胆质疑、张扬个性,是推动学生可持续发展的教育活动和教育观,其根本宗旨在于推动人与自然和谐共生。

第二,"新"在其教育目标上。推进绿色教育,就是要将可持续发展、绿色发展理念和思想,融入学校办学和教学的各环节,让学生在绿色环保、文明健康的校园里健康成长,让学生的知识、能力、素养塑造中蕴含更多的"绿色"成分,把青少年学生培养成身心健康的,有创新能力和可持续发展能力的高素质、复合型、创新型的"新的人才",这些"新的人才"必将成为推动环境、经济和社会绿色发展的骨干力量和核心力量。

第三,"新"在其教育内容上。绿色教育作为培养学生可持续发展的教育理念和活动,其教育教学内容并不仅仅是环境教育、可持续发展教育、生态文明教育,还要在正视当前教育存在的不足的基础上,通过绿色教学、绿色课堂、绿色校园建设,从思想意识层面培育学生的绿色意识、绿色思维,让学生践行绿色行为和绿色行动,让学生在显性和隐性的双重教育下,理解环境保护和可持续发展的重要性,培养他们热爱自然、保护环境、热爱社会的品性,并重视学生的创新意识和探究意识的培育,提高学生的科研能力和水平,培养适应社会发展需求的、积极响应人与自然和谐共生理念的高素质、全面发展的新型人才。

第四,"新"在其教学方式上。绿色教育作为一种新的教育理念,其所倡导的不再是传统的灌输式、填鸭式教学方式,而是一种理论与实践相结合的教学方式,倡导"以学生为本"和"学生主体"。一是强调以课堂教学为主体、课内外相结合,通过环境熏陶、学科渗透、社会实践、道德践行等途径全面开展绿色教育,增强师生的环境保护意识,提高广大师生的绿色素养和绿色行为。二是强调教学、科研、社会服务的相互融合,注重产教研的相互渗透,提高师生的创新精神和科研能力,培养出一批具有绿色意识的符合社会发展需求的人才。同时,也强调学校教育与家庭教育、社会教育相互融合,三者的有机结合才能培养出真正具有绿色素养的高素质人才。三是课堂教学倡导讨论式、探究式等的教学形式,摒弃灌输式、填鸭式的教学方式,让学生在讨论、探究的过程中认知和发现。

二、绿色教育是实现可持续发展的智力支撑

经济、社会和环境的可持续发展都离不开人才的支撑,而人才的培养又离不开教育,只有接受了专业教育,才能培养出专业人才。绿色教育秉承可持续发展理念和绿色理念,以促进学生可持续发展和生态文明素养培育为主旨,以绿色教学为支撑,尊重学生的个体差异和个性特征,关注学生的身心健康,推进学生德智体美劳全面发展。绿色教育的推进和发展,有助于培养适应经济、社会和环境可持续发展需要的各层级、各类型的专业技术人才,增强人才服务于绿色、环保、低碳的经济发展的能力。绿色教育的推进和发展,可以提高学校特别是高等学校的绿色科技创新能力和水平,产学研合作的方式可以让更多的绿色科技成果直接服务于经济、社会和环境的可持续发展。绿色教育的推进和发展,可以让更多的人文社会科学研究成果服务于生态文明建设,引领公众形成绿色生活方式、传承和创新绿色文化,促进全社会的可持续发展。

三、绿色教育是教育现代化的应有之义

邓小平同志在 1983 年提出"教育要面向现代化,面向世界,面向未来",这一理念和号召经久不衰,对我国现在的教育发展仍有很大的指导作用。"面向现代化"是指教育要面向现代社会的发展,从现代化的角度出发;"面向世界"是指教育要具有国际化的倾向和眼光,要走出去,加强与世界发达国家的联系与交流;"面向未来"是指要具有发展的眼光,为未来着想。当前,社会科学、科学技术蓬勃发展,传统的教育方式已难以适应现代教育发展的需

求,不能满足时代发展的客观要求了。教育的发展必须服务和适应经济、政治、文化乃至整个社会的发展。2019 年 2 月,中共中央、国务院印发《中国教育现代化 2035》,提出推进教育现代化的八大基本理念:更加注重以德为先,更加注重全面发展,更加注重面向人人,更加注重终身学习,更加注重因材施教,更加注重知行合一,更加注重融合发展,更加注重共建共享。绿色教育作为一种新兴的教育理念,倡导培养全体学生的环境和生态素养,倡导学生全面发展及身心健康成长,倡导教育教学方式变革,倡导绿色文化和育人环境的创设,倡导绿色科学创新,与教育现代化的理念和所追求的目标是相向的、相协调的。

四、推进绿色教育有利于培养新时代创新创业人才

培养符合社会发展需求的高素质、创新型绿色人才是当今教育的根本任务,而绿色教育作为一种新兴的教育理念,从促进学生全面可持续发展出发,以提高学生的创新能力、创新意识、创新思维、创新人格为目标,符合经济社会和环境可持续发展对高素质、创新型绿色人才的要求。在党的十八届五中全会上,习近平同志提出了"创新、协调、绿色、开放、共享"新发展理念,把绿色和创新作为其中的两大发展理念,强调推进创新发展、绿色发展,并写进党的"十三五"规划《建议》。大会强调:"坚持创新发展,必须把创新摆在国家发展全局的核心位置,不断推进理论创新、制度创新、科技创新、文化创新等各方面创新,让创新贯穿党和国家一切工作,让创新在全社会蔚然成风。"2015 年《中共中央国务院关于加快推进生态文明建设的意见》提出"坚持把绿色发展、循环发展、低碳发展作为基本途径。……坚持把深化改革和创新驱动作为基本动力",充分体现了国家对绿色发展和创新发展的高度重视。

创新是一个国家生生不息的永恒主题,也是一个国家教育发展的生命所

在,是提高一个国家教育水平的关键所在。而创新型国家的建设关键就在于创新型人才的培养。绿色教育是一种新的教育理念,是教育的新发展方向,重视对学生的人文素养、生态文明素养和社会责任感的培育,这些无疑是创新型人才应有的品质。当今社会,创新型人才的培养是一个复杂、长期而又系统的工程,必须创新教育理念、办学体制机制、人才培养模式;要树立绿色教学理念,倡导绿色教学方式,加强实践教学,突出学生在教学中的主体地位,不断培养学生的创新思维、创新意识,使其成为具有创新精神和创新意识的高素质人才;学生应有足够的知识储备,不仅要掌握必备的专业知识,还要具备综合运用自然科学、社会科学及人文科学等的素养。

绿色教育是在可持续发展理论与实践不断推进的过程中应运而生的一种新的教育发展理念,既是现代教育的目标,又是现代教育的内容与方法。对于绿色教育,我们要不断反思、及时调整、勇于实践,推进绿色教育理论和实践的发展。

第二章　绿色教育的演进和实践

绿色教育提出至今已有数十年历史。溯其源头,绿色教育的提出并非偶然,而是人们对人与自然、人与人、人与自身关系的审视与反思的结果。同时,随着经济、社会和环境的变化发展,教育改革和发展的深化,人们对传统的教育模式和教育理念有了全新的认识,绿色教育应运而生。提倡绿色教育,不但顺应新时代教育发展的需求,顺应国际先进教育理念的要求,也是培养学生环境保护意识和能力的重要选择和重要策略。

第一节　绿色教育产生的背景

绿色教育提出之际,人们正面临着严重的环境危机和教育功利化局面。绿色教育的提出,是应对环境危机的重要行动,也是力图扭转教育功利化局面的实践探索。

一、环境危机:人类的可持续发展遭遇挑战

大自然为人类提供了生存的基本条件,但在人类社会步入工业化时代后,财富增长成为人们幸福感的主要来源,为了获得财富,甚至牺牲了生态环境:高投入、高消耗、高污染的经济发展模式严重破坏生态平衡,越来越多的工业污染物如温室气体、工业废水被肆意排放,气候变暖、生物多样性减少、土地沙漠化、森林资源锐减、海洋水污染、空气污染等全球性环境问题愈演愈

烈。20 世纪 30 年代,美国爆发了震惊世界的"黑沙暴"事件,巨大的沙尘暴席卷了美国的马里兰、伊利诺伊、北卡罗来纳等地区,时速高达 96—160 千米,连刮三天三夜之后,美国近三分之二的土地蒙上了厚厚的尘土,约 4 500 万亩的耕地毁于一旦,水井干涸,河水断流,大片农作物枯萎,当年冬小麦的产量比往年的平均产量整整减少 56 万吨,无数的牛、马、羊渴死,造成严重的经济损失。众所周知,环境是人类生存和发展的基本条件,也是经济社会发展的前提条件,经济社会的发展在一定程度上依赖于一定的环境资源条件。越来越多的污染物被排放,生态系统遭受永久性的破坏,环境污染引发的公害事件也就越来越频繁地出现,这迫使人们开始检讨自己在地球上的生产方式和生活方式。人们逐渐意识到,要想改变新时期人类的生存环境,首先要改变人们的生态观念,而全民生态观念的转变,在很大程度上取决于教育的推动。① 正如联合国教科文组织(UNESCO)在《教育的使命》中提到的,"教育在解决这些人类困境问题——人口剧增、环境恶化、资源浪费和日益短缺的过程中举足轻重",这一观点深刻阐明了教育在环境保护事业中的特殊地位。在这样的时代背景下,环境教育应运而生,解决环境问题是环境教育的首要任务。因此,在这个时期,环境保护知识和技能的宣传教育是环境教育的主要内容。而后,随着环境教育实践的深入开展,人们对环境问题的认知从表象转向本质。人们开始意识到,大多数环境问题其实就是社会问题,社会的发展与环境的发展密切相关。要想彻底根除环境问题,必须关注全球生态环境的整体性,重视经济、社会与环境的和谐、可持续发展,可持续发展理念呼之欲出。1993 年,联合国教科文组织在《转变关于地球的观念》报告中,

_____

① 熊鹤群:《新时期高职院校绿色教育探究》,《武汉职业技术学院学报》2010 年第 6 期。

提出了"环境的可持续发展"和"社会的可持续发展"两个概念,环境的发展问题和社会发展问题以"可持续发展"为主题,在教育中实现了"并轨"①,可持续发展教育的概念逐渐进入人们的视野。

二、教育危机: 育人功能的弱化

改革开放以来,我国教育改革和发展取得了令人瞩目的辉煌成就,通过培养人才、科学研究、服务社会等途径,教育为我国的经济建设和社会发展做出了重大贡献。但是在经济迅猛发展的工业社会,教育也不可避免地遭受到追求经济增长而忽略自身与外部和谐发展的趋势的影响,教育的育人功能逐渐弱化,演变成功利性的"造人"教育,教育的健康发展面临着一系列障碍。

改革开放使人们越来越清楚地看到我们与世界发达国家之间的巨大差距,"努力发展经济,缩小与发达国家之间的差距"成为全国人民共同的认知和奋斗目标。与此同时,人们意识到经济的发展离不开科学技术的支持,科技水平的提高需要人才的支撑,而人才的培养则依赖教育。为了服务社会,学校教育的目标从培养全面发展的人逐渐演变为培养片面的"经济人才",教育的经济功能逐渐被放大,而育人功能则逐渐被弱化。教育慢慢变了味道,学生接受教育不再是为了个人精神世界的满足,而是简单地为了获得进入"上流社会"的门票,成为精致的利己主义者。不可否认的是,这样的教育的确对当时生产力及经济发展速度的提升发挥了极大的作用,但对教育经济功能的过分重视,给教育涂抹上了浓厚的功利色彩,功利化的教育变得仅重视知识的灌输,而忽略道德教育。道德教育的虚化不仅导致青少年视野狭窄,更不利于学生养成正确的世界观、人生观、价值观。具体地说,功利性教育培

---

① 转引自张立新《区域绿色教育体系构建的价值追求与实践探索》,《上海教育科研》2020 年第 4 期。

养出来的学生道德意识淡薄,对于何为善、何为恶、何为美、何为丑等缺乏清晰的、正确的认识,这显然与教育"立德树人"的根本任务相去甚远,但一时占据了主流地位。"育人"是教育的"绿色"灵魂,"育人"功能的弱化,让教育偏离了"以生为本"的轨道,陷入了发展的困境。

环境问题带来的生存危机和教育发展危机的并存,让绿色教育理念和实践有了更多的依据。1989 年,联合国教科文组织在北京组织召开了面向 21 世纪教育的国际研讨会,会议报告《学会关心:21 世纪的教育》提出,21 世纪的教育应该让学生"学会关心",不仅要关心自己、关心他人,还要学会"关心社会和国家的经济、生态利益""关心全球生活环境"等。① 显然,教育呼唤绿色的发展。在具备了较为丰富的理论基础和实践探索经验的基础上,绿色教育悄然兴起。

第二节　绿色教育的演进

与其他新生事物一样,绿色教育的产生与发展也经历了从萌芽状态逐渐成长的过程。绿色教育发端于欧洲的绿色环保行动,由 20 世纪 40 年代盛行的环境教育不断发展、演变而来。在这个演变的过程中,随着人们对人与自然、人与社会、人与人之间关系的认识的不断深化,绿色教育经历了以保护环境为主要内容的环境教育阶段、以可持续发展为导向的教育探索阶段、与生命教育交融的阶段,到今天形成了集环境教育、可持续发展教育、生命教育三重含义于一身的现代的绿色教育理念。

---

① 转引自佚名《21 世纪国际教育的呼唤——学会关心》,《教育改革》1996 年第 2 期。

一、孕育阶段：以保护环境为主要内容的环境教育

1948 年,国际自然及自然资源保护联盟(International Union for Conservation of Nature and Natural Resources, IUCN)在巴黎召开会议,会议认为,要解决当前日益严重的环境恶化问题,需要一种将自然与社会科学综合起来的新的教育方法,时任 IUCN 主席的托马斯·普瑞查德(Thomas Pritchard)指出"这种教育方法可以称之为'环境教育'"。由此正式提出了"环境教育"这一概念,随后,环境教育开始纳入现代教育体系。1965 年,IUCN 在一次委员会的会议上,呼吁在各级学校教育的专业培训中开展环境教育。为了加速环境教育的开展,联合国教科文组织在 1968 年于巴黎召开的生态圈国际会议上号召各国尽快建设环境教育课程体系,制定环境教育教学大纲,促进与环境教育相关的技术培训,以激发全球对于环保问题的关心与重视,进一步推动环境教育的发展。1972 年 6 月,联合国在瑞典首都斯德哥尔摩召开了以"人类与环境"为主题的联合国人类环境会议,会议提出了"Only One Earth"(只有一个地球)的口号,并发表了《人类环境宣言》(又称《斯德哥尔摩宣言》〔Stockholm Declaration〕),宣言指出"环境予人以身体上的需要,也予人以智慧、道德、社会和精神滋长的机会",但是"人类改造环境的能力,如果明智地加以使用,就可以给各国人民带来发展的福利和提高生活质量的机会。如果使用不当,或轻率地使用,这种能力就给人类和人类环境造成无法估量的损害"[1],以此警示人们要保护地球,保护自己赖以生存的家园。同时会议再一次强调了环境教育在保护和改善地球环境这一问题上的重要性,号召世界各国在各级各类的教育中利用跨学科的方式大力开展环境教育,这极大地提高了环境教育的

---

[1] 《联合国人类环境会议报告书》,https://documents-dds-ny.un.org/doc/UNDOC/GEN/N73/106/78/PDF/N7310678.pdf?OpenElement。

地位和影响力。遵照会上发表的《人类环境行动计划》，同年 12 月联合国在内罗毕设置联合国环境规划署（United Nations Environment Programme，UNEP），负责统筹全世界环境保护工作的组织与开展。1975 年，作为即将在第比利斯召开的"政府间环境教育会议"的准备会议，联合国环境规划署和联合国教科文组织在贝尔格莱德共同组织召开了"国际环境教育研讨会"（又称"贝尔格莱德会议"）。会议在《斯德哥尔摩宣言》的基础上，制定并发布了《贝尔格莱德宪章》，这是国际上首份关于环境教育的基本理念和框架的指导性文件，详细地阐明了环境教育的目标、对象、指导原则等内容。①

国际组织的呼吁及相关文件的出台极大地推动了全球环境教育的发展，英国率先响应号召，于 20 世纪 60 年代开始了环境教育的实践探索。1968 年，英国成立了环境教育委员会，负责环境教育活动的统筹安排与落实，具体工作内容主要包括三个方面：一是宣传环境教育的理念；二是促进环境教育理论研究和环境教育实践的发展；三是监督环境教育的实施，并对其产生的社会影响进行评估。与此同时，英国教育部积极进行环境教育实践：编写环境教育的教学大纲，明确了环境教育的教学目标、教学内容、教学方法与手段等，同时将环境教育课程设置为学生的必修课程，切实保障了环境教育的开展。在美国，著名的科普作家蕾切尔·卡森（Rachel Carson）于 1962 年出版了《寂静的春天》（*Silent Spring*）一书，书中以生动而又严肃的笔触描绘了因化学药品和肥料的滥用而导致的严重的生态环境污染最终给人类带来毁灭性灾难的悲惨画面，呼吁人们反思工业发展对生态环境的不良影响，警示人们保护环境就是保护人类共同的未来。在这本书的影响下，人们开始意识到保

---

① 转引自杜亮《国外绿色教育简述：思想与实践》，《教育学报》2011 年第 6 期。

护环境的重要性。1969 年,美国通过了《环境政策法案》(The National Environmental Policy Act),该法案的颁布被认为是美国环境教育的开端。1970 年,美国颁布了《环境教育法》(1990 年颁布新版),该文件规定:(1)成立环境教育办公室,负责为学校以及其他校外教育机构提供资助与指导,多方面鼓励和支持他们开展环境教育。(2)设立环境教育资助项目,包括:①成立国家环境教育和培训基金会,为环境教育的开展提供资金支持;②设立环境教育奖,用于奖励在环境教育上表现卓越的人士;③在中学以上的教育阶段设置针对学生的环境教育实习奖学金以及针对在职教师的环境教育研究奖金等。①② 美国首次以立法的形式明确了环境教育的重要性,保证了环境教育实践的顺利开展。在《环境教育法》的影响下,许多全国性或地方性的环境教育组织相继出现,其中影响较大的当属 1971 年成立的美国全国环境教育协会(National Association for Environmental Education),也就是后来的北美环境教育协会(North American Association for Environmental Education)。③ 该协会在开发环境教育大纲,开展环境教育相关培训,建设环境教育教师队伍方面做出诸多努力,为北美及世界 50 多个国家和地区提供了与环境教育相关的信息和教材。1971 年,法国教育部的一部关于"学校环境教育"的法令拉开了法国环境教育的序幕,该法令规定要在各级各类学校中开展环境教育,并指出学校课程应当重视环境保护相关知识与技巧的传授,使学生掌握基本的环保技能;同时让学生了解人类与自然的关系,反思人类行为给大自然带来的

---

① 张维平译:《美国环境教育法(91 - 516)》,《国外法学》1988 年第 5 期。
② 杜亮:《国外绿色教育简述:思想与实践》,《教育学报》2011 年第 6 期。
③ 同上。

不良影响,从而促使其认识到环境保护的重要性。① 1976 年,法国教育科学研究所和联合国教科文组织达成合作协议,在法国的 50 所中小学试点开展环境教育课的研究;同时,该研究所还与法国国内多所师范院校合作,在师范院校中开展环境教育内容、环境教育教学方法、环境教育评价标准等多方面的理论研究。② 这些理论研究和实践探索,获得了丰富的资料,也取得了环境教育理论和实践的重大突破,为环境教育教学工作的顺利开展打下了良好的基础。1977 年 8 月,法国教育部发布了《环境教育总体指针》,文件要求"在普通教育中开展环境教育",这是法国第一次将环境教育正式纳入学校的教学计划,不仅明确了环境教育的目的和意义,而且向有关机构和部门明确提出了编写环境教育系列教材、购置教学配套设施、开展环境教育教学等要求。③

较之西方国家,我国的环境教育起步较晚,开始于 20 世纪 70 年代。1973 年 8 月,第一次全国环境保护会议在北京召开,会议的成功召开拉开了我国环保事业的序幕。④ 此次会议确定了我国第一个环境保护工作方针:全面规划、合理布局、综合利用、化害为利、依靠群众、大家动手、保护环境、造福人民。会议通过了我国第一份环境保护文件——《关于保护和改善环境的若干规定》,该文件具有法规性质,它的功能相当于临时的环境保护法,在之后相当长的一段时间里,有力地保障了中国环境保护事业的发展。1974 年,为了监督和指导全国环境保护工作的开展,中央正式成立了国务院环境保护领导

---

① 洪成文:《法国环境教育 20 年》,《外国中小学教育》1993 年第 2 期。
② 同上。
③ 刘捷:《美国、俄罗斯等十国环境教育情况述评》,《中国环境管理干部学院学报》1997 年第 Z2 期。
④ 同上。

小组,负责制定环境保护的方针政策以及监督全国各地区的环境保护工作等,国务院环境保护领导小组的成立极大地推动了我国环保事业的发展。1979 年 9 月,中华人民共和国第五届全国人民代表大会常务委员会审议通过了《中华人民共和国环境保护法(试行)》,并在当天公布实施,这是我国第一份真正意义上的关于保护环境、保护自然、防治污染的综合性法律文件,结束了我国环境保护无法可依的局面。1979 年 11 月,中国环境科学学会环境教育委员会在河北省保定市召开第一次委员会会议,会议建议在中小学、幼儿园开展环境教育试点工作,广州市第四十二中学、西北师范学院附属幼儿园、北京师范大学附属实验小学及北京的 11 所重点中学参与了环境教育试点工作,取得了较好的效果。教育界对环境教育的重视程度显著提升,如人民教育出版社在其编写的一些教材中加入了环境保护的内容,为学校环境教育内容的制订提供了参考依据,进一步促进了学校环境教育落地生根。1983 年 12 月,在国务院召开的第二次全国环境保护会议上,保护环境被确立为我国的一项基本国策,环境教育也因此受到了进一步的重视,我国一些高等院校相继开始环境教育实践。这一系列政策、方针、法律法规的出台,一方面充分展现了我国对环境保护的重视,另一方面也展现了我国参与环境保护、开展环境教育的决心,在中央和地方政府的教育行政管理部门的积极推动下,我国环境教育事业开始蓬勃发展起来。

在这一阶段,国际上环境教育研究和实践正如火如荼地开展,而我国环境教育工作主要集中在环保法律法规和环保国策的宣传教育上,实践相对较少。

二、生长阶段：可持续发展教育探索

在环境教育如火如荼开展的时期,国际上也从未停止对环境保护最佳方案的探索。人们逐渐认识到,以大自然生态环境的破坏为代价的经济发展,虽然满足了当代人的生存需要,却牺牲了子孙后代的利益。1987 年,世界环境与发展委员会主席布伦特兰女士受联合国的委托,带领环境与发展委员会的委员们对当下人类发展所面临的重大社会、经济、环境问题进行了系统而又全面的研究,并由此形成了《我们共同的未来》报告,报告指出"今天的人类不应该以牺牲几代人的幸福为代价而满足自身需要",继而提出了"可持续发展"这一概念,并阐明"可持续发展"就是"既要满足当代人的需求,又不能损害后代的利益"。①

"可持续发展"一经提出便迅速得到了国际社会的称赞与认可。1988年,联合国教科文组织指出,"教育不仅是促进可持续发展和提高人们解决环境问题能力的关键,而且也是培养符合可持续发展的环境与伦理意识、价值观和技能行为的关键",因此从环境教育的目标、性质、任务、内容等方面将可持续发展理念与环境教育相结合,提出了"可持续发展教育"这一概念。1991年,国际自然与自然资源保护联盟与联合国环境规划署、世界野生动物基金会共同编写了《保护地球:可持续生存战略》(*Care for the Earth - A Strategy for Sustainable Living*),书中指出教育是推动可持续发展的重要因素,并建议 20世纪 90 年代后的环境教育应向可持续发展的主题靠拢,开展可持续发展主题的环境教育。1992 年 6 月,联合国在里约热内卢主持召开"联合国环境与发展大会",会议在重申《斯德哥尔摩宣言》的基础上,通过了《里约环境与发展宣言》,《宣言》认为,"为了实现持续发展和提高所有人的生活质量,各国

---

① 世界环境与发展委员会:《我们共同的未来》,王之佳、柯金良等译,吉林人民出版社,1997年,第 12 页。

应减少和消除不能持续的生产和消费模式"①,可持续发展理念逐渐在全球范围内被广泛应用。会上,与会国还共同签署了《21世纪议程》,该议程在第36章《促进教育、公众认识和培训》中提出"教育是促进可持续发展和提高人们解决环境与发展问题的能力的关键",同时进一步呼吁各国要"朝向可持续发展重订教育方针"。② 作为可持续发展理念的纲领性文件,该文件正式采用了"环境与发展教育"(Environmental and Development Education)这一概念,明确了"环境与发展教育"的教育内容、对象和途径。③ 它不仅要求在教育中培养环保意识、树立环保观念、提升环保能力,而且要求教育要以人为本,从而实现社会、经济和生态的协调进步。这是国际文件呈现的可持续发展教育概念的早期形态,这意味着绿色教育的内涵从以保护环境为主要内容拓展到可持续发展方向上的教育探索。1993年,联合国教科文组织在《转变关于地球的观念》(Changing Ideas about the Earth)报告中提出了"社会的可持续发展"。报告认为,不仅环境和资源需要可持续发展,社会也应该是可持续发展的。环境问题与社会发展问题开始建立起联系。次年,为推进这种联系,联合国教科文组织在全球范围内发起了"教育为可持续未来服务"项目,该项目的实施不仅让可持续发展教育得到了大家的认可,更让环境教育与社会教育实现了"并轨"前行。1995年6月,联合国教科文组织与联合国规划署等四大机构在希腊雅典召开地区研讨会,研讨会的焦点是如何开展以可持续发展为主题的环境教育,即把当下的环境教育重新定位到可持续发展方向上,让环境教育不再局限于传达环境保护的思想,而是延伸为强调可持续发展意识的环

---

① 转引自刘孝良《论科学发展观的时代背景与理论创新》,《理论建设》2007年第3期。
② 《21世纪议程》,https://www.un.org/zh/documents/treaty/21stcentury。
③ 田道勇、赵承福:《关于可持续发展教育概念的解析》,《教育研究》2009年第3期。

境教育。环境教育工作不单要培养人们的环境保护意识,更重要的是要改变人们的思想,使其在政治、经济、文化、环境等社会生活的各个方面建立可持续发展的观念。

英国最先开始可持续发展教育的改革实践。1988 年,英国议会通过了《1988 年教育改革法》(Education Reform Act of 1988),宣布将"发展教育课程"正式纳入国家课程体系,除了独立设置的发展教育课程外,还要求教师就近取材,以实际生活为背景,将发展教育的理念有机融入历史、生物、地理等学科的教学过程。随后,英国先后出台了系列相关的政策文件,如《英国环境教育政治策略》(Political Strategies for Environment Education in the UK),促使可持续发展观念深入全国人民的心中;同时通过各种形式的教育活动、宣传活动或是培训活动,推动环境教育向可持续发展方向前进。如 1994 年,英国教育部门和伦敦南岸大学合作,在伦敦南岸大学开设"可持续发展教育硕士研究生远程课程",将理论与实践有机结合,在实践中探索环境教育和可持续发展的融合模式。1990 年,"大学在环境管理与永续发展中的角色"国际研讨会在法国的塔乐礼杜夫特大学召开,来自欧美的 22 位大学校长和主要领导人在会上就全球环境问题、管理与永续发展问题以及大学在环境与永续发展中应扮演的角色问题进行了探讨,最终签署了《塔乐礼宣言》(Talloires Declaration),该宣言主张大学应该秉持永续发展(即可持续发展)的理念,培养具有环境意识的公民。宣言同时列出了将可持续发展和环境保护融入高等教育的十个行动计划,因此被认为是大学推动可持续发展的最具指导意义的文件。

我国对环境教育的探索起步较晚,对面向可持续发展的环境教育的探索也稍晚于欧洲先进国家。国际上提出"可持续发展"之际,我国正致力于在中小学教育中渗透环境教育。1992 年 8 月,我国外交部和国家环保局①根据联合国环境和发展大会的要求,制定了《环境与发展十大对策》,该文件认为"可持续发展是解决环境问题的正确选择",并提出要"转变发展战略,走可持续发展道路"。② 这是我国第一份关于环境与发展的纲领性文件,我国对可持续发展教育的探索也由此开始。同年 11 月,国家环保局在江苏省苏州市主持召开了第一次全国环境教育工作会议,会议组织讨论并修改了《环境教育工作管理办法》等文件,提出了"环境保护,教育为本"的指导思想,充分肯定了环境教育和可持续发展教育在环境保护工作中的重要地位和作用。1994 年 3 月,国务院第十六次常务会议审议并通过了《中国 21 世纪议程——中国 21 世纪人口、环境与发展白皮书》(以下简称《议程》),该文件从可持续发展的战略与政策、社会可持续发展、经济可持续发展、资源的合理利用与环境保护等方面详细地阐明了我国的可持续发展的总体战略和行动方案,并制订了配套的《中国 21 世纪议程优先项目计划》,使《议程》中所描绘的可持续发展的蓝图有了可操作的实体。《议程》在第 6 章《教育与可持续发展能力建设》中要求"将可持续发展思想贯穿于从初等到高等的整个教育过程中"③。为满足这一要求,第一批优先项目将"可持续发展教育"放在了首位:在综合能力建设领域,计划实施"促进中国可持续发展的教育建设"及"建立可持续发展国际培训中心"两个项目④,以促进环境教育向可持续发展方向转型,推

---

① 国家环保局成立于 1984 年;国家环保总局 1998 年成立,2008 年被撤销,升格为中华人民共和国环境保护部;后十三届全国人大一次会议决定组建生态环境部,不再保留环境保护部,生态环境部于 2018 年 4 月 16 日正式挂牌。

② 《我国环境与发展十大对策》,《环境保护》1992 年第 11 期。

③ 《中国 21 世纪议程——中国 21 世纪人口、环境与发展白皮书(摘要)》,《科技文萃》1994 年第 12 期。

④ 佚名:《中国 21 世纪议程第一批优先项目计划》,《中国投资与建设》1994 年第 8 期。

动我国可持续发展教育的进程。

值得注意的是,虽然这一阶段的可持续发展教育与上一阶段的环境教育一样关注环境问题,但可持续发展教育在内涵上有了很多拓展:其一,在环境问题上,环境教育专注于解决当下的环境问题,而可持续发展教育不仅关注当下,更致力于预防和减少未来环境问题的发生;其二,上一阶段的环境教育中,人们对"环境"的关注主要局限在自然环境或者是生态环境的范畴,而面向可持续发展的环境教育则扩大了对"环境"的理解,不仅关注自然环境,同时关注到了因人类活动而产生的人文环境和社会环境。

三、共生阶段:与生命教育相交融

20 世纪 50 年代,经济的快速发展给欧美发达国家带来了丰厚的利润,也带来了一系列社会危机,物欲横流的世界使意志薄弱者迷失了方向,青少年犯罪率急剧上升。

为解决社会危机,唤起青少年对生命的热爱,西方国家开始探索敬畏生命的教育活动。1968 年,美国学者詹姆斯·唐纳德·沃尔特斯(James Donald Walters)正式提出了"生命教育"思想,他认为生命教育是"提升学生精神生命的教育活动",教育应该帮助学生明白生命的意义,让学生懂得如何快乐、有意义地生活。同年,沃尔特斯在加利福尼亚州北部内华达山脚下的丘陵地带创建了世界上第一所"生命教育"学校——阿南达智慧生活学校,将生命教育的思想广泛地渗透到中小学的课程教学中,积极进行生命教育的探索和实践。[1] 1974 年,澳大利亚的牧师特德·诺夫斯(Rev. Ted Noffs)在新南威尔士州成立了第一所生命教育机构,也就是后来的"生命教育中心"(联合国非政

---

[1] 刘堃静:《高中阶段生命教育的实效性探究——以山东省烟台市第二中学为例》,硕士学位论文,华东师范大学,2012 年。

府组织的一员），该中心致力于"预防药物滥用、暴力与艾滋病"的宣传与推广，并协助学校开展生命教育。① 1989 年，日本在新修订的《教学大纲》中明确要求道德教育目标的制订要以"尊重人的精神"和"对生命敬畏"为原则②，提出在各科教学中渗透生命教育，生命教育的内容从最初的远离黄、赌、毒的教育，发展为引导学生正确处理个体与他人、社会、自然等的关系的教育。

　　20 世纪 90 年代，澳洲华裔教师将生命教育的理念传播到我国台湾和香港地区，我国对生命教育的关注由此开始。1994 年，香港设立了"生活教育活动计划"慈善组织，该组织专门为学生提供系统的、全面的药物教育，预防药物滥用带来的危害，这在一定程度上被视为我国生命教育实践的开端。早期的生命教育实践主要在校外教育机构开展，直到 1996 年，香港新界天水围的十八乡乡事委员会公益社中学率先开设了生命教育课程，生命教育正式进入学校教育。③ 随后，台湾地区也开始了生命教育的研究与实践。1997 年，台湾的教育部门组织专家、学者制订了"生命教育实施计划"，成立了"伦理教育推广中心"，并委托台中市天主教晓明女子高级中学开展生命教育实践活动，晓明女高遂制定了生命教育课程，其课程内容包括"欣赏生命""做我真好""生于忧患：应变与生存""敬业乐业""宗教信仰与人生""良性的培养""人活在关系中""思考是智慧的开端""生死尊严""社会关怀与社会正义""全球伦理与宗教"等单元。④ 从生命教育的内容上看，台湾的生命教育已经升华为关注个人生理、心理全面均衡发展的"全人教育"。生命教育旨在

---

① 郑晓江：《关于"生命教育"中几个问题的思考》，《福建论坛》（社科教育版）2005 年第 9 期。
② 王东莉：《生命教育与人文关怀——青少年教育的终极使命》，《当代青年研究》2003 年第 6 期。
③ 李高峰：《国内生命教育研究述评》，《河北师范大学学报》（教育科学版）2009 年第 6 期。
④ 徐秉国：《台湾中小学生命教育的实施特点》，《教育评论》2006 年第 4 期。

帮助学生认识生命、理解生命、热爱生命以及敬畏生命,进而珍惜和爱护人类共同的生存环境。其教育的目标可以概括为四个方面:其一,珍爱生命;其二,构建良好人际关系;其三,感恩惜福,爱护自然;其四,树立正确的价值观。在这里,环境教育与生命教育开始产生交集。

20 世纪 90 年代初,受当时特定环境的影响,很多人仍然认为绿色教育的内容就是保护绿色生态环境,绿色教育即环境教育。如 1994 年,欧阳志远发表了《前景广阔的"绿色教育"》一文,文章阐明了环境保护中价值观转变的重要性以及借鉴普及性环境教育的办法,鼓励全民参与环境保护行动。这是我国第一篇公开发表的关于绿色教育领域的文章,首次正式使用了"绿色教育"这一概念,但作者在文章中指出:"从 70 年代起,环境教育在国际上蓬勃兴起,人们称之为'绿色教育'。"[1]这表明,绿色教育最初是作为环境教育的代名词而诞生的。随着生命教育传入我国,一些具有创新意识的教育工作者已经开始把绿色教育引申为保护学生"绿色"健康生命的教育,即通过尊重学生个体的差异性,遵循学生的成长规律,促使学生充满生机活力地健康成长的教育。无疑,对绿色教育的这种理解已经融入生命教育的基本理念,是绿色教育与生命教育思潮的交融尝试。

四、成型阶段:绿色教育的实践探索

1996 年 12 月,中共中央宣传部、国家教育委员会和国家环境保护局联合印发了《全国环境宣传教育行动纲要(1996—2010 年)》(以下简称《纲要》),《纲要》肯定了我国自 20 世纪 70 年代以来进行环境宣传教育所取得的成绩,并确定了我国到 2000 年建成若干环境优美、生态优良的示范地区,到 2010

---

[1] 欧阳志远:《前景广阔的"绿色教育"》,《科技导报》1994 年第 2 期。

年明显改善城乡环境质量的生态建设目标。为实现上述目标,《纲要》强调
"要深入地开展环境宣传教育工作,广泛地动员公众参与到环境保护工作
中",并首次提出了开展创建"绿色学校"活动的倡议。

　　"绿色教育"概念真正进入大众视野是在 1997 年中国教育部与世界自然
基金会(WWF)、英国石油公司(BP)合作项目的签字仪式上。为了响应国际
上"将环境教育重新定向到面向可持续发展的层面"的号召,1997 年 7 月,中
国教育部联合世界自然基金会以及英国石油公司在北京共同签署了"中国中
小学绿色教育行动"(Environmental Educators' Initiative,简称 EEI)项目协议
书,正式启动了为期 10 年的、以中国的中小学为对象的环境教育项目。该项
目致力于将可持续发展主题的环境教育纳入我国的正规教育体系中,旨在推
动环境教育在全国中小学的实施,普及可持续发展的思想,改善国民环保行
为,提高我国面向可持续发展的环境教育的水平。项目分为三个阶段实行:
第一阶段是项目的起步阶段,从 1997 年 7 月至 2000 年 9 月,该阶段的任务是
在 3 所重点师范院校设立环境教育中心,选择项目试点学校,并对试点学校
的在职教师、行政人员以及学校所在省区市的省级教研员进行培训,再由这
些参加培训的人员回到各自的学校利用项目所开发的教学资源开展环境教
育;第二阶段从 2000 年 10 月至 2004 年 12 月,该阶段增设了 9 所重点院校作
为项目的培训中心,同时增加试点学校的数量,为试点学校共计 3 000 多名省
级教研员和在职教师提供关于可持续发展理论和方法的培训,研制并颁布
《中小学环境教育实施指南(试行)》(以下简称《指南》),以指导环境教育融
入基础教育相关科目的实践,并在试点学校实施;第三阶段从 2005 年年初至
2007 年 7 月,主要任务是在全国的中小学进行环境教育课程实践,大力推进
《指南》的实施。该项目的顺利开展为我国绿色教育的发展夯实了基础,国内

各大高校也逐渐参与到绿色教育的建设行列中。1998 年 6 月,清华大学首先喊出了建设"绿色大学"的口号,时任清华大学校长王大中提出了"绿色教育、绿色校园、绿色科技"的教育思想,用以指导"绿色大学"建设工作的展开。[1] 清华大学提出的建设"绿色大学"的理念得到了国内很多高校的认可,1999 年 5 月 26—28 日,在国家环保总局批复"清华大学创建绿色大学示范工程项目"的一周年之际,教育部和国家环保总局的有关领导、世界自然基金会中国总代表以及来自国内外 20 所大学的专家学者齐聚清华大学,召开"大学绿色教育国际学术研讨会",与会代表一致认为"清华大学的'绿色大学示范工程'是大学发展的方向,是学习的榜样",同时表示对创建"绿色大学"充满了信心。[2] 为了切实推动我国"绿色大学"的建设进程,会议决定在《环境与社会》杂志上开辟"大学绿色教育"专栏,并制定和发表了《长城宣言:中国大学绿色教育计划行动纲要》。[3] 2000 年 5 月 11—16 日,由世界自然基金会资助的"第一届全国大学绿色教育研讨会"在哈尔滨工业大学召开。[4] 会上,来自国内生态哲学、环境科学及环境教育等领域的 60 多位专家学者共同就大学绿色教育的有关问题进行了探讨。[5] 进入 21 世纪后,绿色教育逐渐受到更多高校的重视,越来越多的高校把创建"绿色大学"作为自己未来的发展目标。

---

[1] 《绿色清华"三联画":绿色教育,绿色科技,绿色校园》,https://www.tsinghua.edu.cn/info/1366/81458.htm。

[2] 沈建:《大学绿色教育国际学术研讨会在京召开》,《环境教育》1999 年第 3 期。

[3] 张文雪、梁立军、胡洪营:《清华大学绿色教育体系构建与实践》,《环境教育》2009 年第 5 期。

[4] 鲁璐、刘汉湖、白向玉等:《绿色大学建设及其评价指标体系实证研究》,《环境科学与管理》2007 年第 12 期。

[5] 《校史上的这些天(二十七) 和你一起在"岁月"中读懂哈工大》,https://www.bilibili.com/read/cv6030836/。

第三节　我国绿色教育的推动

一、政府的引导：绿色教育实施的组织力量

政府部门的积极推动和引导是促使绿色教育在我国蓬勃发展的重要保障。自绿色教育被提出以来，政府部门陆续出台了相应的政策、措施来推动、指导绿色教育的开展，并启动了多个项目切实保障绿色教育的稳步前进。

（一）政策驱动

1996 年 12 月，国家教委、国家环保局和中共中央宣传部联合颁布的《全国环境宣传教育行动纲要（1996—2010）》首次提出了创建"绿色学校"的要求；随后制定并颁布了《绿色学校指南》，以指导各大中小学校建设绿色学校的工作；2000 年 3 月，教育部和国家环保总局《关于表彰绿色学校的通知》公布并表彰了我国第一批共 105 所"绿色学校"以及积极创建"绿色学校"的优秀组织单位，这一举动极大地鼓舞了绿色教育的推崇者，推动了我国绿色教育的发展进程，各大中小学校逐渐认识到绿色教育不可阻挡的发展趋势并积极参与到绿色学校的创建当中。2003 年，教育部同时印发了《中小学环境教育实施指南（试行）》和《中小学生环境教育专题教育大纲》，要求中小学校在各个学科的教学中有机地融入环境教育的内容，并就中小学校环境教育工作的开展做出了具体、详细的指示，为小学 1—3 年级、小学 4—6 年级、初中、高中的学生分别制定了环境教育的教学内容、课时安排、教学目标，并对教学活动的设计给出了指导意见。将环境教育写入中小学的教学大纲，意味着国家开始强制要求中小学校开展环境教育，为环境教育的开展提供了保障。2005年 12 月，国务院颁布的《国务院关于落实科学发展观　加强环境保护的决

定》将环境保护放在了更高的战略位置,要求继续加大青少年环境教育的工作力度,并且逐步在全社会范围内开展环境保护教育,普及环境保护知识。这一文件的颁布扩大了环境教育的范围,在全社会范围内形成了人人参与环保的良好氛围,使环保理念深入人心。

(二)项目扶持

在通过政策的制定与颁布推动绿色教育开展的同时,国家有关部门积极开展相关的实践项目,推进绿色教育理念的贯彻实施。

1. 中国中小学绿色教育行动项目

1997年至2007年间进行的中国中小学绿色教育行动项目,促使环境教育成为基础教育课程的新的组成部分。该项目要求环境教育在中小学校中的实施以不增设新的课程为前提,在基础学科的教学中有机地融入环境教育理念;而在高校的实践则主要包括:(1)设计开发关于环境教育和可持续发展教育的新的硕士课程;(2)创办以环境教育、可持续发展教育为主题的研究刊物;(3)建设可持续发展教育新学科等。

项目第一阶段的主要工作内容是设计绿色课程、开发绿色教学资源、培养绿色教育专业师资队伍。在北京师范大学、华东师范大学、西南师范大学①这三所高校分别建立中国中小学绿色教育师资培训中心和环境教育中心,负责为参与试点的8所学校的教研员、校长及相关教师提供绿色教育培训,仅1998年间,就为试点学校举办了4期环境教育研讨班。这三所高校成为当时推进中国绿色教育发展的中坚力量。项目第二阶段的主要任务是配合教育部进行新一轮基础教育课程改革,其工作内容主要有4项:一是绿色教育教

① 2005年,西南师范大学与西南农业大学合并组建为西南大学。

学资源的开发和绿色师资的培训。来自人文、社会和自然科学领域的 160 多
位专家学者共同组成了可持续发展教育师资队伍,累计为全国 5 000 多名中
小学教师、环境教育工作者提供可持续发展教育培训,同时通过各种形式为
当地政府、环保部门提供环保技术支持。二是进一步增加环境教育中心的数
量。除了北京师范大学、华东师范大学、西南师范大学 3 所高校外,在陕西师
范大学、华南师范大学、南京师范大学等 8 个重点师范大学及西藏大学、人民
教育出版社新建立了环境教育中心。三是组织专家学者为可持续发展教育
培训课程编译了一系列的指导性文件和教材,包括《可持续发展教育教师培
训手册》《中小学可持续发展教育各学科教学设计指南》《可持续发展教育》
《21 世纪的环境教育》等。四是支持和资助高校开发可持续发展的硕士课
程。北京师范大学率先在研究生人才培养方案中增加了可持续发展教育课
程,并在 2001 年 9 月招收了第一批学生。随后,华东师范大学也针对研究生
开设了为期三个月的可持续发展教育短期培训课程。项目的第三阶段致力
于将绿色教育的理念转化为更广泛的课程实践,在全国近 50 万所中小学校
内推进《中小学环境教育实施指南(试行)》的实施,进一步加强中小学环境
教育和可持续发展教育的能力建设及发展。①

　　2007 年 12 月,中国中小学绿色教育行动项目完美收官,为期十年的中小
学绿色教育行动在推进我国绿色教育发展方面成绩显著。在项目结束之时,
全国总共设立了 21 个环境教育中心,分布在多所重点师范院校、综合大学和
人民教育出版社内;共有 119 所中小学校进行了绿色教育的试点,直接受益

---

① 《中国中小学绿色教育行动第三阶段启动》,https://www.wwfchina.org/news-detail?type=3&id
=198。

的中小学生达到了 500 多万人。[①] 在制度层面,我国教育部将"环境教育"和"可持续发展教育"写入中小学课程大纲,制定并颁布了《中小学环境教育实施指南(试行)》,要求全国中小学校积极将环境教育和可持续发展教育的内容有机融入中小学课程。这一文件的颁布,让全国近 50 万中小学开始进行绿色教育实践,极大地推动了我国绿色教育事业的发展。

2. 环境小硕士项目(YMP)

1999 年,为了推进环境教育和可持续发展教育的发展,瑞典隆德大学国际工业环境经济学院针对 16—17 岁的青少年开展了"环境小硕士项目"。环境小硕士项目是远程环境教育项目,该项目的主要内容可分为三部分:第一部分是环境小硕士项目课程的在线学习。环境小硕士项目课程的内容主要涉及环境保护和可持续发展,共有 18 个课时,全部通过线上课程来进行学习,同时搭建了网络通信平台,为世界各国、各个地区的项目参与者提供沟通交流的渠道。第二部分是项目研究。环境小硕士项目强调学以致用,通过实践来培养学生的创新精神以及动手能力,因此环境小硕士项目的第二部分要求学生以学习小组为单位,应用在线课程中学习到的知识进行环保项目的研究,并将研究成果交到"全球环境青年大会"上。第三部分是优秀研究成果展示环节。环境小硕士项目每两年会举办一次"全球环境青年大会",大会将邀请优秀教师与优秀学习小组在大会上展示环保活动以及环保项目的相关研究成果,促进环境教育的国际对话与交流。

我国环保宣教中心于 2003 年正式参与了该项目。2003 年至 2004 年是

---

① 程路:《播撒意识的种子——从"中国中小学绿色教育行动"看十多年来的环境教育》,《人民教育》2009 年第 Z2 期。

项目的试点实施阶段,参与试点实施的是来自全国 14 个省区市的 15 所省级优秀绿色学校的教师以及 104 名青年学生。试点实施阶段结束后,环保宣教中心对试点学校进行了评估,结果显示参与项目试点的绿色学校在环境教育工作的展开方面有了明显的进步,参与项目的学生对环保知识有了更深入的了解,在环保实践方面也有很明显的进步,环保意识和环保能力都得到了显著提升。随后环保宣教中心决定在全国范围内广泛地推广该项目。文献资料显示,截至 2010 年,全国共有 26 个省区市的 152 所优秀学校参与了此项目。① 至今项目仍在实施过程中,未来将有更多的学校加入其中。

3. 中德合作校园环境管理项目(PREMA)

2003 年 9 月,我国环保宣教中心与德国的 Heinrich-Boll 基金会合作启动了"中德合作校园环境管理项目",该项目制定了校园环境管理手册,并根据手册内容帮助和指导中小学校改善校园环境。项目组成员通过实地走访调研,了解学校的环境管理状况,帮助学校制定改善校园环境的措施,并监督其执行,执行一段时间后再参照手册的内容对该学校进行环境评估,以进行总结提升。该项目在我国的开展主要分为三个阶段:2003 年 9 月至 2004 年 11 月为项目的第一阶段,该阶段选择了山东、江苏、浙江、广东四个省共 12 所绿色学校作为第一批的试点学校;2004 年 12 月至 2005 年 12 月为项目的第二阶段,在总结分析了第一阶段的成果的基础上,对管理手册进行了修改,并选择黑龙江的 22 所绿色学校进行第二批试点;2006 年开始进入该项目的推广阶段,2006 年共有 161 所绿色学校参与该项目的实施,试点学校的校园环境状况均得到明显的改善。这一项目为建设资源节约型、环境友好型校园提供

① 杨长寨、梁英波:《促进项目本土化构建素质教育黄金课程——济南中学实施环境小硕士项目的实践与思考》,《环境》2010 年第 S2 期。

了有效的借鉴,同时响应了我国建设"绿色学校"的号召,将建设工作落到了实处。

4. "大众汽车畅想绿色未来"环境教育行动

2007 年 4 月,顺应国家创建"绿色学校"的趋势,大众汽车集团与环保宣教中心在北京正式启动了"大众汽车畅想绿色未来"环境教育行动,这是国家教育部门与社会企业共同组织开展的青少年环境教育项目,具有长期性、广泛性,也是大众汽车集团开展的第一个可持续性企业社会责任实践项目。该项目可分为三个阶段:第一阶段从 2007 年至 2009 年。在这一阶段,项目以全国的绿色学校为依托,通过开展一系列的子项目来提高青少年的环境保护意识,使其养成爱护自然、保护环境的生态环保理念和行为习惯,助力中国的绿色教育事业的发展。比如中德绿色学校交流访问项目,由大众汽车集团出资,支持中国绿色学校的部分教师及学生与德国的绿色学校进行交流访谈,学习德国绿色学校建设的经验方法;"大众汽车畅想绿色未来"环境教育行动宣传海报制作大赛公开向绿色学校的师生进行有奖征稿,激励他们积极参与环境教育;"绿色小记者——我家乡的节能减排明星"新闻作品大赛鼓励绿色学校的绿色小记者去发掘自己家乡节能减排的优秀企业或者低碳环保的优秀个人的模范事迹,将他们的故事用照片和文字记录下来参加新闻作品大赛评比;"绿色奥运"全国青少年 Flash 设计大赛结合"绿色奥运"的主题,让青少年为绿色奥运做贡献。项目的第二阶段开始于 2010 年,同样历时三年。在这一阶段,大众汽车集团投入了超过 1 000 万元的项目资金用以支持项目更好地开展,邀请了国内外 10 余位知名的环境教育专家到全国 20 个省区市的 30 多所绿色学校开展生态环境教育专题讲座,讲座涵盖了全球气候变暖、生物多样性保护、濒危野生动物保护、垃圾合理分类、生态湿地系统保护、淡水资源保护、低碳生活等 21 个环保话题,直接参与的学生超过 2 万人。项目的第三阶段开始于 2013 年,大众汽车集团继续与环保宣教中心携手,加强与德国自然保护青年联盟(NAJU)的合作与交流,组织开展为期两天的"自然体验"环境教育培训,由德国自然保护青年联盟的专家学者担任主讲,为全国 30 余名环境教育工作者系统地讲授了"自然体验"环境教育理论和实践方法,将国外先进的"自然体验"环境教育理念和模式带到中国,随后以成都为试点,尝试在中国开展"自然体验"式环境教育,打造中国式"自然体验"环境教育范本。该项目的开展,为大众汽车集团履行可持续性社会责任打下了坚实的基础,还获得了良好的社会反响,许多企业纷纷效仿,开展企业节能减排活动。

5. 环境小记者项目(YRE)

环境小记者项目由国际环境教育基金会(FEE)带头发起,是国际环境教育基金会在全球开展的影响力最大的五个环境教育项目之一,全球共有四十多个国家的青少年参与其中。环境小记者项目针对的是 11—21 岁的青少年学生,学生在教师的带领下组成小组参与项目,小组自行选择自己想要研究的环境问题,在教师的指导下围绕这个问题展开调查研究,并将研究进展通过各种媒体向公众宣传,最终形成一系列各种形式的研究成果,如照片、视频等。该项目分为地方级和国际级两个级别,地方级别的环境小记者项目里,参与的学习小组选择一个与环境科学相关的问题进行新闻调查,并写出调查报告,交给地方的报纸、电视台、广播、环境研讨会等机构进行报道。国际级别的环境小记者项目里,参与的学生以互联网网络小记者的身份在国际网络平台上发布环境信息,并与其他国家的网络小记者进行交流、分享,合作报道国际环境问题热点。

2007 年,我国环保宣教中心代表中国加入了国际环境教育基金会,同年在国内启动了环境小记者项目。项目启动初期,环保宣教中心根据以往开展的环境小硕士项目课程的学习内容,编制了《环境小记者项目手册(教师 & 学生)》,对参与环境小记者项目的学校的教师展开了专项培训,使教师能够更好地组织和指导本校学生开展相关活动。学校充分利用环境小记者网络资源平台,广泛组织动员学生参赛,每年 4—5 月,环保宣教中心会在全国征集优秀作品推荐到国际赛场,参与国际环境小记者项目奖项的角逐。

环境小记者项目是长期项目,至今已经走过十几个春秋。截至 2019 年,国内已经有 20 多个省区市的学校参与到项目中,年均参赛作品高达 2 000 多份。环境小记者项目的开展不仅加强了环境教育的国际交流与学习,更为学生提供了环保实践平台和机会,对提高学生的环境素养具有重要的促进作用。2019 年度国内赛图片类作品的评委姚峰表示,从参赛作品的数量和内容上可以看出,越来越多的孩子开始关注环境议题,并且拿起手机、相机参与记录和呈现。[1]

6. 国际生态学校项目(Eco-School)

与环境小记者项目一样,国际生态学校项目也是国际环境教育基金会在全世界范围内开展的五大环境教育项目之一,更是至今为止世界上面向青少年的、影响力最大的环境教育项目,项目得到了联合国可持续发展教育十年计划(DESD)的认可,并成为优秀项目。该项目的目的在于帮助全球中小学校及幼儿园更好地开展环境教育、可持续发展教育,增强学生的环境保护意

---

[1] 陈妍凌:《28 国代表共话国际环境小记者项目 参赛作品背后的绿色态度》,《中国环境报》2019 年 5 月 8 日第 5 版。

识。为指导项目的开展,国际环境教育基金会提出了国际生态学校的七项标准(七步法),作为国际生态学校评定的标准及指导方针。国际环境教育基金会还与联合国有关机构建立了良好的合作伙伴关系,如联合国环境规划署、联合国教科文组织等。该项目具体由各参与国的环境教育基金会负责实施,帮助本国中小学校了解国际生态学校评定标准,并组织开展相关的培训工作,推动本国学校生态教育的开展,并在国际环境教育基金会授权下为符合标准的学校授予"国际生态学校"绿旗和荣誉证书。① 毫无疑问,获得"国际生态学校"绿旗是对学校实施绿色教育工作最大的肯定。2009 年,我国环境保护部宣教中心正式参与到国际生态学校项目当中,推荐国内获评"绿色学校"的学校参与国际生态学校的评选,该项目将成为我国推进绿色教育最有益的工具。截至 2023 年 3 月,我国国际生态学校共开展 11 批次的评选活动,共有 675 所学校获得"国际生态学校"绿旗荣誉。②

7."迈向生态文明——向环保公益先锋致敬"项目

2016 年,在中国环境保护部的指导下,中华环保基金会和中华扶贫基金会联合发起了"迈向生态文明——向环保公益先锋致敬"项目,该项目由一汽大众出资,设立新未来基金,用于资助国内合法成立的环保组织和环保人士开展环保公益活动,支持和鼓励社会环保组织与环保人士主动参与环境保护,充分发挥民间环保组织和环保志愿者对我国环保事业的推动作用。

2016 年,第一届"迈向生态文明——向环保公益先锋致敬"项目评选一共收到了 205 份项目申请书,通过专家组的两轮评选后,共有 20 个项目脱颖

---

① 生态环境部宣传教育中心:《国际生态学校项目》,http://www.ceec.cn/ceecxm/gjstxxxm/。
② 生态环境部宣传教育中心:《关于公布 2022 年(第十一批)国际生态学校项目绿旗认证结果的通知》,http://www.chinaeol.net/tzgga/202303/t20230322_1021399.shtml。

而出,项目内容包括资源回收利用(如四川省绿色江河环境保护促进会开展的"青藏绿色驿站"项目)、濒危动植物保护(如倒淌河湖东种羊场小泊湖生态畜牧业专业合作社开展的"在青海湖畔为珍稀野生动植物护家"项目)、土壤和水污染治理(如成都市环境科学学会开展的"成都市农村地区黑臭水体现状调查与对策研究"项目)等。2017 年第二届项目评选共收到 217 份项目申请书,经专家评审和实地考察后,共有 20 个项目获得了资助,项目内容主要包括可持续发展与环境教育(如广州市绿点公益环保促进会开展的"绿豆丁爱地球环境教育"项目)、垃圾分类与资源回收利用(如广州市天河区联动环保资源促进中心开展的"大学校园再生资源整体回收与利用"项目)、空气污染治理(如北京一目了然公众环境保护研究中心开展的"随手一拍,让雾霾无处遁形"项目)、水污染治理(如云南省绿色环境发展基金会开展的"异龙湖源头城河流域中上游水污染调查与治理"项目)等。2018 年 7 月第三届项目评选中,通过专家评审、实地考察和现场答辩,共有 20 个项目获得了累计504 万元的资助,项目涵盖了生物多样性保护(如年保玉则生态环境保护协会开展的"年保玉则生物多样性保护"项目)、绿色生活(如北京妇女儿童发展基金会开展的"首都绿色生活普及示范工程"项目)、生态扶贫(如北京市朝阳区永续全球环境研究所开展的"推广宁夏云雾山协议保护地,助力黄土高原生态扶贫"项目)、生态农业(如云南思力生态替代技术中心开展的"洱源县西湖湿地农业面源污染减量社区示范项目")等内容。2019 年 4 月,该项目启动了第四届环保公益项目申报;年底,举办方对收到的项目申请书进行了遴选和初审。2020 年年初,举办方改变以往实地探访的考察方式,于2020 年 5 月采用线上答辩的方式进行项目的终审,经过线上终审答辩,共有17 个项目获得了资助,项目内容主要包括绿色消费(如北京市朝阳区能源与交通创新中心开展的"推动出行领域绿色消费助力蓝天保卫战"项目)、绿色金融(如福建省绿行者环境保护公益中心开展的"绿色金融——助力环境治理"项目)、绿色社区(如《北京社区报》社开展的"新时代绿色社区共建"项目)以及水资源和资源回收等。

从2016年至2022年,"迈向生态文明——向环保公益先锋致敬"项目总共举办了四届选拔和评审,累计投入资金1 600多万元,资助了77个环保公益项目。有了资金的支持,环保公益项目的开展如鱼得水,取得了良好的社会效益。未来,"迈向生态文明——向环保公益先锋致敬"项目将继续支持更多优秀的环保公益项目,助力我国环保事业的发展。

二、绿色学校创建:绿色教育实施的主体

学校是开展教育活动的主要场所,它承担着传播文化知识,提升能力水平,培养具有积极向上的世界观、人生观、价值观的人才的责任。与社会教育、家庭教育相比,学校对学生进行的教育更为系统,也只有学校可以给学生带来有组织、有计划、有针对性的教育,这是社会教育与家庭教育无法企及的。因此,绿色教育的推进在很大程度上要依赖学校的力量。开展绿色教育,学校可从打造绿色校园文化、建设绿色校园环境设施、设置绿色课程、培养绿色师资、营造绿色课堂、开展绿色实践活动等方面入手,将绿色教育理念融入学校教学工作的方方面面,使绿色理念深入人心,推动绿色教育在学校的发展。

(一)打造绿色校园文化

校园文化是由环境布局、建筑设施、植被选择、人文景观设计等内容构成的校园物质文化及由办学宗旨、办学理念、办学目标、校风学风等内容构成的校园精神文化的总和。良好的校园文化是一种无形却非常强大的教育力量。

我们知道,校园是广大师生开展教育教学实践活动的重要阵地,在白天,师生们大概有 2/3 的时间是在校园里度过的,整洁优美的校园环境、完善的校园设施将给他们带来温馨、舒适的学习和生活体验,同时无声无息地向师生们传递着绿色环保的理念,对学生的身心健康有着春风化雨、润物无声的巨大作用,良好的校园文化所构造出来的积极向上的价值观有利于陶冶情操、健全人格,给学生巨大的精神力量。

绿色校园文化是渗透了绿色教育理念的校园文化,是倡导绿色教育的学校所应形成的特色文化。那么绿色学校应该如何打造绿色校园文化?首先,在打造校园物质文化方面,不仅要追求环境的绿意盎然,还要注重生态的可持续发展,让物质文化在给人以舒适感受的同时潜移默化地培养学生的绿色文明意识。比如南宁市位子渌小学,它的校园环境设计从景观的样式布局到建筑物的选材用料都恰到好处,植被种类繁多,色彩丰富,搭配合理,整个校园浑然一幅自然、淳朴的风景画,尽显人文情怀与温度。漫步校园,绿叶红花随处可见,交相辉映。校园内装饰物的选择不仅注重观赏性,还注重实用性,例如校园田径场旁的花簇选的是金银花,既有观赏价值,又有药用价值。又如学校图书馆墙上的装饰画,都是学生用废报纸、塑料瓶等旧物改造、设计出来的,既实现了废物利用,又能锻炼学生的动手能力。其次,在打造校园精神文化方面,要以绿色教育理念为指导,将其渗透到学校的办学理念、办学目标、办学思想、校风学风建设等方面。比如山东省寿光世纪学校在"爱生如子如友"原则的指导下,秉承"世纪无差生,生生都灿烂"的教学理念,以"培养有爱心、有责任感的国际化人才"为办学目标,开展以"生命教育、自信心教育、感恩教育、亲情教育、良好习惯养成教育"为主题的绿色教育,以积极向上的校园文化来建造学生成长的乐园,潜移默化地培养学生的自信心,鼓励学生张扬个性,实现自我发展。

（二）开展绿色教学

教学工作是学校工作的重心,课堂教学是学校实现教育功能的主要形式。教学包括教师教的活动也包括学生学的活动,只有教师善于教、学生乐于学,才能使教学活动获得最好的效果。绿色教学是绿色教育理念下的教学,是尊重教育现实、遵循教育规律、重视学生个体差异性、追求师生共同成长的教学方式。与传统的"填鸭式"教学方式不同,绿色教学要求教师在教学过程中打造和谐民主、互动交流、平等对话的绿色课堂,设计并开展绿色教育教学实践活动,使绿色教育理念深入人心;同时要求教师开展绿色教研,研发绿色校本教材,在教学过程中积极进行"研究、实践、反思、改进",在一次次的研究、实践、反思、改进中,促进教师专业化成长和教学能力的提升。学校具体可从创建绿色课堂、开展绿色教学实践活动、开展绿色教研等方面来落实绿色教学工作。

1. 创建绿色课堂

课堂是学校教育教学活动的主阵地,是学生学习知识的重要场所。不同的环境、不同的人所营造出来的不同的课堂氛围对学生的学习会产生不一样的影响,绿色课堂要求贯彻绿色教育理念,首先要求有一个宽敞、明亮、舒适的环境,给学生以美的体验;其次要求教师以学生为中心,引导学生自主探究、协作学习。绿色课堂的有效实施是推动绿色教育发展的重要环节。[①] 广州市美华中学密切关注课堂上教与学的状态,在"以学为主"思想的指导下,把"教学互动"作为基本的教学途径,采用充分调动学生学习积极性、发挥学

---

① 胡延茹:《绿色教育理念下"绿色课堂"的构建》,硕士学位论文,哈尔滨师范大学,2018 年。

生学习主动性的多样化的教学手段,营造和谐、民主的课堂氛围,师生平等互动,鼓励学生大胆质疑,鼓励学生分享自己独特的理解,积极引导学生动手实践去验证理论知识。

2. 开展绿色教学实践活动

绿色教学实践活动一般以绿色、低碳、环保为主题,主阵地在课堂之外,旨在让学生将课堂上学习到的理论知识应用于实际生活,在生活中发现问题,在实践中自己动脑思考并动手解决问题。绿色教学实践活动的开展有利于使绿色教育理念深入人心,学生在参与实践活动的过程中,发现问题、提出问题并动手解决问题,既锻炼了思维,培养了动手解决问题的能力,也在实践的过程中加深了对理论的理解与掌握。例如,宁波市实验小学为培养学生的节约用电意识,创新开展了"家庭用电量调查"的实践活动,活动要求每位同学记录自己家里的电表度数,计算出家庭每星期的用电量,再利用数学公式将其换算成碳排放数据。对比班里其他同学的用电量数据后,找出自家耗电量较大的电器,在相互的讨论交流中得出节约用电的一系列办法:把家里的照明灯换成节能灯,不需要使用大功率电器时尽量将其关闭。实践活动的开展,让同学们发现身边存在的浪费电的现象,从而找出节约用电的办法,提高节约用电意识。

(三) 培养绿色师资

教师,是学校教育活动的实施者,是课堂的组织者,是学生学习活动的引导者,拥有一支高质量的教师队伍是提升学校教育质量的重要保证。《师说》有云:"师者,所以传道授业解惑也。"教师不仅负责向学生传授基础知识和技能,还要言传身教,用自己的良好品行给学生树立榜样,给学生以情感、态度上的激励,进而帮助学生形成正确的世界观、人生观、价值观。信息时代的飞速发展以及教育改革的不断深入,对现代教师提出了更高的要求,世界日新月异,而知识也持续地更新换代,学习型社会的到来要求人们不断地学习以跟上时代的步伐,对于传道授业解惑的人民教师来说,终身学习的重要性是毋庸置疑的。

绿色师资的培养体现了绿色教育的和谐、可持续发展的理念。绿色师资是爱岗敬业、爱生如子的教师团队,要求教师热爱自己的职业,关爱自己的学生,尊重学生的个性发展,平等对待每一位学生;绿色师资是团结合作的研究型团队,要求教师既成为教学活动的实施者,又成为研究者,积极与团队成员开展教学研究行动,不断提升教学水平;绿色师资是终身学习的学习型团队,学习型社会要求人们活到老学到老,教师不仅要树立终身学习的观念,还要在教学实践中培养学生的终身学习能力与意识。[①] 上海市兴陇中学以培育一支善于感情教学、感情管理的教师队伍为目标,根据社会对教师的要求以及教师的个人发展需要,依托华东师范大学的优质培训资源,开设了师德素养与通识、教育教学实践体验、学科知识与技能三类多元化、个性化的教师培训课程,三类课程分别设置相应的学分,教师可根据自己的需求和兴趣爱好选择不同的课程修习。培训课程主要以华东师范大学带来的课例研修为载体,保证实用性,同时给教师提供跨界交流的平台,以促进本校教师专业发展。

(四) 实施绿色德育

源于环保教育而又超越了环保教育的绿色德育融合了绿色教育理念,体现了一种追求人的健康快乐、追求人与自然和谐统一的新的德育观。之所以

---

① 徐涌:《"绿色教育"理念下的教师管理》,《教学与管理》2006 年第 11 期。

用"绿色"来修饰"德育",是因为绿色德育的关注点在人,它追求的是每个人健康快乐、自由而全面的发展,追求的是人与自然和谐统一的可持续发展。绿色德育的内容是多样化的,它不局限于思想品德书上的内容,可以来源于社会舆论,也可以来源于生活需要,它包含了对人的积极向上的世界观、人生观、价值观的培养,同时强调人的绿色文明意识教育、人与自然和谐共生的生存观、人的个性自由而全面的发展、可持续发展观等。绿色德育的过程是具体化的,针对不同年龄阶段的学生设置不同的德育内容,并设定涉及认知、情感、行为三方面的德育目标,有目的、有组织、有计划地开展德育工作,逐步提高学生的思想道德修养。绿色德育的活动是日常化的,即在日常生活的方方面面进行德育。正如伟大的教育家陶行知所说,生活即教育。绿色德育主张德育源于生活,同时也要回归生活,因此绿色德育的开展不应该只是局限在思想品德课堂中,而应该渗透到我们日常生活的方方面面,让绿色德育成为一种自然而然的日常行为。学校开展绿色德育工作可从以下三个方面入手:

1. 环境德育

环境德育即环境道德教育,是利用环境进行思想品德教育的过程。环境,是一种非常重要的教育资源,环境德育是学校课程表之外的一门"隐性课程",在学校德育工作中发挥着极其重要的作用。这里的"环境"主要包含以下两方面的含义:一是物质硬环境。学校的建筑物、植被、教学设施、生态园林等各种景观共同构成了学校的物质环境,学校要从绿色教育的理念出发,坚持以人为本的原则,精心选择校园建筑物的材料、植被的种类等,设计富有生机与活力的生态园林式校园,形成人与自然和谐相处的物质环境。学生在这样的校园内学习宛如在大自然中生活,必定会受到熏陶与感染,潜移默化地拥有对大自然的敬畏之情,对人与自然的和谐关系有所感悟,树立起热爱自然、和谐发展的自然观。二是精神文化软环境。学校的办学宗旨、办学理念、办学目标、校风学风等内容共同构成了学校的精神文化软环境,学校要将绿色教育理念渗透到校园精神文化的建设中,确立绿色办学宗旨,形成绿色办学理念,明确培养绿色人才的办学目标,营造以人为本、自由、民主、和谐的校风、学风,让学生在绿色精神文化的引领下,深入理解和掌握"绿色"的内涵,树立绿色可持续发展的理念,自觉进行绿色实践,从而达到个人身心的绿色成长。

2. 课程德育

课程德育,即通过实施彰显绿色教育内涵的相关课程来进行绿色德育。具有系统性、连贯性特点的课程是教育教学活动的主要载体,因此课程德育是学校开展德育工作最主要的途径,同时也是最行之有效的手段。绿色课程德育的内容包括公民基本道德行为规范教育、法律法规教育、思想品德教育、环境保护教育等,旨在培养学生积极向上的世界观、人生观、价值观,以及热爱自然、与自然和谐共生的自然观。绿色德育可以在思想品德课程的教学中进行,但不应局限在专门的德育课程中。学校要注重绿色德育在其他非德育课程中的渗透,突破学科界限,将德育与语文、数学、英语等学科融合,使绿色德育渗透到各个科目的教学环节当中,丰富德育的方式、方法,全方位开展绿色德育。

3. 活动德育

德育工作能得到的最好的效果在于学生能够把外在的道德准则内化为自己内心的需要,只有这样学生才会自觉、主动地约束自身行为,使其符合社会道德规范,达到知行合一。学校的德育工作要想达到这样的效果,单靠教师在课堂上向学生传授德育知识这一途径是不够的,最好的方式是开展丰富多彩的德育主题实践活动,寓德育于多样化的主题活动中,让学生在相对自由、有趣的氛围下亲身体验道德、感悟道德。贴近学生生活的德育主题实践活动能让学生较为轻易地理解和掌握道德知识,同时将这些道德知识内化为自身的道德品质。从主题来说,绿色德育活动主题丰富,例如环保主题、法制主题、珍爱生命主题、爱护动物主题等;从开展方式来说,绿色德育活动载体丰富,例如德育知识竞赛、征文活动、主题班会、主题板报、社会实践活动等。德育实践活动可以是课堂上的,也可以是课堂之外的,以社会为课堂,以现实为教材,更能引起学生的共鸣,提高绿色德育的有效性。①

(五)开展绿色科研

绿色教育追求教师与学生的共同成长,让教师更善于教、学生更乐于学,这就要求教师在实际的教学过程中积极主动地开展科学研究,力求发现问题、解决问题,提升自身的教学能力和科研水平。绿色科研是在绿色教育理念指导下进行的科学研究行动,开展绿色科研活动有利于教师和学生在教学过程中相互学习、共同成长,是提升教师专业能力、促进教师专业化发展的有效途径。在不同的教育阶段,绿色科研的内容及任务皆有所不同。在学前教育、初等教育、中等教育阶段,绿色科研的任务主要是提高教育教学质量,促进教师专业成长,一般包括两方面的内容:一是教师的教学实践研究,二是绿色校本教材的研发。而在高等教育阶段,绿色科研则聚焦于绿色理论、绿色科技创新,学校应致力于将绿色科研成果转换为现实生产力,引领生产方式、生活方式的变革和发展。

学校应当鼓励教师积极开展教学实践研究。在北京市石景山区教育委员会与北京师范大学教育学部的合作项目"石景山绿色教育发展试验区"中,课题组为深入研究绿色教育理论,亲身参与到一线学校的绿色教学实践中,

①　唐炳琼:《绿色教育理论与实践》,重庆大学出版社,2010年,第117—121页。

在实验学校的研讨会议中,课题组提出了"带题授课"这一概念,并且就"带题授课"的相关问题进行了讨论。课题组首先指出"带题授课"不是给教师的教学贴标签,而是在教学实践中做科研,切切实实地提高教师的教学水平。"带题授课"的过程中也许会出现一些困难,例如如何平衡科研与教学之间的关系,既不影响学校的教学,同时做好科研工作。对此,课题组指出,教学是学校的常规工作,科研不能给教学带来消极影响。"带题授课"首先要安排那些真正对科研感兴趣的教师去授课;其次课题的选择要切合学校自身的情况,要在学校自身条件、教师的兴趣和水平等可以支撑课题研究时再进行"带题授课",随大流不仅做不成科研,更会影响学校的正常教学秩序。①

学校要积极进行绿色校本课程的研发。校本课程的研发要立足于本校的实际情况,绿色课程的设置要有利于绿色教育的实施。南通市实验小学将绿色教育理念融入校本课程的开发设计,在编写校本课程时,创新地将生态教育理念、环保歌谣渗透在其中,利用班会课的时间组织学生进行学习,真正做到让绿色教育走进课堂。绿色教育理念除了融入校本课程中,还可融入各学科的课程当中,例如语文课程《生命桥》,教师在进行课堂教学时,除了完成课程的情感目标——让学生体会到羚羊为了同伴不惜牺牲生命的伟大之外,还可以在此过程中贯彻绿色教育思想,让学生明白动物也有生命,爱护动物、保护动物是我们每一个人的责任。

高校要发挥绿色科研的创新引领作用,促进绿色科研成果转化为绿色生产力,满足国家对生态环保、节能减排的人才和科学技术的需求。社会经济的增长依赖于社会生产力的提高,而社会生产力的提高依赖于科技的进步与

---

① 康永久:《绿色教育的实践立场:现场中的理论研究》,北京师范大学出版社,2014 年,第 242—248 页。

创新,因此,高校开展绿色科研是必要的。不同类型的高等学校,绿色科研的侧重点不同。文科类院校应侧重于绿色发展理论的研究,夯实绿色发展的理论基础,以指导绿色发展实践;工科类院校则应侧重于绿色科技的研发与创新,努力为经济社会的绿色发展提供更多绿色科技支撑。不管是哪一类高等学校,其绿色科研课题必须满足以下两个条件:其一,绿色科研的目的是绿色的,或是为了环境保护,或是为了可持续发展,或是为了创新绿色理论,或是为了创新绿色科技;其二,绿色科研的过程是绿色的,即绿色环保、可持续发展的理念始终贯穿于科研的每一个过程,比如节约科研成本,提高科研效率,保护生态环境,弱化科研中的某些过程对环境的消极影响等。

(六) 构建学术共同体,发挥学术引领作用

绿色教育的发展离不开学术界专家学者的引领。多年来,高等学校的学者构建了许许多多的绿色教育学术组织,举办了不计其数的绿色教育论坛、研讨会、座谈会等,对绿色教育理论和绿色教育活动进行了深入的探索和积极的实践,使得绿色教育在我国得到迅猛发展。例如,1999 年 5 月,在哈尔滨工业大学叶平教授的积极带领下,哈尔滨工业大学、清华大学、北京师范大学、上海交通大学、华中农业大学、华南理工大学六所高校的有关专家学者共同成立了"全国大学绿色教育协会筹备委员会",委员会致力于推动绿色教育在我国的发展,定期邀请国内高校的专家学者齐聚一堂,开展绿色教育论坛、绿色教育学术研讨会、绿色教育座谈会等,深入分析绿色教育理论,探讨我国的绿色教育行动方案。2011 年,南京大学、香港中文大学等高校组建"绿色大学联盟",以联盟为纽带,打造合作平台,共享绿色资源,加强绿色交流,开展绿色发展主题研讨会,开发跨校绿色课程,携手进行绿色科研创新,群策群力,为我国绿色教育理论和实践的发展贡献力量。专家学者关于绿色教育的

探讨进一步夯实了绿色教育理论基础,正确指导了我国的绿色教育实践。

三、家庭和社区参与:绿色教育不可或缺的重要力量

学校是实施教育的主要场所,但是教育不能仅仅依靠学校的力量,还需要家庭的参与和社区力量的大力支持。

(一)家校共育

家庭教育是现代教育体系的重要组成部分,是对学校教育的补充。对于每一个人来说,家庭是我们成长的摇篮,是人生的第一课堂,是教育人的起点,父母和亲人就是我们的第一任老师,即启蒙之师,家人的言传身教是隐性教育最好的方式。家庭教育虽然不如学校教育那么专业,但其对学生的教育同样发挥着举足轻重的作用。对于学校教育与家庭教育的关系,著名教育家马卡连柯认为:"学校教育应当领导家庭教育,家庭教育是学校教育最有益的补充。"首先,学校教育是主体。学校是学生受教育的主要场所,学校里的教师是从事教育事业的专业人员,与学生家长相比,教师对教育规律更为熟悉,且掌握一定的教学方法,因此学校教育在教育系统中处于主体地位。其次,家庭教育是对学校教育的补充。家庭教育虽然没有学校教育那么系统,也不具有组织性、计划性,但有时家长对学生的言传身教远比教师苦口婆心的教育效果显著。因此,在学校系统教育之外需要家庭教育的补充与深化。要想取得最好的教育效果,作为学校教育的重要补充的家庭教育必须与学校教育保持一致。苏霍姆林斯基曾说:"教育的效果取决于学校和家庭影响的一致性。如果没有这种一致性,那么学校的教学和教育的过程就会像纸做的房子一样倒塌下来。"[1]由此可见,只有家校合作才能使学校影响与家庭影响保持

---

[1] 转引自顾琳《家校共育为学生成长奠基》,《江苏教育》2021 年第 24 期。

一致,提高教育效果,而家校合作的前提是学校与家长能够有良好的交流沟通并达成共识,共同助力绿色教育的开展。家校沟通合作的方式有很多,比如通过家长会的形式把家庭与学校结合起来,利用家长会让家长近距离观察学校的学习环境,感受学校的学习氛围,充分了解学生在校的表现;同时面对面的沟通可以让学校有机会了解学生的真实家庭情况及学生在校外的表现;在学校和家长都对学生有了更完整的认识之后再商定具体的教育内容及教育方式、方法,相互配合,给学生更全面、更深入的绿色教育。如果家长工作较忙,无法参加家长会,学校可以通过电话、信函、家访以及线上交流等方式加强家校沟通,促进家校合作。无论何种方式,只有为家校沟通建立起一个方便、快捷、有效的平台,才能真正地将学校教育与家庭教育结合起来,实现家校合作;只有家庭教育和学校教育真正形成教育合力,才能够有效地推进教育工作的开展,促进学生德、智、体、美、劳的全面协调发展。例如,威海市普陀路小学在实施绿色教育的过程中就充分利用了家庭的力量。从构建家校互动桥梁入手,普陀路小学打造了四大家校合作平台,一是生态家校委员会——负责规划家校种植园项目和家校生态项目的开发、运行及管理;二是生态家长学校——定期召开家长会议,向家长传递学校的绿色教育计划,传授绿色教育的方法、技巧,了解学生在校内外的表现;三是生态研学行——分为校内研学和校外研学两部分,校内研学主要由学校负责,鼓励家长参与,为学生的学习提供必要的帮助,校外研学主要由家长和学生共同完成,研学活动的形式多种多样,例如民俗体验、公益服务、红色教育等;四是生态家庭评选——将环保习惯梳理划分为学校、家庭、社会三个类型,每个类型下设置十个环保行为目标,每个月选择一个主题的环保行为对学生及其家长进行评价,以此为依据评选"生态家庭",以期促进学生环保习惯的养成。

（二）社区支持

社区是学生校外的重要活动场所，所谓"染于苍则苍，染于黄则黄"（《墨子·所染》），学生需要一个绿色环保的校外生活环境，这个环境每时每刻都在向学生传递着绿色环保的信息，促使学生养成绿色文明的习惯。因此，绿色教育的推行离不开社区力量的支持。

社区力量助力绿色教育时可以从以下三个方面入手：第一，社区绿色环境氛围的创建，包括社区环境的绿化、节水节能产品的使用、生活垃圾的分类处理、居民绿色文明意识的培养等内容，从物质硬环境和文化软环境两方面共同打造绿色生态文明社区。第二，社区绿色活动的开展，包括定期开展绿色环保宣传活动，向社区居民宣传环保知识，培养他们的环保意识和能力；开展以绿色环保为主题的竞赛，如绿色环保知识竞赛、"变废为宝"创意手工比赛、绿色环保征文比赛等，为社区居民打造一个才艺展示的平台，同时也促使他们自觉学习环保知识，主动开展环保实践。第三，与学校联手开展绿色文明共建活动。社区可以与周边学校联手开展相应的绿色环保活动，配合并参与学校开展的绿色教育实践活动。例如可开展社区环境卫生监测活动，让学生对自己所在社区的环境卫生状况进行观察，如发现问题，则引导和鼓励学生向社区居委会反映，以寻求解决问题的办法，社区居委会应当重视学生的反馈，给予学生积极的回应。

四、社会呼吁：绿色教育助推器

（一）社会组织的推动

社会的支持是绿色教育向前发展的重要推力。近几年来，随着绿色发展理念的广泛传播，绿色教育这一理念得到了更多人的关注，越来越多人投身到绿色教育事业当中，并逐渐形成较具规模的绿色教育社会组织。有的组织以社会大众为对象，开展以环境保护为主要内容的绿色教育实践，比如最早的民间环保组织——中国环境科学学会;还有的组织针对学校教师与学生,开展绿色教育教学研究与教学实践,如全国教师绿色教育研究院发起的"中国绿色教育联盟"。

1. 中国环境科学学会

中国环境科学学会成立于 1978 年,它是在国家社团登记管理部门依法登记注册的非营利性社会组织,也是国内成立最早的民间环保组织。学会成立至今,始终秉承着"为我国生态文明建设和环境保护事业贡献力量"的宗旨,围绕着环境保护的主题,开展了内容丰富、形式多样的环保活动。

(1)组织开展环境保护学术会议。为促进环境保护领域的学术交流,推动环境学科的发展和环保技术的创新,中国环境科学学会积极组织开展环境保护学术交流会。据该学会官方网站发布的学术会议新闻资讯统计,仅 2021 年该学会就举办了近 20 场环境保护主题的学术会议,如 2021 年 4 月 10—11 日,由中国环境科学学会主办的"第二十五届大气污染防治技术研讨会"在陕西省西安市隆重召开。研讨会邀请国家相关部委领导、两院院士以及国内外知名的专家学者围绕"推进 PM2.5 和臭氧协同控制,进一步改善生态环境质量"的主题,对"大气污染物协同减排管理机制与政策""大气污染源排放特征和排放清单""大气边界层物理与大气环境"等 28 个议题进行了学术交流与研讨。会议同时邀请环保科技领域的部分优秀企业到会,进行环保科技成果展示和典型工程案例分享。自 1995 年以来,在中国环境科学学会的组织领导下,大气污染防治技术研讨会已经成功举办了 25 届,逐渐发展成我国大气污染防治领域较具影响力的学术盛会,备受大气污染防治领域专家、学者和一线工作者的关注。除了大气污染防治领域外,中国环境科学学会还组织相关领域的专家学者开展了低碳与碳中和、有机固废处理与利用、水污染、能源转型等方面的学术会议,如 2021 年 4 月 27 日在北京举办的"技术赋能蓝天低碳行动研讨会",2021年5月10日通过线上直播平台举办的"碳中和愿景下钢铁行业氢能脱碳高端论坛",2021年5月15—16日在四川省成都市举办的"全国有机固废处理与资源化利用高峰论坛",2021年6月18—20日在天津召开的"第八届土壤与地下水学术研讨会",2021年11月17日通过线上直播平台开展的"2021绿色能源转型国际研讨会"等。

(2)组织开展环境保护专业培训。为了建设生态环境保护专门人才队伍,进一步提高我国环境保护事业从业者的业务能力和水平,中国环境科学学会通过线上线下相结合的方式,针对环境保护的不同领域,组织开展了不同主题的短期培训。据不完全统计,2021年中国环境科学学会共组织开展了90多场环保培训班,培训内容包括环保技术和环保知识。环保技术类的培训如2021年12月18—19日开展的第32期"恶臭污染物(嗅辨员、判定师)专业技术网络培训班",以讲解+实操的方式培训学员对恶臭污染物的采集、测试和计算能力。环保知识类的培训如2021年12月30—31日面向各级环保部门相关工作人员、环保从业者以及环境科研机构、院校相关研究人员举办的"第17期环保管家及延伸服务高级网络研修班",从我国环保综合服务机制、环保管家的主要服务内容及其延伸服务、环境评价制度、企业排污环境管理等八个方面,系统地为学员讲授了关于"环保管家"的相关理论知识,加深学员对环保管家工作内容、工作准则等的理解与掌握。

(3)组织开展环境科普活动。为了普及环境保护基本知识,提高全民环境素养,中国环境科学学会联合全国各地的环保组织机构和热心环保事业的企业,在全国范围内开展了大量的环境科普行动,其中有的活动是面向群众举办的,如2017年4—6月,中国环境科学学会与十几家环保组织机构携手,在科技周至环境日期间组织开展了环保科普活动。活动期间,180多家环保组织机构或环保基地"各显神通",从自身特色出发,为群众带来形式各异、内容丰富的环境科普活动。如贵州赤水桫椤国家级自然保护区管理局在 5 月 14 日至 6 月 10 日面向社会开放赤水桫椤博物馆,向参观者科普我国一级濒危保护植物——桫椤的相关知识,同时举办趣味有奖知识竞赛,让参观者在游戏中学到更多环境保护的相关知识。有的活动是面向大学生开展的,如 2017 年 3—4 月开展的以"相约青春,绿行神州"为主题的"大学生在行动"系列环保科普活动,主要包含四个主题:主题一是"践行一件小事",即倡导大学生从身边的小事做起,身体力行参与环保,并带动身边的人加入环保事业;主题二是"发出一份倡议",即由大学生环保志愿者发声,向社会发出"生态文明从我做起"的倡议书,号召人们践行生态环保理念,打造生态文明环境;主题三是"开展一次环境调研",即鼓励大学生环保志愿者关注身边的环境问题,在力所能及的范围内对环境问题开展调查研究,并积极探索解决方案;主题四是"拍摄一张照片",即引导大学生关注身边的生态文明建设情况,鼓励大学生拍摄生态文明行为和不文明行为,在弘扬社会正能量的同时,积极参与周边环境的监控与管理。有的活动则是面向青少年群体开展的,如在 2017—2020 年间围绕"关爱青少年环境健康"这一主题开展的青少年环保科普关爱系列活动,主要有四种形式:一是环境科普讲座进校园,由中国环境科学学会组织专家团队进入各中小学举办环境保护科普讲座,并向活动学校捐赠活动物资,如环保类的图书、环保设备等;二是环境科普夏(冬)令营,组织中小学生到环保科普基地、生态保护区、生态农业示范基地等进行夏(冬)令营活动,通过现场参观学习和亲身体验,让学生认识到环境保护的重要性和必要性,进而增强其环境素养;三是环境科普考察团,挑选部分优秀中学生形成国际环保科普考察团,到国外了解和体验先进的环保技术和环保成果;四是环境科普竞赛,即面向中小学生开展环保知识竞赛、环保科技创新创作竞赛、环保征文比赛、环保演讲比赛、环保微电影比赛等。

（4）创办环境保护领域的学术期刊,出版环保主题的图书、音像制品等。中国环境科学学会共创办（含参与创办）了五家关于环境的学术期刊,其中《中国环境科学》《安全与环境学报》《环境与生活》《环境生态学》是中文期刊,ESE 为外文期刊。《中国环境科学》创刊于 1981 年,是中国环境科学学会主办的重点面向环境科学领域的学术期刊,主要报道我国重大环境问题的最新研究成果,包括基础理论研究成果和实用技术研究成果。经过 40 多年的发展,《中国环境科学》已经发展成环境科学领域的高影响因子刊物,在中国知网的期刊平台检索发现,该期刊的复合影响因子高达 3.221,因而成为各高校环境科学相关科研人员发表论文的指定重点核心期刊。[1]《安全与环境学报》创刊于 2001 年,是中国环境科学学会和北京理工大学、中国职业安全健康协会联合主办的安全与环境学科领域的学术期刊,主要刊载石油、化工、环保、矿业、信息、网络、冶金、建筑、交通、勘探、国防等相关领域的研究成果。[2]《环境与生活》创刊于 2007 年,是中国环境科学学会主办的国内环保与生活领域的权威性学术期刊。该期刊致力于传播低碳、环保、健康的生活主张和国内外前沿的环境科学信息,关注环境与生命、环境与生存、环境与生活等方面的新闻动态和热点话题。《环境生态学》创刊于 2019 年,是中国环境科学学会主办的环境生态领域的学术期刊,主要刊载环境生态领域的研究成果,包括生态环境、生态资源、生态污染、生态调查与评估、生态规划与设计、生态

---

[1]　《中国环境科学》编辑部:《中国环境科学》简介,http://www.zghjkx.com.cn/CN/column/column11.shtml。

[2]　中国环境科学学会:《安全与环境学报》,http://www.chinacses.org/qkzz_23159/_aqyhjxb_/。

修复与管理等。① *ESE* 发行于 2020 年年初,是中国环境科学学会、哈尔滨工业大学和中国环境科学研究院共同主办的国际环境与生态领域的学术期刊,重点关注环境科学与工程、生态技术等,主要内容为:生态学理论、可持续发展理论与实践、环境微生物组学、环境与健康、环境污染控制与污染管理等。②

除了开展环保活动、创办环保学术期刊外,中国环境科学学会也积极为政府、企业及其他环保组织提供服务,如建立环境智库,为政府环保政策的制定提供建议和依据;开展环境生态科技成果展示会,打造环保科技创新成果展示平台,推动环保科学技术新成果的技术交流与合作,为环境保护科技创新服务。毋庸置疑,中国环境科学学会已然成为推动我国环保事业向前发展的重要社会力量。

2. 中国绿色教育联盟

中国绿色教育联盟与全国教师绿色教育研究院有着密切的联系。全国教师绿色教育研究院是在中国教育学会基础教育评价委员会指导下成立的专注于开展绿色教育教学与研究的机构;而中国绿色教育联盟,则是由全国教师绿色教育研究院发起的,以开展绿色教育实践为主要内容的组织,也是国内最大的绿色教育资源共享、优势互补、交流合作的平台,组织成员由全国范围内认同和践行绿色教育理念的学校组成③。2012 年 7 月召开的"首届中国绿色教育论坛暨长春市四五小学绿色教育十周年总结大会"为"中国绿色教育联盟"举行了揭牌仪式,标志着中国绿色教育联盟的正式成立。自成立以来,

---

① 中国环境科学学会:《环境生态学》,http://www.chinacses.org/qkzz_23159/_zghhpj_/。
② 爱思唯尔中国:《九人主编天团详解环境科学和生态技术国际期刊 *ESE*》,https://zhuanlan.zhihu.com/p/333382905。
③ 绿色教育研究院:《绿色教育联盟校章程》,http://www.lvsejiaoyu.com/xy_xq.php?cid=11&id=204。

为推动绿色教育事业的发展,中国绿色教育联盟围绕着绿色育人理念、绿色课程体系、绿色课堂教学、绿色生态校园、绿色学校管理等方面做了诸多的理论探讨和实践探索,至今已打造了一系列初具规模的绿色教育实践活动。

（1）"绿色课堂杯"青年教师优质课观摩展示活动。"绿色课堂杯"青年教师优质课观摩展示活动是由绿色教育研究院主办的一项以绿色教育为主题的教学竞赛。竞赛开始于2014年,分幼儿园、小学组和初高中组两个组别,其中幼儿园、小学组的竞赛一般在每年5月份进行,初高中组的竞赛则举办于每年的10月或者11月。在2014年首届"绿色课堂杯"青年教师优质课观摩展示活动中,全国各地共报送了1 500多份参赛作品来角逐全国展示课名额,这意味着首届"绿色课堂杯"青年教师优质课观摩展示活动成功吸引了1 500多位一线教师前来参赛。在这1 500多位参赛选手中,竞赛组委会遴选出54位优秀青年教师来到了全国展示课的舞台。2014年3月28日,54位优秀青年教师和400多位中学一线教师、学科教研员等齐聚宁夏银川,共赴这场绿色教育的盛宴。该赛事开展以来,得到了众多一线教师、教学工作者的大力支持,每年有数千名教师报名参赛,数千名教师、教研员到现场观摩。中国教育电视台、央视网、人民网等多家主流媒体对该赛事进行了不同形式的宣传报道,进一步扩大了赛事的知名度和影响,也广泛传播了绿色教育的理念。以赛促教,以赛促学,在备课、试讲、总结与反思的过程中,绿色教师的教学技能得到了提高,"绿色课堂杯"青年教师优质课观摩展示活动已然成为一个促使全国绿色教师快速成长的舞台,而在活动中脱颖而出的众多获奖选手也因此成为推动地方绿色教育向前发展的中坚力量。

（2）绿色教育定向培训。绿色教育定向培训是由绿色教育研究院课程设计中心组织开展的一项以促进绿色教师专业化发展为目标的"问诊式培训"活动,形式主要包括国内知名教育专家、学者的专题讲座,名师示范课的观摩、评课、议课,名校长、优秀班主任的教学管理经验分享等。2017 年 7 月 9—10 日,以"基于核心素养背景下有效教学与教学方式"为主题的绿色教育定向培训会在北京市大兴区魏善庄月季小镇隆重召开。会议邀请 4 位教育名师为此次培训带来了 4 场精彩的专题讲座和 1 节教学示范课实录分享,大咖云集,吸引了 500 多名一线教师、教育管理者参与会议。2017 年 7 月 17—20 日,绿色教育研究院在贵州黔西县组织开展了黔西县高中教师暑期绿色教育定向培训,邀请了 7 位全国知名的教育培训专家,为黔西县 6 所高中九大学科的 385 名一线教师带来为期 4 天的专题讲座培训,培训内容涵盖绿色办学、学校管理、学生培养、班主任管理艺术、绿色课堂实施、教师专业化成长等。定向培训的开展,增强了绿色教师的学习意识,对于提升绿色教师的专业水平、提高绿色教学质量具有重要的作用。

(3) 绿色教育名校行。为了发挥特色名校在中小学特色学校建设中的引领和辐射作用,拓宽绿色校园建设、绿色学校管理新视野,博采众长,全面提升绿色校园建设和学校管理水平,绿色教育研究院携手全国特色名校,组织开展全国绿色教育名校行活动。2017 年 4 月 21 日,绿色教育研究院走进北京实验学校附属小学,实地走访调研了该校的校园文化建设工作,并到该校的语文"组串教学"工作室进行参观学习和教学研讨。2018 年,绿色教育研究院多次到北京市团河小学参观学习,通过实地走访、查询相关资料等形式了解和学习团河小学的校园环境设计、校园文化建设、班级文化建设,以研讨会、干部座谈会、经验交流会等形式,畅谈学校校园文化建设和学校的未来发展规划,共商学校绿色发展大计。绿色教育名校行活动采用"请进来,走出去"的方式,促进了教学管理者之间关于办学理念、校园建设和学校管理等方面的经验交流,也为一线教师绿色教学经验的交流与学习搭建了桥梁;教学管理者与教师走进名校,感受名校先进的教育理念和教学模式,在名校优美的校园环境、浓厚的校园文化氛围、独具特色的办学理念的熏陶下,反思自身,不断调整和提高自身的教育管理水平、教育教学水平,打造绿色课堂,努力践行绿色教育理念。

（二）新闻媒体的呼吁

低碳环保行为、绿色公益活动、节能减排产品、绿色环保知识、环境保护技巧等有益于绿色发展的事物的宣传与推广必须借助于新闻媒体的力量,新闻媒体的呼吁是提高人们绿色环保意识的重要推动力,可利用电视、电台广播、报纸、互联网、宣传车、宣传海报、横幅、传单等多种宣传媒介,加大对环保低碳、绿色公益行为的报道和宣传力度,使绿色、低碳、环保成为社会大众追求的时尚。全社会都在追求绿色时尚的时候,就是社会大众的环保意识增强,绿色环保理念深入人心的时候。

近年来,各大媒体平台各尽其能,不遗余力地为我国绿色教育事业的发展添砖加瓦。除了对政府、企业、学校、社区或者其他相关组织开展的环保活动进行宣传报道之外,很多媒体还积极主动地在自己的宣传平台上发布绿色发展理念的相关知识、环境保护的相关技巧等。例如《中国教育报》在2018年9月4日第7版基层新闻版面刊登了《绿色理念换来更真切的成长》一文,对山东省济南市市中区根据绿色教育理念进行绿色教育改革的实践及其部分优秀成果进行了详细的报道,不仅介绍了学校开展绿色教育的优秀经验,更将绿色发展理念传播到了更广泛的领域中。又如2012年12月,新浪微博在其客户端上正式开通了新浪微公益平台,其中动物保护项目和环境保护项目是该平台的重点。这些绿色环保公益项目的发布,不仅为人们参与环保公益事业创造了条件,同时让人们对我国环保事业的相关资讯有了更多的了解与认识。例如该平台发布了由中国绿化基金会绿色公民行动发起的"我有一片胡杨林"项目,从项目的详情介绍中我们可以了解到内蒙古额济纳旗的胡杨林退化严重,胡杨林的消亡意味着当地土地荒漠化的风险加大了,要保护沙漠河床就必须种植新的树苗,并且提供相应的除虫剪枝、灌溉抚育等保护技术。新浪微公益平台对该项目进行了持续的宣传报道,增加了项目的曝光度,让更多的人能够关注到这个项目,同时平台为该项目开通了捐款通道,爱心人士捐款 70 元即可认养一棵属于自己的胡杨树,平台会在后续的项目进展报告中以图文等方式持续向人们反馈胡杨树的生长状况,人们可以从中了解到胡杨林生态系统的恢复情况。截至 2022 年 12 月,该项目累计捐款人次超过 19 万,收到善款 45.7 万余元。捐款者们认养的胡杨树长势良好,项目区从最初的寸草不生变得郁郁葱葱,已隐隐显示出了大漠守护者的气势。

除此之外,不少宣传绿色发展的新媒体平台如雨后春笋般发展起来,例如生态环境部开通了微信公众号——微言环保,专门推送与国家环境保护事业相关的热点资讯、政策、会议等信息;绿色教育研究院为宣传绿色教育,开通了微信公众号、微博以及相关的网站;丽江市能环科普青少年绿色家园在新浪平台开通了新浪博客——丽江绿色教育中心,时常发布其开展绿色教育的相关经验以及环境保护的相关知识、技能,向社会大众宣传环保知识,传播绿色能量;一些以绿色发展为主题的宣传网站也开始大量地涌现出来,例如绿色中国网、绿色中国网络电视、绿色在线,以及中国绿色新闻网等。

第四节　我国绿色教育的实践成效

绿色教育理念提出已有二十余年的时间,这期间绿色教育不断地推进和发展,并取得了较好的成效:绿色发展理念深入人心,绿色、低碳、环保的生活方式成为社会大众追求的新风尚；越来越多的学校参与到绿色教育实践中，绿色学校数量与日俱增，其内涵在实践中不断拓展；学生对绿色教育课程表示支持与期待，参与环境保护的意愿越来越强；理论研究走向深入，绿色教育的理论基础得到夯实，科研硕果层出不穷。

一、学校绿色教育主体日益壮大

（一）绿色学校遍布全国

自 1996 年我国启动"绿色学校"评选活动以来，全国各省、自治区、直辖市积极响应国家号召，纷纷制定相应的政策、评价标准等，开展"绿色学校"创建活动。随后的一两年间，一大批省级、市级、县级"绿色学校"如雨后春笋般创建起来。2000 年 11 月，首届"全国绿色学校表彰大会"在深圳召开，国家环保总局和教育部在会上联合表彰了第一批国家级"绿色学校"，拉开我国国家级"绿色学校"评选活动的序幕。获得首批国家级"绿色学校"表彰的学校共有 105 所；与此同时，全国各级"绿色学校"已经达到 3 207 所。[①] 此次表彰活动的开展极大地鼓励了我国各省区市创建"绿色学校"的热情，将我国创建"绿色学校"活动推向了高潮。根据官方公布的统计数据及相关的文献资料，2001 年 12 月，全国各级绿色学校共有 4 235 所[②]；两年多后，又增加了 4 000多所，在 2005 年年初达到了 1.7 万多所[③]；2008 年暴涨至 4.2 万多所，国家级"绿色学校"也达到了 705 所[④]。从 1996 年到 2008 年，短短十余年间，我国绿色学校的创建从无到有，取得了极好的成绩。至今，我国"绿色学校"的创建

---

① 林英：《127 个创建绿色学校先进单位受表彰》，《光明日报》，2000 年 11 月 23 日。
② 焦志延、曾红鹰、宋旭红：《2001 年绿色学校发展情况综述》，《环境教育》2002 年第 1 期。
③ 陈祖洪、王万章：《"绿色学校"全国近两万》，《中国环境报》，2005 年 4 月 5 日。
④ 程志巧：《基于管理的绿色学校营建研究》，硕士学位论文，西南交通大学，2009 年。

活动从未停止,创建规模正慢慢扩大。目前,我国各地正努力朝着"到2022年,60%以上的学校达到创建要求"的目标努力前进,未来将有更多的学校成为"绿色学校",绿色教育队伍也将日益壮大。

(二)国际生态学校队伍不断壮大

2009年起至今,我国共完成了十一批国际生态学校绿旗认证,来自全国28个省份的600多所中小学校获得了"国际生态学校"绿旗荣誉,数百名教师荣获"国际生态学校优秀教师"的光荣称号。获得国际生态学校绿旗荣誉的学校数量如图2-1所示:

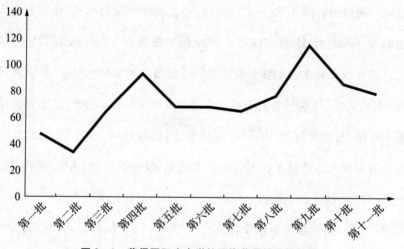

图2-1 获得国际生态学校绿旗荣誉的学校数量

历年获得国际生态学校绿旗荣誉的学校数量(含复评)具体如下:第一批47所,第二批34所,第三批67所,第四批95所,第五批70所,第六批71所,第七批68所,第八批80所,第九批119所,第十批90所,第十一批83所。从图2-1中不难看出,获得国际生态学校绿旗荣誉的学校数量呈曲折上升的趋势,这意味着越来越多的学校开始重视环境教育。

二、绿色教育课程建设渐入佳境

学科专业和课程建设是绿色教育的主要载体,各级各类学校在推进绿色教育过程中做了大量探索,取得了很大成效。绿色教育在不同的教育层次和学段有不同的实践形式,其成果的表现形式也有所不同。从课程、学科专业上来说,在基础教育领域,绿色教育理念与国家基础课程的融合成绩显著,校本课程的开发初见成效;在高等教育领域,绿色学科专业、课程建设事业蒸蒸日上。

（一）基础教育领域的绿色课程建设

绿色课程的开发与建设为绿色教育的实施提供了有力保障,这样的开发和建设,首先体现为国家课程教学内容的"绿色"渗透,开发具有本校特色的绿色拓展课程。但仅仅依靠基于国家课程的教学渗透是远远不够的,必须开发建设相应的校本课程,打造课程实践平台,让学生在实践教学中感受绿色课程的魅力。以威海市普陀路小学所建设的三级生态课程体系为例,如图2-2所示。

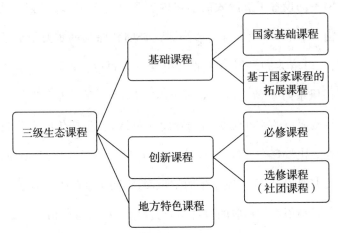

图2-2　威海市普陀路小学三级生态课程体系

普陀路小学的生态课程分为三种类型,分别是基础课程、创新课程和地方特色课程,基础课程又分为国家基础课程和基于国家课程的拓展课程,国家基础课程指的是国家课程标准规定的学科课程,如语文、数学、英语、美术、体育等。教师在这些课程的教学过程中创造性地融入绿色教育的理念,培养全面发展的绿色人才。例如体育课程的教学,在完成课程标准规定的教学任务的基础上,每个月将一项球类运动融入体育课堂,创编"球操"来丰富课间操和活动课的时间,并不定期举办球类比赛,为学生搭建展示运动风采的平台,让其在运动中拥有强健的体魄。基于国家课程的拓展课程是指以国家规定的9门学科为基础,根据每门学科的不同特点开发的9门相应的生态课程,例如基于语文课程开发的"生态日记"课程,基于数学课程开发的"益智游戏"课程,基于美术课程开发的"我眼中的生态美"课程等。创新课程是依据社会发展需要并结合本校实际情况所开发的体现学校特色的绿色生态课程,分为必修课程和选修课程,目前的必修课程有3门:"我与绿色同行""绿色伴我行""生态环保习惯"。每个年级的学生均要学习这些课程,课程根据学生年级的不同设置了进阶式的学习内容和学习目标,以便层层递进,为学生提供全面、深入的环境教育。选修课程是创新课程的重要组成部分,也叫作社团课程,以培养和发展学生的兴趣爱好为目标,课程内容丰富、形式多样,包括"国风茶韵""硬笔字""欢乐英语""国画""手工制作"等。地方特色课程是立足威海市的实际情况而开发的绿色课程,包括传统文化教育、民族常识教育等文化教育类课程以及环境保护知识与技能教育、安全知识与技能教育等实践类课程,旨在拓宽学生的知识面,提高学生的生活技能。[1] 绿色校本课程的开展必须要有相应的教材作为支撑,只有编写出相应的绿色教材才能使绿色校本课程的教学"有本可依"。如柳州市羊角山小学在开展绿色教

---

[1] 刘晓波:《生态视野绿色情怀:威海市普陀路小学特色建设专辑》,光明日报出版社,2017年,第6—22页。

育的过程中,组织学校教师集体设计、开发了《科学与环保》系列校本教材,全套教材共有 5 册,分别对应一至五年级,每个年级教材的内容和目标不同,一年级的主要教学目标为认识校园内的植物;二年级的教学目标是了解学校里面绿色植物的生长特点及种植养护的相关理论知识;三年级开始学习种植和养护蔬菜的基本技巧,如施肥、浇水、除虫等;四年级的教学目标有两个,一是让学生学习编织的基本知识,并尝试编织围巾等小物件,二是让学生认识丝瓜并学会丝瓜的种植技巧;五年级的教学目标是手工艺品的制作及黄瓜的栽培,手工艺品的选择也充分体现了环保的理念,例如缝制香包、环保购物袋、鞋套等。从教学内容的选择上来看,整套教材所设计的教学内容完全源于学生的现实生活,以生活中常见的动植物、瓜果蔬菜等作为教学案例,更能引起小学生的学习兴趣,激发其学习动机;从教学目标的设计上看,整套教材教学目标是层层递进、逐渐深入的,从基本的认识到深入的了解,再到动手实践,既符合人的身心发展规律,也能给学生带来更全面的绿色教育体验。除此之外,整套教材的色调以绿色为主,既体现了教材绿色环保的主题,又能给人舒适的阅读体验。教材以图文并茂的形式进行排版,书中的插图大部分为羊角山小学校园内动植物的摄影作品,贴近学生的生活,给学生更真实的学习体验。

(二)高等教育领域的绿色课程建设

对于高等教育来说,绿色课程的建设主要以学科为载体,包括绿色教育理念与原有学科体系的融合、新的绿色学科创建、绿色课程体系的设计三个方面。[①] 不同类型的大学因其办学定位、专业背景不同,在绿色教育的开展方式上往往也会有所不同,以自身的特色或者优势学科为基础来建设绿色课程

———————

① 王斌林:《大学绿色教育课程体系的初步构建》,《现代教育科学》2004 年第 5 期。

是大部分高校开展绿色教育的第一选择。作为国内创建绿色大学的先行者，清华大学在绿色课程建设方面做了很多的探索，如今已经形成了一套相对完整的绿色教育模式，包括绿色学科和绿色课程建设，绿色实践活动设计，绿色讲座、论坛开展等内容。具体做法有以下四点：第一，基于环境科学与工程专业的特点，开设专业的拓展课程，例如关于各种废弃物、污染物的处理的课程；第二，面向全校所有专业开设的绿色通识选修课程，例如"可持续发展与环境保护概论""城市与环境新生研讨课"等；第三，面向全校的教师和学生不定期开展与绿色发展主题相关的讲座、论坛；第四，组织和鼓励学生利用寒暑假开展与环境保护、生态文明建设相关的调研、实习或社会实践活动。与清华大学不同，同济大学绿色教育的优势学科在土木工程与建筑专业上，该校绿色课程的建设主要围绕土木工程与建筑领域来开展，重点关注居住环境的节能与环保设计。[①] 结合校内自然科学和人文社会科学领域的专家学者的力量，对土木工程与建筑专业的学生施以更全面的绿色发展理论与实践教育，让可持续发展理念贯穿建筑物的设计、施工及装修的全过程，提高建筑物的可持续发展性能。[②]

三、绿色教育平台逐步拓展

在绿色教育事业不断推进的过程中，逐渐形成了多个绿色教育平台，为我国绿色教育事业锦上添花。影响力较大的绿色教育平台主要有国家环境宣传教育示范基地、缙云山绿色教育野外实习基地、海盐县绿色实践教育基

[①] 余吉安、陈建成：《促进高等院校绿色教育的思考》，《国家教育行政学院学报》2017 年第 11 期。

[②] 李红梅：《绿色发展理念与"服务绿色崛起"的理论与实践研究》，人民出版社，2018 年，第 227、237、243 页。

地、月坛绿色教育中心等。

（一）国家环境宣传教育示范基地

国家环境宣传教育示范基地（以下简称宣教基地）位于中日友好环境保护中心院内，总建筑面积约为 1 200 平方米，是国家发改委批准建设、生态环境部宣传教育司指导的面向公众开展环境教育的场所。2015 年 7 月 10 日宣教基地正式对外开放，主要包括环保征程展厅、绿色生活展厅两个区域，其中环保征程展厅分为"文明的反思""只有一个地球"和"习近平生态文明思想"三个展区，绿色生活展厅包含水、能源、垃圾、有机农业、核与辐射安全等生态环保科普和互动体验内容。宣教基地通过展览展示、科普体验、环保培训、生态环境互动教学等多种方式宣传生态环境知识、推广环境理念，是功能完备的公众环境教育场所。[①]

概括起来，宣教基地开展的环境教育活动主要有以下三种类型：

（1）面向大中小学生开展环境教育。面向大中小学生开展环境教育是宣教基地发挥环境宣传教育作用的重要途径。自开馆以来，宣教基地接待了很多来自全国各地的参观者，其中人数最多的当属来自大中小学的学生。如2019 年 4 月，参加中央电视台少儿频道"七巧板"节目录制活动的 76 名"内蒙古生态环保小卫士"和 100 多名家长慕名来到宣教基地参观学习，孩子们在宣教基地工作人员的带领下，重点参观了绿色生活展厅的水资源、能源革命、资源回收等展区。在水资源展区，孩子们看到了分别代表地球上的水资源总量、淡水总量以及人类可利用的水资源总量的三个大小不同的球体，这三个球体在体积上所展示出的巨大差异，让孩子们深刻地认识到水资源的珍

---

① 生态环境部宣传教育中心：《环境教育示范基地》，http://www.ceec.cn/zyzx/hjjysfjd/。

贵。在互动游戏体验区,大家兴致勃勃地体验了骑自行车发电、核电站漫游互动等游戏项目,在游戏中,进一步感受到了珍惜资源、保护环境的重要性。

(2)面向领导干部开展生态文明培训。宣教基地除了面向学生群体开展生态环保教育外,还重点组织开展面向领导干部的生态文明教育。如2018年11月,青海省生态文明建设与现代农林牧水产业发展专题研讨班的干部学员来到宣教基地,参观了宣教基地的每一个展区。在环保征程展厅,学员们通过观看影片、倾听讲解、互动体验等方式,详细了解了人类环保意识的觉醒过程、国际环境保护的探索历程以及我国的环境保护实践,同时系统学习了习近平生态文明思想,深入领会其思想内涵。在绿色生活展厅,学员们认真倾听讲解员对各个展区的介绍,积极体验游戏区的互动游戏。参观结束后,学员们纷纷表示,在宣教基地现场的参观学习比在书本上看到的更加让人受益匪浅,同时也更加坚定了推动青海省生态文明建设的信心和决心。

(3)环境教育的国际交流与学习。宣教基地是中日两国在环境宣传教育领域合作的具体成果,在开展环境教育活动的过程中,宣教基地也十分重视环境教育的国际对话,多次接待来自世界各国的国家领导人和留学生群体,开展环境教育的国际交流与学习。如2019年6月,摩洛哥穆罕默德六世环境保护基金会秘书长诺扎·阿拉维(Nouzha Alaoui)携基金会项目经理伊塞恩·埃尔·马鲁阿尼(Ihssane El Marouani)等人来到宣教基地参观学习。在宣教基地管理处负责人的带领下,诺扎·阿拉维一行人重点参观了环保征程展厅,主要了解我国开展生态环境保护的历程,包括开展环境保护的理论、政策与实践,同时详细了解了宣教基地开展公众环境保护宣传教育的具体情况。在参观结束后,生态环境部宣传教育中心主持召开了中摩双方座谈会,会上就双边青少年生态环境保护行动和公众生态环境宣传教育合作等问题进行了探讨。诺扎·阿拉维女士表示,中摩双方在促进生态文明建设,培养公众生态环境意识方面有许多相同点,希望双方未来在环境教育上能有更多的交流与合作。①

自建成开放以来,宣教基地积极发挥生态环境保护的教育和宣传作用,传播国家生态文明发展理念和发展战略,近年来陆续被评为"国家环保科普基地""全国中小学研学实践教育基地"等,逐渐发展成面向社会大众(特别是我国青少年)开展环境教育的活动中心。

(二) 缙云山绿色教育野外实习基地

"中国中小学绿色教育行动"项目实施期间,重庆缙云山国家级自然保护区管理局和原西南师范大学的环境教育中心合作建立了缙云山绿色教育野外实习基地。作为"中国中小学绿色教育行动"项目的野外实践基地,缙云山绿色教育野外实习基地对推动我国绿色教育事业的发展起到了极大的作用。

依托缙云山丰富的自然资源和独特的自然环境优势,缙云山绿色教育野外实习基地打造了四条适合中小学进行环境教育的自然小径,并为四条自然小径分别量身定制了主题鲜明、内容丰富、形式多样的"教育软件包",包含相关的图文、影音资料等。基地成立了环境教育活动中心,并配备了环境教育专职辅导员,专门负责基地环境教育活动的策划与实施。该基地成立以来,携手地方政府、周边社区以及大中小学,开展了许多丰富多彩的环境教育活动,如"缙云山绿色之旅"夏令营活动、"走进植物园,认识大自然"活动、认养名古树活动、"我与小树一起长"活动、环境保护声像宣传活动、"爱我长江,

---

① 生态环境部宣传教育中心:《摩洛哥穆罕默德六世环境保护基金会秘书长诺扎·阿拉维访问生态环境部宣传教育中心》,http://www.chinaeol.net/ceecst/201906/t20190614_706641.shtml。

保护母亲河"环保征文比赛等。除了开展活动以外,该基地还积极为学校绿色教育的开展提供支持与帮助,不仅为重庆市绿色学校的辅导员提供了环境教育培训,还开发了一系列具有地方特色的环境教育读本,为学校开展环境教育提供教材和参考资料。为了让绿色教育理念传播得更为广泛,该基地充分发掘周边社区的力量,走进社区,张贴环境保护标语,开办环境保护知识讲座,分发环境保护宣传资料,举办社区自然保护教育研讨会,辐射了周边社区和单位。

(三) 海盐县绿色实践教育基地

2015 年,中国首个"零碳屋"落户浙江省嘉兴市海盐县。"零碳屋"是中欧城镇化合作绿色低碳生态区示范项目,坐落于海盐县海滨公园内,总建筑面积约为 530 平方米。"零碳屋"是"零碳"技术的集成体,是一个"零碳排放"的生活体验馆。秉承着"海绵城市""物联网""智慧建筑"等低碳环保理念,"零碳屋"综合运用了智能光线调节、风光互补发电、智能空调、温湿度智能调节等节能系统和 20 项节能技术,以一种直观的方式向公众展示了建筑低碳甚至是零碳排放的可能性,同时生动形象地诠释了低碳环保的理念及其背后先进的环保节能技术。2016 年,海盐县教育局在"零碳屋"组织召开绿色教育实践活动研讨会,并正式为"零碳屋"举行了"海盐县绿色实践教育基地"的授牌仪式。此次授牌让"零碳屋"有了新的使命——依托"零碳屋"低碳环保建筑资源,面向学生开展绿色教育实践活动,让学生在真实的情境中体验绿色低碳的生活方式,以深化学生对绿色发展理念的理解,促进其绿色环保能力的提升。[①] 自 2015 年 11 月开馆以来,"零碳屋"每周一至周六免费

① 陶玮、徐志达:《开展多样化学习实践活动,引导公众把节能理念转化为行动 海盐县绿色实践教育基地"零碳屋"正式授牌》,https://epmap.zjol.com.cn/system/2016/06/20/021194620.shtml。

对外开放,每年参观人数在 5 万以上。为了充分发挥绿色教育功能,"零碳屋"与其周边的武原中学、博才实验学校、实验中学、行知中学、向阳小学、天宁小学、三毛小学、行知小学、城西小学等 10 多所中小学校达成了合作,依托"零碳屋"的绿色教育资源开展绿色教育活动。海盐县实验中学的师生们在这里开展了以"绿色低碳"为主题的暑期社会实践活动。师生们观看了"零碳屋"的宣传片,简单地了解了"零碳屋"的六大节能系统和二十项节能技术,并在讲解员的带领与指导下,参与了垃圾分类、自行车模拟发电、低碳家居设计等虚拟的低碳环保互动游戏。此次的暑期社会实践活动,一方面丰富了师生们的假期生活,另一方面也进一步传播了绿色低碳的环保理念。师生们在与绿色环保、节能减排的"亲密接触"中,不仅学到了更专业的节能减排的相关知识与技能,还增强了环保意识,这促使其形成绿色环保道德素养,养成绿色行为习惯。

（四）月坛绿色教育中心

为了促进绿色发展理念的传播,提高青少年的环保意识和可持续发展意识,2000 年 5 月,北京市西城区政府、教委和西城区白云路小学共同集资建立了"月坛绿色教育中心"。月坛绿色教育中心是为青少年和社区居民打造的一个开展绿色教育的实践基地,促使青少年主动关注环保,积极参与环保,提高环保意识和环保技能,进而为我国可持续发展事业添砖加瓦。

月坛绿色教育中心位于北京市西城区白云路小学内,总占地面积约为 1 000 平方米,由资源厅、阶梯形活动厅、实验室、环保工艺制作室、绿色生态长廊、种植室等组成。资源厅有两个,主要功能是向参观者展示地球环境污染的八大公害事件,并配备一些趣味游戏设施,如趣味迷宫、彩色翻板、环保知识竞答等,引导参观者在游戏中了解目前全球的环境现状,探索解决环境污染问题的措施,从而获取环境保护的相关知识和技能。阶梯形活动厅主要用于开展环保座谈会、环保论坛或者垃圾分类游戏等。实验室主要为参观者提供实验仪器、设备以及用于展示作品的绒板、展架等,可供参观者参与环境教育实践课程。环保工艺制作室的功能在于让参观者发挥创造力,把回收的废品加工制作成环保工艺品,重新成为我们美好生活的点缀。在这里,参观者可以在手工指导老师的带领下学习将废纸加工为再生纸,并将再生纸制作成贺卡、书签或纸铅笔等,也可以学习将废木料等杂物制作成精美的环保饰品、摆件等。绿色生态长廊即月坛绿色教育中心的楼道内,展出的是绘制的壁画,壁画内容包括地球上的地形、地貌及许多史前生物等,给从小在都市生活的孩子们带去了无限的遐想空间。种植室是进行植物栽培、种植的地方。在这里,参观者可以学习花草种植和养护的相关知识,也可以进行扦插、无土栽培的实践。

"月坛绿色教育中心"建成后,特地聘请了经验丰富的环境教育课指导教师,有计划地开展了一系列丰富多彩、形式多样的环境教育活动:①组织学生到中心进行参观学习。在中心建成初期,每年来参观的已达到2.3万人次。②与社区联动,开展"种植生命之树"活动。毕业班学生省下自己的零花钱,为社区捐种小树,得到社区居民的一致好评,居民们纷纷鼓励自己的孩子参与到植树活动中来。③在世界地球日前夕开展"为了共有的家园——月坛社区世界地球日大型宣传活动",来自中心周边学校的学生、家长及社区居民齐聚活动现场,通过参与现场的环保公益活动共同为地球母亲庆祝生日。④在世界环境日开展以"'5247'(我爱社区)——绿色天使在社区"为主题的系列环保活动,包括环保摄影宣传活动、环保征文比赛、环保宣传展等。这些活动经过北京新闻媒体大量的宣传报道,引起了极大的社会反响,进一步传播了绿色教育的理念,扩大了月坛绿色教育中心的社会影响力。

随着绿色发展理念的广泛传播,绿色教育越来越受到人们的重视,除了上述几个影响力较大的绿色教育基地外,不少学校、社区也纷纷为本校学生、本社区居民开辟自己的绿色教育基地。2011 年,合肥市包河区骆岗街道妇联与其辖区内的蓝月花木公司达成合作,在蓝月花木公司的林地内划出一片土地,在这片土地上打造一个现实版的"开心农场",作为合肥市包河苑小学学生的绿色教育实践基地。在这个"开心农场"内,学生们可以认识各种各样的植物,了解植物的特点和生长规律;可以学习种植花草;也可以为植物浇水、松土和施肥。这样亲近自然、认识自然的实践活动,丰富了学生们的课余生活,同时也有助于培养学生爱护自然、保护自然的意识和能力。

四、学生的生态环境意识逐步增强

绿色教育对师生的影响体现在生活方式的变革上,生活方式的绿色选择意味着人们的环保意识在不断增强,绿色发展理念成为人们内心真实的追求。

(一)学生参与环保活动的意愿增强

从 20 世纪 70 年代至今,我国生态环境教育已经历经了 50 多个春秋。50 多年来,政府的积极推动、社会的踊跃参与、学校的主动实施使我国生态环境教育事业发展迅速,成效显著。

(1)大部分中小学生对保护生态环境持肯定态度。2017 年 3 月至 6 月,中国科学院以广东、四川、湖南、山东等地部分中小学校所有年级的学生为调查对象,对我国中小学生接受生态教育的现状进行了调查。调查结果如图 2-3 所示:

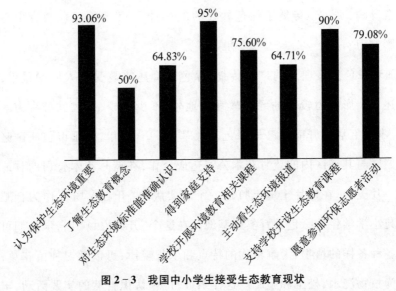

图2-3 我国中小学生接受生态教育现状

由图2-3可得出五个结论:第一,93.06%的学生认为保护生态环境是很重要的,这表明我国大部分的中小学生对保护生态环境持肯定态度,认为节约资源、保护环境是必要的。第二,64.71%的学生表示平时会主动看生态环境相关的报道,90%的学生支持学校开设生态教育的相关课程,79.08%的学生表示愿意参与环保活动,这意味着我国大部分中小学生具有较强的参与生态教育的意愿。第三,对生态教育概念和生态环境衡量标准能有准确认识的学生分别只有50%和64.83%,由此可见我国中小学生对生态常识的认知还处在较低水平。第四,95%的学生参与生态教育相关的学习和实践能够得到家人的支持,说明大部分的家庭都在助力我国生态教育的开展。第五,75.60%的学生表示学校开设了环境教育相关的课程,体现了我国中小学校开展环境教育的积极性。我们可以从这项调查研究中得出这样的结论:我国中小学生参与环境教育的意愿强烈,他们支持并且愿意主动地参与到环境保护、环境教育事业中;学生家长对此给予了肯定和支持;中小学校积极响应国家号召,开设相关的环境教育课程,为学生学习生态文化知识、开展环境保护实践创造了平台和条件。但不容忽视的是,我国中小学生对生态环境保护常识的认知还处在偏低水平,这应该成为未来学校实施绿色教育时所应完善和提升的内容之一。①

（2）环境小硕士项目参与学生过万。环境小硕士项目实施十多年以来,全国共有24个省区市的252所学校参与项目,参与的学生人数达近万人,并且取得了优异的成绩,有270余名学生被评为国际"环境小硕士",还有部分学生荣获了"青少年气候大使""环保小卫士"等荣誉称号,数名教师被评为全国环境教育的优秀教师。除此之外,该项目举办的各项比赛也是硕果累累,在环境征文竞赛、青少年科技创新大赛、中学生水科技发明比赛等赛事中获奖的有100余人次。十年来,项目组参加英国领事馆"三河演绎"项目、"五河之洲"项目、"气候酷派"项目、"气候课堂"项目、施华洛世奇"长江水学校"项目、"环境小记者"项目等多个国际国内环境教育项目,建立多个环境教育基地。2009年项目组成员受外交部、环保部邀请参加了第12次中欧领导人峰会,获得欧盟轮值主席、瑞典首相弗雷德里克·赖因费尔特(Fredrik Reinfeldt)的高度赞扬。

（二）师生逐渐养成绿色生活习惯

2007年3月,中华环境保护基金会针对全国高校大学生社团启动了大学生环保公益活动小额资助项目,资助大学生社团开展环保公益活动。该项目的启动充分调动了大学生参与环境保护的积极性,对培养和锻炼绿色人才起到了积极的作用。项目启动以来,围绕"建设节约型校园""节能减排大学生在行动""节能减排从我做起"和"积极行动,应对气候变化"等主题②,共资助

---

① 彭妮娅：《中小学生参与生态教育意愿强烈》,《中国教育报》2017年10月19日。
② 中华环境保护基金会：《大学生环保公益活动小额资助项目》,https://www.cepf.org.cn/projects/XEZZ/XMJS/200908/t20090827_158933.htm。

了全国 190 所高校的学生社团开展了 343 个环保公益活动,不同专业的学生发挥自己的专业优势,开展了形式多样、内容丰富的环保活动。如中南大学能源科学与工程学院学生会组织开展了节能减排系列活动,在为期一周的以"节能减排促环保,绿色校园我支招"为主题的联合班级活动中,能源与动力工程专业的同学们进行了一系列的节能减排宣传教育活动,包括宣讲会、发传单、问卷调查、访谈等。在活动中,同学们既能将自己所学的知识应用于实践,又能在实践中学到更多节能减排的相关知识,深刻地认识到节能减排的重要意义,纷纷约定在日常生活中用实际行动去践行节能环保的理念。又如,浙江师范大学的美术协会以环保为主题组织开展了系列设计比赛,包括环保服装设计大赛、"鱼思故渊"创意设计大赛以及"石绘心声"环保创意设计大赛等,以赛促学,让同学们在竞赛中巩固专业知识,用专业知识去践行绿色环保理念。再如,南华大学城市建设学院青年志愿者服务队开展了保护母亲河——湘江流域水环境重金属污染调研活动,以保护湘江的水资源为目标,青年志愿者服务队的队员们对湘江水质进行了长期的监测,每个月定期到湘江河畔进行水质取样,在指导教师的带领下进行水质分析,并将水质分析报告送至当地的环保局,为环保局提供湘江水质管理的依据。除了调研活动以外,该团队围绕爱护水资源这一主题开展了节水洗衣大赛、环保知识竞赛、环保知识宣讲会、白色垃圾处理等活动,在活动开展的同时,通过网络社交平台进行活动的宣传,进一步扩大了活动的社会影响力,让更多的人参与到保护水资源的行动中来,该团队也因此获得了"全国保护母亲河先进集体""全国十佳生态环保社团"等众多荣誉。安徽师范大学教育科学学院的摄影爱好者协会开展了绿色低碳环保系列活动,包括"低碳环保"知识讲座、"绿色低碳环保"海报设计大赛以及"绿色低碳环保"摄影采风活动,在这些活动的基础上,进一步围绕"低碳城市""低碳生活""低碳经济"等主题举办"绿色低碳摄影展"。同学们用镜头去发现周围的人们为低碳生活所做出的种种努力,也提醒人们要以随手关灯、少用纸巾、保护森林等方式进行低碳生活。多家媒体纷纷对活动进行宣传和报道,让这个活动走出学校的围墙,走向社会。

除了项目的驱动,大学生在日常生活中也会积极主动地开展认识自然、爱护自然的公益活动。2016 年 12 月 6 日,武汉华夏理工学院广告学专业的 4 名学生策划并开展了一场以"拒绝动物皮毛制品"为主题的行为艺术活动。在活动中,4 名同学穿上兔子服装,装扮成"长耳兔子"出现在武汉的街头和地铁上,出其不意地拔下行人的一撮头发,让人们体验动物被活体拔毛时的痛苦,从而自觉抵制皮草。

环保公益活动的开展充分发挥了大学生在环保事业中的积极作用,获得了良好的社会效果。从数量上看,第一批有 10 个立项项目,到第六批时已有 100 个项目,项目数量的增加意味着越来越多的大学生积极主动地参与到环保事业中;从这些环保公益活动的内容看,大学生的绿色环保意识正不断地增强,已逐渐养成绿色行为习惯,绿色衣、食、住、行成为高校师生的选择。

五、绿色教育理论研究方兴未艾

我国学术界从未停止过对绿色教育理念的研究与探索,多年的研究形成了丰富的理论研究成果,以绿色教育为主题的科研项目也越来越多。

（一）理论研究成果丰硕

截至 2021 年 9 月,在超星发现系统的高级检索页面以"绿色教育"为检索词,对相关的图书、期刊、硕博论文、报纸文章、会议论文等进行精确检索,共检索到 2 564 份资料。根据内容相关度进行筛选后,得到相关文献资料 2 486 份。

笔者对文献材料的发表时间进行了统计分析,文献发表时间分布情况如图 2-4 所示。由图 2-4 可知,学者们对绿色教育的研究始于 1993 年。1993 年至 1998 年间,虽然每年都有新的文章发表,但数量都不多,每年仅有零星的几篇。1998 年以后,绿色教育的研究成果逐渐丰富起来,2016 年的单年发文量已经达到了 200 篇。整体来看,我国绿色教育的研究成果数量呈曲折上升的趋势。从时间跨度上看,绿色教育是教育领域经久不衰的话题,国内的专家学者持续地关注着绿色教育,预计未来还将涌现出更多绿色教育的研究成果,将有更多的人投身到绿色教育事业中。

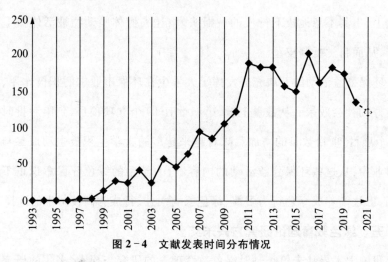

图 2-4　文献发表时间分布情况

笔者对文献的类型也进行了统计分析,其中期刊文章 1 543 份,占比约为 62.07%;报纸文章 697 份,占比约为 28.04%;年鉴 109 份,占比约为 4.38%;图书和会议论文分别为 52 份、40 份,占比约为 2.09%、1.61%;学位论文和学术报告分别为 28 份、17 份,占比约为 1.13%、0.68%。不难看出,期刊是发布绿色教育研究成果的主阵地,新闻媒体对绿色教育也表现出较高的关注度。

期刊文献是所有文献类型中数量最多的。根据文献所发表的刊物的级别可将其划分为 CSSCI 中文社科索引文献(C 刊)、中文核心期刊文献(核刊)和普刊文献三类,其中 C 刊文献共有 36 份,核刊文献共计 111 份,其余的 1 396 份为普刊文献。

来自北京、江苏、广东、山东等 21 个省区市的 363 家报社对绿色教育理论和实践进行了大量的宣传报道,具体内容包括绿色教育理念的推广、绿色教育实践活动的宣传、绿色教育相关会议内容的传播、绿色教育优秀学校及优秀人物的宣扬等。报道数量较多的报社分别是:《中国教育报》31 篇,《中国绿色时报》19 篇,《中国环境报》11 篇,《长江日报》9 篇,《增城日报》8 篇,《光明日报》和《贵阳日报》均为 7 篇,《大连日报》《湖北日报》《科学时报》《中国教师报》《重庆日报》均为 6 篇。

年鉴是对过去一年的回顾,它详细记载了事物在一年时间里的重要动态及相关文件、统计数据材料的情况等,对于追溯事物历史具有较强的参考意义。通过翻阅绿色教育相关的年鉴,可以了解各个地区绿色教育的发展动态。阅读分析绿色教育年鉴后,笔者发现,受北京石景山绿色教育发展试验区项目的影响,北京成为全国绿色教育实践的主阵地,因而绿色教育相关年鉴的出处明显集中在北京市,主要来源于《北京石景山教育年鉴》(27 篇)、《北京教育年鉴》(10 篇)、《北京石景山年鉴》(3 篇)以及《昌平区马池口中学年鉴》(7 篇)等。其他地区的年鉴也零星记载了一些绿色教育活动,记载量较多的主要有《福州教育年鉴》(5 篇)、《湖北教育年鉴》(3 篇)和《天津教育年鉴》(3 篇)等。

图书资料分为三类:一是以学术探讨为主要内容的学术专著,共有 6 本,例如李甲亮主编的《大学生绿色教育导论》详细论述了包含绿色教育、绿色管理、绿色文化、绿色实践等在内的概念内涵;张同祥的《走向绿色教育》从绿色教育的兴起、理论内涵、相关实践、未来趋势这四个维度对绿色教育在中国的提出与发展状况、未来前景进行了深入的探讨。二是理论探讨与实践经验相结合的编著,共有 24 本,例如刘凡荣编著的《让生命在绿色中绽放——文登市环山路小学"绿色教育"的探索与实践》,书中以文登市(今威海市文登区)环山路小学的绿色教育实践为例,对绿色教育的相关内容如绿色管理实施、绿色师资培育、绿色德育开展、绿色校园建设等进行了研究。三是以经验介绍为主的经验文集,共有 22 本,例如沈若玉、黄慧主编的《生态崇明幼儿园绿色教育活动方案选编》,将崇明岛 11 所幼儿园对课程教材进行创编、改编后所形成的绿色校本教材、绿色实践活动方案汇编成册,为学前教育领域绿色教育的开展提供借鉴。

会议论文也是我国绿色教育理论研究的重要成果之一。从 2001 年开始,"绿色教育"这一概念开始活跃在我国教育领域的各大学术年会、学术论坛和学术研讨会上,包括多个参与度广、影响力大的国际学术会议。例如 2013 年在成都举办的亚洲教育论坛年会,来自 30 多个国家和地区的 500 多名与会代表围绕"绿色教育与可持续发展"这一主题进行了激烈的研讨交流,深入剖析绿色教育的时代内涵,共同探索绿色教育的实施方案。国内的学术会议上也能频频看到"绿色教育"的身影,如 2007 年在北京举办的第四届中国教育家大会、2011 年在宁波举办的中国教育学会中青年教育理论工作者分会第二十届学术年会、2016 年和 2017 年的全国教育科学学术交流会等。这些学术会议上的交流与探讨进一步夯实了绿色教育的理论基础,推动了绿色教育向前发展。

学位论文数量相对较少,仅有 28 份,且全部为硕士学位论文,暂时未出现相关的博士学位论文。从绿色教育相关学位论文的发表时间来看,2002 年出现第一篇以绿色教育为主题的学位论文,其后除了 2007 年和 2008 年外,每年都有研究生开展绿色教育研究。研究生科研人员的加入一方面推动了绿色教育事业的发展,另一方面也为绿色教育研究注入了新的活力。

(二)科研课题立项逐渐增多

科学研究是引领社会发展、促进科技进步、推动理论创新的重要力量,可促使理论与实践深度结合。因此,绿色教育相关科研课题的立项对于深入研究绿色教育理论,促进理论研究成果的转化具有重要意义。从 2001 年至 2021 年 9 月,以绿色教育为主题的科研立项逐渐增多,科研项目的增多意味着绿色教育理念越来越受到学术界的重视,学者们纷纷加入绿色教育的研究队伍。其中最具影响力的是北京石景山教育委员会与北京师范大学合作开展的国家教育科学"十二五"规划 2012 年度课题——绿色教育理论与区域教育改革实践研究,该课题立项于 2012 年 12 月,结题于 2016 年 11 月 30 日,历时四年。研究期间,北京师范大学的专家学者为了实现构建绿色教育生态,提升教育品质这一目标,以北京市的 12 所实验学校为主阵地,开展了三轮行动研究,研究的内容主要有绿色课程体系建设、绿色课堂教学改进、学生及教师发展、学校管理、绿色校园建设等,获得了丰富的理论和实践研究成果。例如"绿色教育课堂改进"丛书,全面总结了课题组在中小学语文、数学、英语三个科目的课堂教学上所进行的探索以及相关研究成果,为中小学一线教师的课堂教学提供了一些经验和借鉴。绿色教育相关研究对绿色教育的发展起到了积极的促进作用。

第三章 绿色学校：绿色教育的主体

第一节 绿色学校的思想基础和渊源

从起源上看，绿色学校是环境教育发展到一定阶段的产物，其源头可以追溯到工业革命时期。1859年，英国著名文学家查尔斯·狄更斯在他的小说《双城记》的开篇写道："这是最好的时代，这是最坏的时代；这是明智的时代，这是愚昧的时代；这是信任的纪元，这是怀疑的纪元。"这段话深刻地描述了工业革命发生后，人类的物质财富得到了空前的积累，但导致了全球性的环境问题。与此同时，随着物质财富的增加，人们的精神生活却走向颓废，人类社会进入了一个"道德真空"时代。在20世纪初，唯意志主义哲学家尼采高呼"上帝死了"。然而，时隔不到一个世纪，后现代主义哲学家福柯却说"人死了"。由此可见，全球性问题的产生并非偶然，现当代全球性问题的产生都有它的历史必然性和不可避免性。同样，绿色学校的产生并非偶然，它是历史发展的必然选择，是世界环境教育发展的产物。

一、绿色文明的催生

在人类发展的历史长河中，人类在认识自然、改造自然的过程中不断向前迈进，创造了一个又一个光辉灿烂的文明，其主要经历了以下几个发展时期：采猎文明（又称"自然中心主义"文明、原始绿色文明）、农业文明（又称"亚人类中心主义"文明、黑色文明）、工业文明（又称"人类中心主义"文明、灰色文明）。进入 21 世纪，人类社会开始向生态文明（又称"生态中心主义"文明、绿色文明）迈进。①

黑色文明以农耕为主，主要包括原始社会、奴隶社会和封建社会三个阶段。人类社会在这几个发展阶段中，无论是西方还是东方，都以土地耕种为主业。虽然古希腊是以海洋运输为主，但是在这三个发展阶段中，其运输的主要是农产品。这一时期人类主要靠土地生产来生活，其主要的生产方式及生活方式都依托土地。因肥沃的土地一般都是黑色的，这一时期的文明被称为"黑色文明"。

18 世纪末到 19 世纪初，人类进入了工业发展阶段，主要的生产方式及生活方式发生了巨大的转变，即由原来的以适应土地生产为主，转变为以大机械生产为主。伴随着机械生产的管理方式、工作方式、生活方式以及政治、经济、文化等的转变，人类的文明发生了翻天覆地的变化。在工业文明时期，建筑的主要材料已不再是自然材料，而是钢筋水泥混凝土，而其外观最大的特征是灰色，因而被称为"灰色文明"。灰色文明在产生之初确实显示了强大的发展优势，但是到了 19 世纪末 20 世纪初，它的缺陷开始逐渐暴露出来，土地沙漠化、气候变暖、生物多样性减少、空气污染、温室效应等问题阻碍着人类社会的发展。在社会发展出现危机的重要时刻，一些有志之士和人文学者肩负起社会重任，为人类未来的发展指明道路。因而，在 20 世纪四五十年代兴起了绿色和平运动，它是新时代的先声，预示着未来绿色文明时代的到来。

一般而言，我们习惯把西方文明称为"蓝色文明"，而将东方文明称为"黄色文明"。"蓝色文明"与"黄色文明"融合，便会产生"绿色文明"。② 正在崛

---

① 廖福霖：《生态文明建设理论与实践》，中国林业出版社，2001 年，第 1 页。
② 侯爱荣：《基于绿色视角的大学建设研究》，中国社会科学出版社，2014 年，第 27 页。

起的以高新技术为标志的生产方式将培育起生态文明（又称为"生态中心主义"文明、绿色文明）。[①] 21世纪是一个新的时代，是实现绿色文明的世纪。它是东西方文明相互融合、共同发展的时代，而绿色文明正好代表了世界未来发展的新趋势。绿色文明的道德观主要包括人类平等观和人与自然平等观，这就促使人类在生存和发展的过程中要协调好人与自然、社会的关系，达到三者的共生共荣、共同发展。

进入21世纪，人类文明达到了一个前所未有的高度，绿色文明是世界未来发展的新趋势。要实现绿色文明就必须获得绿色发展，而实现绿色发展则要求世界各国在发展经济时遵循"以人为本"的科学发展观，坚持绿色发展的理念，从而达到人与自然和谐相处、共同发展。当今世界，绿色发展是人类文明新的发展模式，是世界经济发展的主旋律。中国作为世界上经济发展的重要推动者，要保持经济平稳健康发展，就必须积极参与绿色革命。

二、绿色思潮的涌动

在中国，关于"绿色"的起源，我们可以到中华民族源远流长的传统文化中去追溯。自古以来，我国一直流行"五行说"，即世界的万事万物由金、木、水、火、土这五种基本物质组成，它们之间相互作用、相互影响，形成"相生""相克"的关系，此之所谓"阴阳五行说"。受"五行说"的影响，古人又把天地上下分为东、西、南、北、中五方，它们分属于木、火、金、水、土五行，分别具有自己的颜色，即青、赤、白、黑、黄五色。颜色有正、间之分，而且正色地位尊贵，间色地位卑微。"皇氏云：'正谓青、赤、黄、白、黑，五方正色也。不正，谓五方间色也，绿、红、碧、紫、骝黄是也。'……绿是东方间……故绿色，青、黄

---

① 廖福霖：《生态文明建设理论与实践》，第1页。

也。"①由此可见，绿色是混合之色，是贱色。因此，从起源上看，"绿色"一词在中国的传统文化中并不受欢迎。

"绿色"何义？《说文解字》中释义绿为"帛青黄色也"。绿色，是绝大多数植物生命上升阶段的本色，是大自然各种植物色彩的主旋律。绿色是植物的主要颜色，绿色因此有了生存、生命、希望的象征意义。人们之所以喜爱绿色，是因为它能使人联想到"绿色就是生命"的意蕴。实际上，"绿色"本身是生物学的概念，其本意是指植物的一种健康的生活方式。追根溯源，"绿色"一词直到20世纪四五十年代才开始在社会范围内广泛使用，它是环保运动发展的产物。

自工业革命以来，大自然的绿色正随着生态环境的破坏日益减少，这严重威胁着人类的生存。由此，人们清醒地认识到"绿色"的重要性，人们开始渴望绿色，呼唤绿色，绿色成为时代的主旋律。随后，西方一些发达国家兴起了一系列的绿色运动，在这一背景下，世界上掀起了一股"绿色思潮"。然而，作为一种文化，"绿色"之所以在今天备受欢迎，更多是受到西方文化的影响。一般来说，西方文化的"绿色"概括起来主要有两种含义：一是在交通意义上，表达与红色完全相反的意思，即可以通行，如"绿卡""绿色通道"等就是由此派生而来。其意思是安全、快捷、畅通，这似乎与"绿色学校"之"绿"并没有直接的渊源。另外一种是在环境意义上，是建立在"绿色思潮"之上的"绿色呼唤"，即表达保护环境的意思。目前，我们所说的绝大多数的"绿色词汇"都是这一思潮的产物。"绿色学校"之"绿"当起源于此。② 同时，我们可以看到，西方的"绿色"一词已不单纯指颜色，它还有更深的含义，即与环境

---

① 郑玄注，孔颖达疏，龚抗云整理：《礼记正义》，北京大学出版社，第897页。
② 黄宇：《"绿色学校"辨析》，《环境教育》2005年第1期。

保护紧密相关。历史发展到今天，学界对"绿色"一词尚未有一个统一的解释，但其最基本、最主要的含义是遵循自然规律的、健康的、充满生命力的。

中国古代哲学里同样蕴含着绿色思想。人类是自然的产物，处理好人与人、人与自然之间的关系是人类文明发展的主题。在古代的中国，人与自然之间的关系是一种自然界与人化为一体的关系，即"天人合一"。而这种"天人合一"的思想，与当今追求绿色发展，构建人与自然和谐相处的美好社会有着异曲同工之妙，都闪烁着绿色光辉和生态智慧。《吕氏春秋》一书提到"人与天地也同，万物之形虽异，其情一体也。故古人之治身与天下者，必法天地也"。由此可见，人是自然性和社会性的统一体。实际上，"天人合一"思想的真正来源是《周易》。在八卦中，"上"象征"天"，"下"象征"地"，"中间"象征"人"，天、地、人就是《周易》中的"三才"，这是"天人合一"的最早说法。儒家学派的代表人物孔子提出"钓而不纲，弋不射宿"(《论语·述而》)。他认为人应该充满爱心，因为人也是大自然的一部分，所以人在向大自然索取时不应赶尽杀绝，而应留有余地。

与儒家学派不同的是，道家学派的代表人物老子提出了"天人一体"的思想。老子指出："有物混成，先天地生……故道大、天大、地大、人亦大。人法地、地法天、天法道、道法自然。"(《老子·第二十五章》)在道家看来，天是自然的，而人只是自然界的一部分。老子说："道生一，一生二，二生三，三生万物。"(《老子·第四十二章》)他认为，道是万物的本源，所以人应该效法自然，遵循自然。在天与人的关系上，道家的另一位代表人物庄子也认为，人与天应该是统一的。庄子认为："故其好之也一，其弗好之也一；其一也一，其不一也一。其一，与天为徒；其不一，与人为徒。天与人不相胜也，是之谓真人。"(《庄子·大宗师》)对于人与自然的关系，庄子认为，人只有顺应自然，依乎天理，才能达到"天人合一"的理想境界。

中国古代"天人合一"的思想，是中华文明的瑰宝。"天人合一"，即天、地、人是一体的，三者的地位是平等的，它们处于一种和谐的秩序之中。虽然这种思想受到当时社会生产力和生产方式以及人类自身能力的限制，从而体现出一种对自然的依赖、顺从与崇拜，但它对构建人与自然和谐的关系进行了有益的尝试，因而在解决当今社会发展所带来的问题上仍然具有启发和借鉴的意义。

在 19 世纪五六十年代，西方工业发达国家频繁发生震惊世界的公害事件（指环境污染造成的人短期内大量发病和死亡的事件），人们开始深刻体会到环境污染所带来的危害，保护环境显得极为迫切。为唤起人们对环境问题的警觉，一些有志之士积极采取一系列保护环境的行动。1970 年 4 月 22 日，美国的一些环境保护者和社会知名人士发起了第一个"地球日"活动，这是人类有史以来第一次规模盛大的群众性环境保护运动。1990 年，美国的"地球日"活动，发展成国际性的"地球日"活动。"地球日"活动不仅促进了世界环境保护事业的发展，而且有力地推动了西方的绿色运动（又叫"环境保护运动"），从中发展出许多组织和政党，这些绿色组织和政党最终因环保生态统一在一起，汇成全球性的环保"绿色思潮"。具体而言，"绿色思潮"可分为"深绿色""浅绿色"和"红绿色"三个组成部分。其中"深绿色"主要是指以生态中心主义为基础的生态主义思潮，"浅绿色"是以现代人类中心主义为基础的生态思潮，"红绿色"则是倡导用马克思主义分析生态问题的有机马克思主义和生态学马克思主义。[①] 尽管"深绿色""浅绿色"和"红绿色"各有不同，但它们有一个相同点，即其最终目标是解决生态危机，保护环境。

综上所述，"绿色思潮"包含着一切以生态保护和和平为主流的思想、观

———————

① 雨辰：《论西方绿色思潮的生态文明观》，《北京大学学报》（哲学社会科学版）2016 年第 4 期。

念和理论。但随着工业文明的出现,人们关注的重心由原来的单纯的自然环境保护,转移到对整个人类发展模式的思考。由此,"绿色"又有了一个新的定向,逐渐成为"可持续发展"的代表色。更进一步来说,"绿色"有了理解、宽容、善意、友爱、和平、美好的深层文化内涵。而这种内涵,最初是和节约、可再生、可回收、自然、无污染、无人体伤害等与环境、生态相关的含义联系在一起的,这是受西方"绿色思潮"运动影响的结果。然而,随着"绿色思潮"的发展,"绿色"渐渐由环境保护、文化领域向社会、经济、政治等方面蔓延,"绿色"的旗帜也渐渐由环境保护主义转化为可持续发展主义,"绿色"开始成为"可持续发展"的象征意象。① 目前,人们使用"绿色"一词的时候,更多是从象征的、意象的、文化的层面来使用。很明显,"绿色学校"之"绿"当源于"绿色思潮"对学校教育的影响。

"绿色思潮"的每一次波动都会间接地在学校教育中产生一定的影响。直接促成"绿色学校"诞生的,应当是随着环境保护运动而发展起来的环境教育运动。我们可以说,环境教育是早期"绿色思潮"影响教育领域的结果之一。② 20 世纪 70 年代中期,"绿色思潮"以环境教育的方式进入学校,但当时没有明确的"绿色学校"概念。20 世纪 80 年代,一些西方国家的环境教育工作者开始提倡以整体论为哲学基础来开展环境教育,对学校环境教育的实施进行整体的规划,进行学科间、教师间的协调与协作。一种全校性、综合性、全方位的环境教育主张应运而生,并助产"绿色学校"。或者说,"绿色学校"应当是绿色思潮和环境教育发展到一定阶段的产物,它的"绿色"正反映着"绿色思潮"在环境教育中渗透的深度,"绿色学校"之"绿",正是环境教育发

---

① 黄宇:《"绿色学校"辨析》,《环境教育》2005 年第 1 期。
② 同上。

展的需要和结果。①

在西方"绿色思潮"的影响下，中国社会也出现了很多"绿色"的事物或行动，有关绿色的专业术语层出不穷。如"绿色消费""绿色管理""绿色食品""绿色生产""绿色思想""绿色教育""绿色能源""绿色组织""绿色运动"等。而我们所说的"绿色学校"也是这股"绿色浪潮"中的一朵浪花。

三、环境教育的需要②

（一）国际环境教育的发轫

人与自然的关系，一直以来都是人类社会发展的核心问题。从启蒙运动到现代社会，人类创造了巨大的物质财富，同时造成了人与自然、人与人之间关系的异化和对立，产生了文化缺失、自由丧失、道德沦丧、生态危机、环境污染等问题。20世纪五六十年代，世界经济飞速发展，人类也因此付出了沉重的代价。譬如，当时出现了震惊世界的"八大公害事件"，其中的"马斯河谷事件""伦敦烟雾事件"等造成了严重的后果，数以万计的人失去了健康和生命。20世纪70年代以来，科学技术不断发展，人类生产力不断提高，与此同时，许多自然资源遭到人类的过度开发和破坏，导致了诸多世界性的环境问题，水土流失、大气污染、水污染、沙尘暴、酸雨、温室效应等环境问题严重威胁着人类的生存和发展。

面对日益严重的环境问题，人们开始反思自己的行为，逐渐认识到环境保护的重要性和环境教育的迫切性。随着自然资源缺失、环境污染等问题的不断出现，人类深刻地认识到地球资源并非"取之不尽，用之不竭"。因此，节

① 黄宇：《"绿色学校"辨析》，《环境教育》2005年第1期。
② 本部分主要参考国家环保总局宣教中心《绿色学校指南》，2001年。

约资源、保护环境是人类共同的任务。面对资源短缺、环境污染等问题,发达国家首先提出保护环境。《寂静的春天》一书描述了传统经济增长给生态环境带来的可怕影响,并明确指出"我们必须与其他生物共同分享我们的地球"。该书不但引起了人们对大自然的关注,同时为人类环境意识的启蒙点燃了一盏明灯。人类开始关注环境,关心我们共同的家园——地球。在欧美一些发达国家中,民众出于对环境污染行为的极度不满,自发兴起了一场声势浩大的绿色运动。

20 世纪四五十年代,世界范围的绿色环保运动拉开了帷幕。为了保护环境,民间纷纷建立环保组织,一些知名的学者和有影响力的科学家站出来揭露环境污染和公害事件的事实,各大新闻媒体竞相披露环境污染的问题和公害事件的内幕。从 20 世纪 70 年代开始,环境组织越来越多,活动越来越频繁,对政治的影响越来越大,参加绿色组织的人随之增加。他们有的是政治家、经济学家、教育家,有的是普通公民、学生等,这些人聚在一起,形成了一股具有强大影响力的环境保护力量。在随后的几十年里,先后出现了"绿色制造""绿色经济""绿色建筑""绿色食品""绿色开采"等专业术语,可见"绿色"已经成为时代发展的代名词,绿色发展已成为一种潮流,成为人类社会未来的发展方向。而教育作为社会的有机组成部分,无法置身事外。教育在发展的同时,必须紧跟时代的步伐,做出应有的选择。

1972 年,联合国在瑞典的斯德哥尔摩召开了第一次人类环境会议,会议上发表了《人类环境宣言》,又称《斯德哥尔摩宣言》,这是人类历史上关于环境保护的第一个全球性宣言。宣言明确指出"发展"与"环境"必须相互协调,为了保护和改善日趋严重的环境问题,教育是不可欠缺的。这次会议是世界绿色生态运动的里程碑,是全球环境教育运动的开端。从此,人类社会的环境教育开始向专门化、规范化、系统化的方向迈进。

1977 年,联合国教科文组织和联合国环境规划署在苏联的第比利斯召开了政府间环境教育会。会议上发表了《第比利斯宣言》,宣言中提到了环境教育的要求和特征,并提供了国际行动策略的指导原则。会议呼吁各国"要有意识地将对环境的关心、活动及内容引入教育体系之中,并将此措施纳入教育政策之中";还提出了环境教育五个方面的目标——关注、知识、技能、态度、参与,把环境教育目标从"关于环境"领域扩展到"通过环境"和"为了环境"的领域。[①] 第比利斯会议是环境教育发展史上的一个里程碑。

1987 年,世界环境和发展委员会发表了题为《我们共同的未来》的研究报告,比较系统地提出了"可持续发展"的概念。报告将"可持续发展"定义为"既满足当代人的需要,又不对后代人满足其自身需求的能力构成危害的发展",得到了国际社会的广泛共识。研究报告把环境和发展这两个紧密相连的问题作为一个整体加以考虑,并明确指出世界各国政府和人民必须从现在起对经济发展和环境保护两个重大问题负起自己的历史责任,制定正确的政策并付诸实施。同时,联合国提出把 20 世纪的最后十年定为环境教育的十年。

1990 年,在法国的塔乐礼举行了"大学在环境管理与可持续发展中的角色"(The Role of Universities in Environmental Management and Sustainable

---

[①] 对于现代环境教育的内容,现任英国伦敦大学国王学院院长的卢卡斯教授于 1972 年提出了著名的"卢卡斯模式"。卢卡斯教授将环境教育归纳为"关于环境的教育"(Education about the Environment)、"在环境中教育"(Education in the Environment) 以及"为了环境的教育"(Education for the Environment)。"关于环境的教育"是向受教育者传授有关环境的知识、技能以及发展他们对环境的理解力;"在环境中教育"是在现实环境中进行教育的具体的、独特的教学方法;"为了环境的教育"是以保护和改善环境为目的而实施的教育,涉及环境价值观与态度的培养。(参见伽达默尔《真理与方法》,莫尔出版社,1960 年)

Development）国际研讨会，会议签署了《塔乐礼宣言》，简要阐述了高校在环境保护和可持续发展中所起到的作用，并详细提出了高校在可持续发展中所肩负的任务。

1992 年，联合国在巴西里约热内卢召开了环境与发展大会，通过了可持续发展的纲领性文件《21 世纪议程》，要求从生态、经济和社会可持续发展的角度来看待环境教育，提出环境教育不仅是"关于环境、通过环境和为了环境"的教育，而且是"关于可持续发展、通过可持续发展和为了可持续发展"的教育。《21 世纪议程》既强调"教育是可持续发展的基本力量"，也呼吁"教育需要重新定向"，提出要实现教育的"绿化"或"生态化"。① 这次会议表明，人类对环境的关心已经上升到了全球议程的最高位置，正确处理好人与自然的关系，保护人类地球家园已经成为全人类共同的认识和自觉的行动。

1993 年，在斯旺西举办了五年一届的大学联合会（ACU）第 15 次会议，会议主题为"人与环境——和谐发展"，会议发布了《斯旺西宣言》（*Swansea Declaration*）。宣言中提到：需要所有加入的国家的共同努力才能达到可持续发展的目标，而大学必将成为促进可持续发展的重要力量。要实现这一目标，大学应对自身的教学进行审视，全体师生应具备环境素养，大学必须对当代与未来世代的平等发展负有道义上的责任。② 同年，欧洲大学协会发布了《哥白尼宪章》（*Copernicus Declaration*），它的主要行动目标是大学的政策改善与经营方式的改变，并要求签署宣言的大学领导人在今后的大学课程及研究

---

① 黄宇：《可持续发展视野中的大学：绿色大学的理论与实践》，北京师范大学出版社，2012 年，第 3 页。

② "Swansea Declaration（1992）", Association of Commonwealth Universities' 15th Quinquennial Conference（UNESCO, 1992）, http://www. unesco. org/iau/sd/rtf/sd_dswansea. rtf.

中融入环境教育议题,并将可持续发展作为主要任务。①

1994 年,联合国教科文组织提出了"为了可持续性的教育"(Education for Sustainability),要求把环境教育与发展教育、人口教育相融合,建立环境、人口和发展项目(EPD 项目),开始将环境教育转向可持续发展的方向。"可持续发展教育"思想的出现,为"绿色学校"的产生和发展提供了坚实的理论基础。

1995 年,联合国在希腊雅典召开了环境教育会议,重点讨论了如何将环境教育重新定向到可持续发展方向,这标志着环境教育向一个崭新的阶段发展。

1997 年,联合国教科文组织在希腊的萨罗尼加召开会议,会议的主题是教育与大众意愿的可持续性,并在研讨会上提出了《萨罗尼加宣言》(*Thessaloniki Declaration*),同时重申政府及教育领导人对过去已经签署的环境可持续发展宣言及承诺应严格遵守及诚实面对,确定了"为了可持续性的教育"的理念。

至此,面向可持续发展的环境教育成为国际社会和各国发展教育的战略选择,是可持续发展框架下教育的新模式。

综上所述,国际上面向可持续发展的教育经历了"关注环境问题—关注环境教育—关注发展问题(可持续发展)—关注可持续发展教育—面向可持续发展的环境教育"的发展历程。经过 30 多年的探索,人们对环境教育的理解和认识在不断升华,当初单一的环境知识的灌输,是基于人们朴素的认识自然、保护

---

① "Copernicus Charter (1994)", the University Charter for Sustainable Development Geneva, May 1994, http://www.unesco.org/iau/sd/rtf/sd_bcopernicus.rtf.

自然的认知水平。随着人们对地球、环境的认知的提升,环境教育自然扩展到除知识之外的环境保护技能的掌握、环境意识的建构,以及对环境的理解和态度、环境保护的参与等目标内容。环境教育在学校层面,发展到融学校教育教学、师生生活、校园建设等为一体的全校性、综合化的"绿色学校"模式。

从目前的研究来看,"绿色学校"一词的源头尚无法考证。1986 年,马来西亚教育部曾经出版《绿化学校》一书。20 世纪 90 年代初,英国有出版物从环境教育的视角出发,对绿色学校建设进行讨论。1991 年,丹麦提出了创建"生态学校"的建议,随后"生态学校"理念影响到了欧洲其他国家。1994 年,欧洲环境教育基金会(FEEE)提出了全欧"生态学校计划",也称"绿色学校计划",目前该计划被学界认为是绿色学校建设的起点。此后,许多国家和地区相继引入"绿色学校"的理念,开展创建"绿色学校"活动。绿色学校的产生,是国际社会对人类活动造成的生态恶化进行反思的结果,它与人类开展环境教育的努力息息相关。

(二) 我国环境教育的推动[①]

我国环境教育始于 20 世纪 70 年代,在理论和实践上为绿色学校的推动做好了铺垫。

1973 年 8 月,我国召开了第一次全国环保会议,通过了《关于保护和改善环境的若干规定》,提出了"全面规划、合理布局、综合利用、化害为利、依靠群众、大家动手、保护环境、造福人民"的"32 字方针",揭开了中国环境保护事业的序幕。20 世纪 70 年代末 80 年代初,我国开始在中小学课程中增加环境科学知识内容。1978 年 12 月,中共中央批转的《环境保护工作汇报要点》通知中第一次

---

① 本部分主要参考国家环保总局宣教中心《绿色学校指南》,2001 年。

指出："普通中学、小学也要增加环境保护知识的教学内容。"1979 年 9 月，全国人大常委会通过的《中华人民共和国环境保护法》（试行）规定："在中小学课程中，要适当编写有关环境保护的内容。"1981 年 2 月，《国务院关于在国民经济调整时期加强环境保护工作的决定》指出："中小学要普及环境科学知识。"1983年 12 月 31 日至 1984 年 1 月 7 日召开的第二次全国环境保护会议将环境保护确立为基本国策，极大地促进了全民环保意识的提升。1987 年，国家教委在颁布的教学大纲中强调小学和初中要通过相关学科教育和课外活动、讲座等形式进行能源、环保和生态的渗透教学，有条件地开设选修课。1987 年 11 月，中国环境学会环境教育专业委员会举行第一次会议，对中小学的环境教育做了专题研究，会议明确指出：开展全民性的环境教育是环境保护事业的一项根本性建设，环境教育应成为中小学的教育任务之一。1992 年，国家教委在新教学大纲中明确提出在相关学科教学内容中增加关于环保的内容。1994 年，我国颁布了第一个国家级"21 世纪议程"——《中国 21 世纪议程——中国 21 世纪人口、环境与发展白皮书》，指出中国在全球可持续发展和环境保护中的重要责任，提出"将可持续发展思想贯穿到从初等到高等的整个教育过程中"。1995 年，在北京召开了环境教育先进单位、先进个人和优秀教材表彰大会，有力地推动了全国的环境教育工作。1996 年 8 月，《国务院关于环境保护若干重要问题的决定》明确了跨世纪环境保护工作的目标、任务和措施；当年 12 月发布的《全国环境宣传教育行动纲要（1996—2010）》（以下简称《纲要》）进一步明确了环境教育的内容、对象和形式，明确提出创建"绿色学校"，《纲要》的颁布，标志着我国"绿色学校"的产生，我国成为亚洲率先倡导创建"绿色学校"的国家。

随着绿色学校创建活动帷幕的拉开，我国的环境教育进入了一个新阶段。绿色学校和环境教育密切相关，可以说绿色学校是环境教育不断推进的产物。1999 年后，国际组织、外国政府与中国政府、民间组织进行交流和合作，开展环境教育研究和培训，为中国环境教育注入了新的活力，中国环境教育界和世界环境教育界的联系更加密切。

四、生态文明教育的重要平台

生态文明教育作为生态文明建设的重要内容和平台，越来越受到人们的重视，已成为新时代绿色学校创建的重要任务。

（一）党和政府的高度重视

2002 年 1 月，第五次全国环境保护会议提出环境保护是政府的一项重要职能，要按照社会主义市场经济的要求，动员全社会的力量做好这项工作。2003 年 10 月，党的十六届三中全会审议通过了《中共中央关于完善社会主义市场经济体制若干问题的决定》，正式提出要"坚持以人为本，树立全面、协调、可持续的发展观"。在 2005 年 3 月召开的中央人口资源环境工作座谈会上，胡锦涛强调："全面落实科学发展观，进一步调整经济结构和转变经济增长方式，是缓解人口资源环境压力、实现经济社会全面协调可持续发展的根本途径。"①2006 年 4 月，第六次全国环境保护会议召开，温家宝同志在会议上提出以对国家、对民族、对子孙后代高度负责的精神，切实做好环境保护工作。2007 年 10 月，党的十七大把科学发展观载入党章，把"生态文明"写入党代会政治报告，确立了科学发展观对生态文明建设的引领作用。2015 年 4 月，《中共中央国务院关于加快推进生态文明建设的意见》提出"把生态文明教育作为素质教育的重要内容，纳入国民教育体系和干部教育培训体系"。2017 年 5 月，习近平总书记在第十八届中央政治局第四十一次集体学习时的

---

① 《环保迈出坚实步伐——党的十六大以来环保大事记》，https://www.gov.cn/gzdt/2007-10/15/content_776559.htm。

讲话中指出："要加强生态文明宣传教育,把珍惜生态、保护资源、爱护环境等内容纳入国民教育和培训体系,纳入群众性精神文明创建活动,在全社会牢固树立生态文明理念,形成全社会共同参与的良好风尚。"

（二） 生态文明教育的实践探索

生态文明教育实践探索的重要行动就是生态文明教育基地建设。以《国家生态文明教育基地管理办法》(2008)与《关于开展"国家生态文明教育基地"创建工作的通知》(2009)的发布为契机,我国涌现了一大批国家生态文明教育基地、生态司法教育基地、生态文明思想教育实践基地,又成立了生态文明研究中心。自党的十七大以来,各地相继成立了生态文明专门研究机构,具体可分为四种类型。第一类是以生态文明为研究对象的公益性、非营利性的社会团体,如中国生态文明研究与促进会。第二类是地方政府与科研机构、高等院校共建的生态文明研究中心,如峡山生态文明建设研究院。第三类为高等院校单独设立的生态文明教育研究中心,如华中师范大学中国生态文明教育研究中心、北京林业大学生态文明研究中心。第四类为应用型法人生态文明研究机构,如北京生态文明工程研究院。除此之外,2018年5月26日,由南开大学、清华大学、北京大学三所高校首倡的中国高校生态文明教育联盟成立,联盟聚焦共享资源、编写教材、开发课程、搭建平台等工作。

（三） 生态文明法制建设逐步推动

2015年1月,新修订的《中华人民共和国环境保护法》正式实施,对环境宣传教育工作的地位、作用、责任主体都做出了明确规定。法律规定"各级人民政府应当加强环境保护宣传和普及工作"。2018年出台的《中华人民共和国宪法修正案》中,"生态文明建设"被历史性地写入《宪法》。

（四）生态文明教育被列入新时代绿色学校创建的重要任务

2020 年 3 月,中共中央办公厅、国务院办公厅印发《关于构建现代环境治理体系的指导意见》提出"把环境保护纳入国民教育体系和党政领导干部培训体系,组织编写环境保护读本,推进环境保护宣传教育进学校、进家庭、进社区、进工厂、进机关。……引导公民自觉履行环境保护责任……践行绿色生活方式"。2020 年 4 月,国家发展和改革委员会、教育部发布的《绿色学校创建行动方案》明确要求大中小学在绿色学校创建过程中加强生态文明教育,要将绿色学校创建与长远建设发展紧密结合,将创建工作与学校常规工作有机结合。

第二节　绿色学校的价值

学校是学生获得知识、技能、情感态度和价值观的重要场所,绿色学校在培养具有较高生态文明素养的各层次各类型人才、推动绿色科技创新等方面发挥着不可替代的作用,对生态文明建设、环境经济社会的绿色发展具有重要的价值和意义。黄宇认为,绿色学校具有拥有"对环境友好"的课程、"对环境友好"的教育氛围,校内人员全员参与,把校园环境和当地环境作为环境教育的资源,社区与学校相互开放,鼓励以学生为中心的、丰富的教育教学方式等特征。[①] 杨佳玲认为,绿色学校具有前瞻性、生态性、环保性、和谐性、可持续性五个特点。[②] 程志巧认为,绿色学校具有对环境友好、结构合理、全员参与、把环境作为教育资源、社区和学校相互开放以及鼓励丰富的教学方式

---

① 黄宇:《国际环境教育的发展与中国的绿色学校》,《比较教育研究》2003 年第 1 期。
② 杨佳玲:《绿色学校创建初探》,硕士学位论文,湖南师范大学,2006 年。

等特征。① 庄瑜认为，绿色学校的特点是开放的、全校性的、因地制宜的、以学校为中心的。② 这些观点有利于我们理解和分析绿色学校的价值。

一、绿色学校是实施环境教育和生态文明教育的重要平台

从个体成长看，环境教育、生态文明教育贯穿每个人的一生，涉及每个人的生活和职业发展各环节，渗透于教育和培训的各个领域；从整体上看，学校环境教育、生态文明教育是整个社会环境教育、生态文明教育的重要组成部分，是学校参与环境保护、经济社会可持续发展行动的主要渠道。绿色学校作为环境教育、生态文明教育的重要平台，可为环境教育、生态文明教育的实施提供强大的动力和智力支持。

创建绿色学校，就是通过教育把环境保护的思想、可持续发展和绿色发展的理念落实到学校各项活动中，渗透进教育教学全过程。用"绿色校园"培养人，用"绿色思想"教育人，用"绿色文化"熏陶人，是创建绿色学校的根本要求。绿色学校以绿化、美化为基础，倡导绿色文化、绿色文明，全校领导者、教师及学生共同参与学校建设。青少年通过学习环保知识、参与环保活动以及参加环境决策，养成良好的思想方式和行为准则，进而影响整个社会的环境。

创建绿色学校，不仅有利于建成宁静、优美、舒适的校园环境，而且有利于形成健康、向上、丰富的校园文化，充分发挥环境育人的功能，在潜移默化中陶冶学生的心灵。学校是教育的重要场所，学生在这里获得知识、提升技能、丰富情感，形成积极的世界观、人生观和价值观，养成良好的素质。学生

---

① 程志巧：《基于管理的绿色学校营建研究》，硕士学位论文，西南交通大学，2009 年。
② 庄瑜：《"象牙塔里的绿肺"——以教育为导向的国内外中小学绿色学校建设》，《外国中小学教育》2013 年第 3 期。

在绿色学校中将受到应有的环境教育、生态文明教育,这会对他们的价值观、人生观及生活方式产生直接影响,从而间接影响到整个社会的环境和生态。学校将可持续发展、绿色发展的思想观念渗透到学校管理的各个方面,可持续发展、绿色发展的理念深入人心,在无形中影响师生的行为和意识,在此基础上形成的绿色校园文化、教育方式、管理模式,必定会促进学生环境素养和生态文明素养的培育。

二、绿色学校是推进素质教育的有效载体

全面实施素质教育,是我国加快实施"科教兴国战略"和"可持续发展战略"的一项重大决策。环境素养、生态文明素养是绿色学校中所有学生道德精神的重要组成部分,绿色学校的环境、生活、文化,对学生理解可持续发展、绿色发展思想,提高学生基本素质有着特定的意义。有学者就指出,绿色学校是实现素质教育的重要载体之一,是全方位实施环境和可持续发展教育的学校。[①] 绿色学校创建为素质教育提供了更多更优的资源、环境和平台。绿色学校在创建过程中,从绿色校园建设、绿色教学实施、绿色文化打造、绿色管理建构等方面集聚资源,使学校的环境、培养平台、文化氛围等方面发生变化,推动学校的发展,提高学校的办学效率。学生在如此优美宜人的校园学习和生活,涵养情感和价值观,提升人文素养,获得关于环境、生态文明、可持续发展等方面的知识、技能,可以树立和培养其现代环境意识、环境道德观念和环境行为认知,促进其环境素养、生态文明素养的提高,增强其社会责任感和对中华民族伟大复兴的信心。绿色学校可以实现"素质教育""可持续发展教育""绿色发展教育"的有机结合,培养学生丰富的人文精神和审美情

---

① 《绿色学校承载素质教育》,《中国环境报》2006 年 7 月 31 日。

趣,全面提高学生的素质。因此,学校开展环境教育、生态文明教育,积极参与创建绿色学校活动是贯彻素质教育方针,实施"可持续发展战略"和创办现代化新型学校的必由之路。学校通过积极参与绿色学校创建活动,不但能提高全校师生的素质,而且能提升学校的办学水平,从而实现学校自身的发展。同样我们应该看到,绿色学校作为践行绿色教育的主体,须突出教育教学过程中的学生主体性。学生是学习活动的主体,也是未来生活的主人。教师的教和学生的学都是为了促进人的全面而自由的发展。绿色学校以可持续发展为理念,其中必然包含着人的可持续发展内涵。绿色学校提倡以学生为学习主体,改变传统的灌输型教学方式,教师成为学生学习的指导者、促进者、合作者,不断激发学生的学习兴趣和创造信念,鼓励学生的自主、合作和探究型学习方式。这些都是素质教育所要求的、所追求的。

三、绿色学校创建是学校参与生态文明建设的基本途径

党的十八大报告强调,"把生态文明建设放在突出地位,融入经济建设、政治建设、文化建设、社会建设各方面和全过程"。教育是文化建设的重要内容,而学校是教育的载体,创建绿色学校是各级各类学校参与生态文明建设的基本途径。《2014中国可持续发展战略报告》指出:"构建科学有效的生态文明制度体系,不仅为解决包括严重灰霾污染在内的重大资源环境问题奠定良好的制度基础,而且也会对全球可持续发展进程产生深远影响。"为此,各地区要争取把创建绿色学校工作纳入城考、生态城市(区、县、镇)创建及生态文明建设的考核指标体系之中,形成环境教育、生态文明教育的长效机制,营造全民关心环境、参与环保、建设生态文明、共筑生态城市、建设美丽中国的浓厚氛围。以绿色学校创建为载体,深入推进环境教育和生态文明教育,广泛开展环境教育和生态文明教育实践活动,将环境保护、生态文明建设的知

识、技能、情感和价值观等纳入学校教育教学全过程,必将全面提升青少年的环境素养和生态文明素养,提升师生的节约意识、环保意识、生态文明意识,为生态文明建设输送合格人才,提供新的动力。另一方面,师生的生态文明素养提升了,就可带动家庭、社区乃至社会,可促进全社会形成节约能源、绿色低碳、文明健康的生活方式。另外,节能、节水、资源回收等有效措施,既有助于建设绿色环保校园,也节约了学校的开支,直接作用于全社会生态文明建设。

四、绿色学校创建是建设和谐社会的内在要求

社会主义和谐社会,是我国提出的一个社会发展战略目标,指的是一种和睦、融洽并且各阶级齐心协力的社会状态,其主要特征是"民主法治、公平正义、诚信友爱、充满活力、安定有序、人与自然和谐相处"。一直以来,人类都未能很好地处理人与自然、个人与个人、个人与群体以及群体与群体的关系,生态危机、信任危机、精神危机频发。教育是培养人的社会活动,是解决以上问题的重要方式。首先,绿色学校以绿色教育为办学理念,通过不断完善环境教育、生态文明教育体系,丰富师生的环境和生态知识、技能,帮助学生树立正确的环保态度和价值观,从而使人们更加理性地认识和处理人与自然的关系,促进人与自然的和谐发展。因此,绿色学校的创建在实践层面要注重客观性、持久性、可持续性,在教育层面要注重时效性、环保性。绿色学校不但关注校园绿化、美化、净化工作,而且把环境教育、生态文明教育融于校园活动之中,融于课堂教学之中,融于日常行为习惯养成之中,融于校园、社会环境建设之中。其次,学校作为社区的一部分,要为社区提供服务,对社区环境负责。与此相对应,社区作为学校存在的基础,应该为学校开展环境教育、生态文明教育提供资源。绿色学校的这种开放性打破了传统意义上将

学校视为"象牙塔"的封闭观念，社区和学校不再相互对立、相互隔绝。这正切合了绿色教育、现代教育开放性的要求。绿色学校打开校门，融合到社会的大环境之中，打破了心理、文化、地域的限制。家庭、社会与学校形成了一个相互联系、相互依赖的整体，由此形成了一股强大的推进社会和谐发展的力量。再次，绿色学校创建所考量的主题在本质上说就是处理好人与自然、人与社会的关系，教育和帮助人们树立热爱自然、尊重自然、保护自然的意识以及绿色低碳的生活理念和生活方式，与自然和谐相处；教育和帮助人们尊重劳动，尊重他人，实现人与人和谐相处。这与我国建设和谐社会的目标和要求相向而行。绿色学校创建须校内全体人员（包括教师、学生、教职员工）共同参与。绿色学校的全民性特点，表现出可持续发展思想在学校管理方面的要求，即倡导一种公平、民主、尊重、信任和平等的观念。[①] 这些观念的养成，则有赖于全员共同积极参与学校的管理。学校师生共同参与绿色学校创建活动，既是绿色学校创建和绿色教育成功与否的关键，也是建设和谐社会的应有之义。

　　绿色学校创建，是学校在现有的办学框架基础上，按照相关创建内容和评价标准，结合学校实际开展的包括教育教学、校园建设、校园文化等方面的环境教育和生态文明教育活动。绿色学校创建是一个不断丰富和完善的动态过程，是各个学校根据自身情况和建设目标不断校本化的过程，其内涵、价值会随着时代发展而发生变化。

---

① 黄宇：《国际环境教育的发展与中国的绿色学校》，《比较教育研究》2003 年第 1 期。

五、绿色大学价值的特殊性①

绿色大学作为绿色学校的一种重要形态,其价值和意义有其特殊性,特别是在绿色科技创新上要比基础教育学校担负着更重要的使命和责任。

(一) 绿色大学源于环境保护行动

国外绿色大学的开端可以追溯到 20 世纪 70 年代。据相关资料显示,国外关于绿色大学的实践和研究主要体现在一些重要的宣言、会议、组织及行动纲领之中,其显著标志是以《塔罗里宣言》为代表的一系列宣言。1972 年,联合国人类环境会议发布的《斯德哥尔摩宣言》明确指出"发展"与"环境"必须相互协调,并强调教育对解决环境问题的重要性。1977 年,联合国教科文组织和联合国环境规划署发布的《第比利斯宣言》提出环境教育的要求和特征以及国际行动策略的指导原则。1990 年,22 位来自世界各地的大学校长及主要行政管理者发布《塔乐礼宣言》,指出高校在教育、研究、政策制定以及信息交流方面的重要性并提出大学"十点行动计划"。1991 年,联合国与国际大学联合会发布的《哈利法克斯宣言》(Halifax Declaration)提出六大共同承诺。1992 年,国际大学联合会发布的《京都宣言》(Kyoto Declaration)倡导通过环境教育来促进大学的可持续发展。1993 年,国际大学联合会又发布《斯旺西宣言》,指出达到可持续的目标需要国家的共同努力。2002 年,11 个国家的学术和科学组织发布《尤班图宣言》(Ubuntu Declaration),号召全球更加重视可持续发展,明确提出需要努力创建一些有影响力的可持续发展高等教育区域中心,并倡导通过国际合作来完成可持续发展的目标。2008 年世界八国集团(G8)大学

---

① 此部分主要参考黎旋《广西高校绿色大学建设现状研究——以 A 大学为例》,硕士学位论文,广西师范大学,2020 年。

峰会发布的《札幌可持续发展宣言》(*Sapporo Sustainability Declaration*)指出高校应为可持续发展做出贡献,并为履行这一责任采取具体行动。

当然,除了上述宣言,还有其他宣言也提及大学对于可持续发展的重要性。根据上述宣言的目标和内容,欧美一些著名大学纷纷开展了各具特色的绿色大学行动计划,有力地推动了绿色大学的发展。在美国,1990 年布朗大学提出的"绿色布朗",1994 年科罗拉多大学提出的"绿色大学校园的蓝图",1994 年乔治·华盛顿大学提出的"绿色大学计划",2000 年加州大学提出的"环境政策",2001 年哈佛大学提出的"绿色学校行动计划",影响都非常大。除此之外,1991 年瑞典乌普萨拉大学提出了"波罗的海大学项目",1990 年加拿大滑铁卢大学提出了"校园绿色行动",2005 年英国爱丁堡大学提出了"环境议程"。

除此之外,亚洲也有不少高校在建设绿色大学,如日本的东京大学、冈山大学、东海大学,韩国的汉阳大学、延世大学,印度的新德里大学、印度国家信息技术学院、印度统计学院,新加坡的新加坡理工学院、新加坡大学、南洋理工大学,菲律宾的马尼拉大学,泰国的清迈大学,越南的国际关系学院,马来西亚的马拉亚大学等。

我国绿色大学发轫于 20 世纪 90 年代,清华大学于 1998 年率先提出了创建"绿色大学"并获国家有关部门批准,这比 1996 年国家专门提出创建绿色学校晚了两年。我国正式提出绿色大学创建是在 2001 年。

（二）绿色大学创建的现实意义

绿色大学创建是生态文明建设赋予高校的责任和历史使命,绿色大学创建将对生态文明建设起到重要的推动作用。为贯彻落实《中共中央国务院关于加快推进生态文明建设的意见》的有关要求,环境保护部于 2016 年 10 月印发《关于加快推动生活方式绿色化的实施意见》,提出要"全面构建推动生活方式绿色化全民行动体系……鼓励创建绿色幼儿园、绿色学校和绿色大学"。2017 年 10 月,党的十九大报告提出"生态文明建设成效显著","全党全国贯彻绿色发展理念的自觉性和主动性显著增强","开展创建节约型机关、绿色家庭、绿色学校、绿色社区和绿色出行等行动"。大学肩负着为生态文明建设提供绿色人才的使命,建设绿色大学是在高等教育领域贯彻落实习近平生态文明思想的具体体现。① 由此可见,绿色大学创建是我国加快推进生态文明建设的重要举措。

从高等教育改革的角度来看,绿色大学是教育"绿色化"在高等教育领域的具体体现,是全球环境保护与绿色发展对高校提出的新要求。因此,绿色大学创建有利于深化高等教育改革,推动高校走向绿色发展。目前,我国高等教育存在许多弊端,诸如重视专业教育,忽视通识教育;重视科学教育,忽视人文教育等。而绿色大学创建就是要摒弃高等教育长期存在的问题,把大学办成培养绿色人才的基地。从某种意义上说,绿色大学是创办世界一流大学的重要指标和模式,21 世纪世界一流大学的重要标准就是尽可能地实现大学的绿色化和生态化。② 此外,有学者明确提出:绿色大学是一流大学的重要组成部分,绿色大学建设是一流大学建设的重要内容。③ 从这个角度来看,绿色大学创建与建设"一流大学"的目标是一致的,即为人类发展提供长期的支持。具体而言,大学在发展的过程中,要注意减少学校自身对环境的不良

---

① 吴静、贾峰、李曙东等:《基于联合国可持续发展目标的绿色大学建设——以日本冈山大学为例》,《环境教育》2020 年第 1 期。
② 叶平、武高辉:《中国"绿色大学"研究进展》,吉林人民出版社,2001 年,第 90—92 页。
③ 《以习近平生态文明思想引领绿色大学建设》,http://dangjian.people.com.cn/n1/2018/0806/c117092-30211046.html。

影响,开展绿色校园建设,同时注重提高人才培养质量,特别是大力培育有利于经济社会绿色发展的人才。在高等教育改革的浪潮中,高等教育"绿色化"已经成为一道引人注目的风景线,而绿色大学创建是高校适应当代高等教育改革的迫切需要。绿色大学创建,将有利于推动大学生绿色生活方式的形成,同时也将促进高校自身的绿色发展。

绿色大学创建,是指高校把绿色发展理念纳入办学过程中,是高校办学理念和办学模式的转变。从本质上看,绿色大学创建的核心目标在于提高大学生的环境素养。在大学中接受高等教育的学子是国家的栋梁之材,他们的环境素养的高低直接影响着高等教育以及经济社会绿色发展的速度和水平。长期以来,大学生的环境素养一直未得到高校的足够重视。毋庸置疑,大学的最终目的在于培养人才,因而绿色大学的根本目标在于培养高素质的绿色人才。实践经验表明,绿色大学有利于提高广大师生的环境素养,促进学生素质的全面提高。从当今的时代背景来看,绿色大学主要是指全面贯彻和渗透绿色发展理念的大学,高校主要通过实施绿色教育向大学生传播环境知识,增强他们的环境意识,提高他们的环境素养,进而提高大学生的综合素质。由此可知,建设绿色大学,是高校提高大学生环境素养的重要途径。

第三节　绿色学校创建是一项系统工程①

绿色学校创建是一项复杂的系统工程。笔者尝试以系统论为理论基础,秉承系统化、科学化、绿色化的原则,对绿色学校创建进行研究和探索。

---

① 此部分主要参考黎旋《广西高校绿色大学建设现状研究——以 A 大学为例》,硕士学位论文,广西师范大学,2020 年。

一、系统论的核心思想与基本特征

系统论的思想源远流长,其源头可以追溯到 20 世纪初期。目前学界公认,美籍奥地利理论生物学家和哲学家路德维希·冯·贝塔朗菲(Ludwig von Bertalanffy)是系统论的奠基人。1937 年,贝塔朗菲提出了一般系统论原理,他在《关于一般系统论》(General System Theory)一书中,对系统论做了深刻的论述。直到 1948 年,该理论才得到学术界的重视。1968 年,贝塔朗菲出版了《一般系统理论基础、发展和应用》(General System Theory: Foundations, Development, Applications),此书被认为是该学科的代表之作,确立了这一理论的学术地位。随后,在 1973 年,贝塔朗菲又提出了一般系统论原理,这为该学科的进一步发展奠定了理论基础。系统论问世后逐渐渗透到各个学科和日常生活之中。

何谓系统? 贝塔朗菲认为,系统是一个具有一定功能的复合体,它由相互作用的若干要素结合而成。在这个复合体中,各个要素之间既相互联系、相互依存,又相互排斥、相互区别,由此构成了一个统一的整体。何谓系统论? 曾广容等人在《系统论·控制论·信息论概要》一书中明确指出,要构成一个系统,必须有三个条件:一是要有两个以上的要素;二是要素之间要相互联系,相互作用;三是要素之间的联系与作用必须产生整体功能。[1] 同时强调,系统和要素是整体与部分的关系,两者相互联系、相互作用,并在一定条件下可以相互转化。

系统论认为,系统是普遍存在的,世界上的任何事物都可以看成一个系统。就其特点而言,不同的系统有不同特点,但整体性、层次性、开放性、目的性等是所有系统的共同特征。

---

① 曾广容、易可君、欧阳绪清、彭益编:《系统论·控制论·信息论概要》,中南工业大学出版社,1986 年,第 5—7 页。

一是系统的整体性。贝塔朗菲指出，任何一个系统都是一个有机的整体，它并不是各个部分的简单相加或机械组合，系统的整体功能是各要素在孤立状态下所没有的性质。[①] 正如亚里士多德的名言"整体大于部分之和"，这就是系统的整体性。同时强调，系统中的各要素都处在一定的位置上，每一个要素都起着特定的作用。各要素之间相互联系、相互依存，从而构成了一个不可分割的整体。[②] 换言之，如果把要素从整体中分割出来，它将失去这个系统要素的作用。

二是系统的层次性。系统的层次性指的是，组成系统的诸要素的种种差异包括结合方式上的差异使得系统组织在地位与作用、结构与功能上表现出等级秩序性，形成了具有质的差异的系统等级。[③] 我们知道，客观世界是无限的，因此，无论是从广度上看，还是从深度上看，系统的层次都是不可穷尽的。一方面，子系统是大系统的要素，同时大系统又是更大系统的子系统。另一方面，大系统的要素是由各个子系统组成的，同时这些子系统又是更小的子系统的大系统。

三是系统的开放性。学者们按照系统与环境的关系，把系统划分为封闭系统、开放系统和孤立系统三大类。然而在现实中，封闭系统是不存在的，绝大多数系统都是开放的，开放性是系统良性运行的基本条件。系统哲学原理认为，"在研究和认识对象系统时，必须把它放在环境大系统中加以开放性考察；在规划、设计系统时要有开放眼光，使系统内部子系统之间、系统与环境之间保持充分的物质、能量和信息交流，使系统的减熵趋势得以维持，并保持

---

① 冯·贝塔朗菲：《一般系统论》，社会科学文献出版社，1987年，第90—91页。
② 乌杰：《系统哲学基本原理》，人民出版社，2014年，第348页。
③ 魏宏森、曾国屏：《试论系统的层次性原理》，《系统辩证学学报》1995年第1期。

系统的有序度增加"。①

四是系统的目的性。每一个系统都有其必须达到的目的或必须完成的任务。系统的目的性,并非指构成系统要素的局部的目的或任务,而是指作为一个整体的目的或任务。每一个系统都是有目的的,而这种目的是由系统自身的需要确定的。如果没有目的性,系统内部的各个元素就没有行动的自主性,就不能适应环境。所以,世界上任何一个系统都有其目的,不存在没有目的的系统。从中也可以看出目的性在自然界以及系统世界的地位和作用。

二、系统谋划整体推进绿色学校创建

我们知道,生态文明建设是中国特色社会主义事业"五位一体"总体布局之重要内容,且必须融入经济建设、政治建设、社会建设、文化建设的各方面和全过程。生态文明建设本身也是一个复杂的系统,按照系统论的观点,这个复杂的系统由许多子系统组成,如生态文化、生态经济、生态安全、生态文明制度等,生态文明教育当然也是其中一部分。绿色学校创建是环境教育、生态文明教育的重要平台和具体行动,是生态文明教育的子系统。同理,绿色学校创建自身也是一个复杂的系统工程。绿色学校建设子系统又可以分为若干个更小的子系统(见图3-1)。不难看出,绿色学校是由绿色教育、绿色科研、绿色校园、绿色文化等一系列要素组成的综合体,同样具有整体性、层次性、开放性、目的性等特点。当然,绿色学校由于其层次性、职能的差异性,在建设内涵、目标和措施等方面存在一定的区别。下面以绿色大学为例进行分析。

其一,绿色大学系统的整体性。绿色大学创建是一个包含绿色教育、绿

---

① 乌杰:《系统哲学基本原理》,第348页。

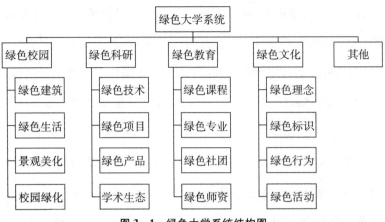

图 3-1　绿色大学系统结构图

色校园、绿色科研、绿色文化等要素在内的系统工程,受到多种因素的影响和制约。因此,绿色大学创建需要学校上下、各个职能部门、各学院、各单位相互联动。系统的整体性启示高校在绿色大学创建过程中,要从整体上把握其影响因素,要注重绿色教育、绿色校园、绿色科研、绿色文化等各要素之间的相互作用、相互影响。绿色大学系统的发展,受到各个子系统的制约,其中一个子系统发生改变,就会对整个系统的发展产生影响。如果绿色教育落后,将会制约绿色科研的推广和绿色校园的建设,从而影响整个绿色大学创建的水平。鉴于此,高校在推进绿色大学创建的过程中,要有全局眼光、系统性思维,统筹全局,兼顾各要素,力求整体效果的最优化。

其二,绿色大学系统的开放性。绿色大学是一个开放的系统,绿色大学创建的每一个阶段、每一个过程都受到国家相关政策、经济社会发展水平、人们的思想观念等多方面的影响。系统的开放性提示高校在绿色大学创建过程中,要充分利用外部各种条件和资源,与社会各方开展人才培养、科研和社会服务等方面的交流与合作。大学作为城市生态系统的一个子系统,与城市其他系统,诸如节约型机关、绿色家庭、绿色社区、绿色商场创建等有着密切的联系。大学与政府机关、社区、家庭、企业等进行合作,结成"绿色对子",可以有效提高绿色大学创建水平。同时,高校创建绿色大学的成功经验,可以为节约型机关、绿色社区、绿色家庭、绿色商场等其他绿色创建活动提供示范和参考。

其三,绿色大学系统的目的性。培养人才是高校的首要职责,高校创建绿色大学,旨在通过建设绿色校园,开展绿色科技,实施绿色教育,打造绿色文化,培养适应环境、经济、社会绿色发展需要的绿色人才。换言之,绿色大学的所有工作都是紧紧围绕人才培养而开展的,其最终的落脚点在于培养绿色人才(见图3-2)。大学是培养高素质人才的摇篮,高校创建绿色大学要坚持"育人为本",以人与自然和谐发展为原则和目的,把培养绿色人才作为最终目标,从而为国家生态文明建设输送合格的高级专门人才。

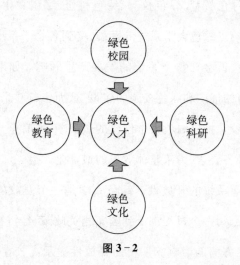

图3-2

综上所述,要运用系统论思考绿色学校创建,就要用长远布局、整体谋划的思维,统一谋划绿色校园、绿色文化、绿色教育、绿色科技的建设和架构,并使其贯穿于绿色学校创建的全过程。在这里，绿色校园是条件和保障，绿色文化是灵魂，绿色教育是培养绿色人才的关键，绿色科技是服务绿色人才培养和经济社会绿色发展的动力，它们共同构成绿色学校小系统。绿色学校是"绿色创建"系统中的子系统，服务于生态文明教育、生态文明建设大系统，共同为推动人与自然和谐发展贡献力量。

第四章　我国绿色学校创建的回顾和反思

第一节　我国绿色学校创建历程

1996 年,《全国环境宣传教育行动纲要(1996—2010 年)》提出创建绿色学校活动,首次提出绿色学校概念,到 2022 年,我国绿色学校创建走过了 26 个春秋。以重大事件为标志,我国绿色学校创建历程划分为四个阶段:创建初期阶段(1996—2000 年)、快速发展阶段(2001—2008 年)、深入探索阶段(2009—2018 年)和新时代发展阶段(2019 年始)。

一、创建初期阶段(1996—2000 年)

(一)启动绿色学校创建

国际上绿色学校的出现可以追溯到欧洲环境教育基金会于 1994 年提出的全欧"生态学校计划",[①]这项计划的目标在于通过课堂学习及校内外行动,提升学生对环境保护、可持续发展问题的认知和理解。"生态学校计划"启动后,欧洲各国纷纷响应,如德国的"环境学校"、葡萄牙的"生态学校"、爱尔兰的"绿色学校"等。虽然名称不同,但其内涵基本一致。该计划通过"绿色学校年会"、《绿色学校通讯》、绿色学校网站,推动各国绿色学校之间的联系和环境教育的发展。在此国际背景下,我国成为亚洲第一个推动绿色学校

---

① 曾红鹰:《环境教育思想的新发展——欧洲"生态学校"(绿色学校)计划的发展概况》,《环境教育》1999 年第 4 期。

实践的国家。1996 年,国家环境保护局、中共中央宣传部、国家教育委员会联合颁布了《全国环境宣传教育行动纲要(1996 年—2010 年)》(以下简称《纲要》),《纲要》提出到 2000 年,在全国逐步开展创建绿色学校活动,这标志着我国绿色学校创建活动的启动,是我国环境教育发展史上的一个重要事件。《纲要》明确指出绿色学校的主要标志是:学生切实掌握各科教材中有关环境保护的内容,师生环境意识较高,积极参与面向社会的环境监督和宣传教育活动,校园清洁优美。这为全国中小学校开展绿色学校创建指明了方向和目标。

(二) 各地积极推动

自《纲要》提出开展创建绿色学校活动以来,全国各地环保和教育主管部门积极开展绿色学校创建活动,进行了大胆探索,在短短的一两年间涌现出一大批省、区、市级绿色学校。与此同时,为保障绿色学校创建质量,各地环保部门和教育部门密切配合,在绿色学校评估方面进行了有益探索,纷纷发布绿色学校评估标准。如《黑龙江省"绿色学校"评选条件》《广东省"绿色幼儿园"评估标准》《广东省小学"绿色学校"评估标准》《广东省中学"绿色学校"评估标准》《重庆市"绿色学校"评估验收指标(试行)》以及《上海市"绿色学校"评价指标与标准》。绿色学校评估标准的颁布,有力促进了绿色学校创建活动的开展。

广东省广州市在绿色学校创建活动中可以说是走在全国前列。早在全国开展绿色学校创建活动之前,广州市就对中小学环境教育工作开展了检查,评出了一大批环境教育"优秀学校""良好学校"和"达标学校",这实际上是绿色学校的前身。《纲要》颁布后,广州市根据《纲要》精神,调整了环境教育评估标准,编写了《广州市创建绿色学校标准》,并在 1997 年年底评出第一批第一期 60 所绿色学校(幼儿园)。1998 年年底评出了第一批第二期绿色学校(幼儿园)68 所,两期共 128 所(中学 37 所、小学 40 所、幼儿园 51 所)。1998 年年初,广东省教育厅、省环保局联合发文,提出在全省开展创建"绿色学校(幼儿园)"活动,经过深入宣传、发动、培训、检查、评估,各地学校反映强烈,创建绿色学校活动在全省范围内蓬勃地开展起来,3 000 余所学校积极响应,掀起了一股创建"绿色学校"的浪潮。1999 年 5 月,国家有关部门在广州召开了"'99(广州)创建绿色学校经验交流研讨会",各单位介绍了在开展环境教育和创建绿色学校方面的做法和经验,互相交流、互相学习、互相促进,极大地推进了全国各地创建绿色学校的行动。

(三) 首次表彰

为了更好地推动创建绿色学校活动的开展,国家相关部门对一些表现突出的绿色学校公开进行表彰。2000 年 3 月,国家环保总局和教育部联合发出了《关于联合表彰绿色学校的通知》(以下简称《通知》)。《通知》指出,自1996 年以来各地普遍开展创建"绿色学校"活动,有力地推动了全国的环境教育工作。为促进这一活动深入开展,国家环境保护总局、教育部决定,从2000 年起,在全国联合表彰一批中小学"绿色学校"。《通知》标志着我国绿色学校创建活动走向系统化,标志着学校环境宣传教育工作向纵深化、规范化和制度化方向发展。2000 年 11 月,在深圳召开了首次"全国绿色学校表彰大会"和"绿色学校经验研讨会"。国家环保总局和教育部对第一批 105 所先进绿色学校和 22 个创建绿色学校优秀组织单位进行了表彰,颁发了奖状和证书,赠送了环境教育书籍。此举为绿色学校创建活动的开展建立了有效的激励机制,为绿色学校的发展注入了一股强大的精神动力,极大地提高了全国各地中、小学实施环境教育和创建绿色学校的热情。随后,国家环保总局宣教中心还组织开展对绿色学校校长、教师的培训工作,开展绿色学校的联谊活动,并通过开通绿色学校网站积极与世界各国进行交流与合作。

（四）发布指南

为推进绿色学校创建工作规范化,环境保护部宣教中心于 2000 年 11 月出台了《绿色学校指南》,这是创建绿色学校活动的纲领性指导文件。《绿色学校指南》详细介绍了绿色学校的评估标准、创建和管理要求等,为全国创建绿色学校提供了标准、思路和方法,指明了方向。截至 2000 年 11 月,全国已命名的各级绿色学校已达到 3 207 所。[①] 短短的五年间,我国绿色学校创建活动取得了可喜成绩。一方面,逐渐形成一套较为完整的绿色学校评估标准,一些经济较为发达的省、区、市还根据本地的特点,制定了具有地方特色的、可行的评估标准。另一方面,绿色学校的创建工作逐渐步入正轨,《绿色学校指南》的出台,使我国绿色学校创建工作走上了规范化道路。此阶段我国绿色学校创建在探索和尝试中不断前进,为日后的快速发展奠定了坚实的基础。

二、快速发展阶段（2001—2008 年）

（一）加强创建指导和人员培训

《绿色学校指南》出台后,2001 年至 2003 年,国家环保总局宣教中心先后 9 次派人到各地授课讲解《绿色学校指南》,指导绿色学校建设。各中小学、师范学校、幼儿园积极参与绿色学校创建活动。在各级环保和教育行政部门及学校的共同努力下,绿色学校在全国遍地开花,遍及大江南北,涌现了一批省、市、县级绿色学校。截至 2001 年春季,全国已经命名的绿色学校达

---

① 林英:《127 个创建绿色学校先进单位受表彰》,《光明日报》2000 年 11 月 23 日。

3 400 所。在一些经济发达地区,学校充分发挥优势,不断吸收国外的经验,尝试引进新的理论体系,有力地推进绿色学校的创建。例如,2001 年,上海市静安区环保局借鉴 ISO14001 环境管理体系①的做法,结合学校的实际情况,将 ISO14001 的做法引入学校环境教育中,把学校主动进行环境管理和环境教育提到自觉的层面,并使绿色学校成为有质有量可鉴定的学校。

2001 年 3 月起,国家环保总局宣教中心深入广东、湖北、浙江、福建等地对绿色学校进行实地调研,取得了宝贵的第一手资料,发现了一些实际问题,对进一步修改《绿色学校指南》和调整今后的表彰方法起到重要作用。此外,绿色学校的组织管理工作也得到加强。这一年,不少省份建立了环境教育协调机构或绿色学校创建领导小组,绿色学校校长和教师培训工作得到重视。随后,全国各地相继组织了省级绿色学校校长和教师培训。

(二)推动创建工作交流和研讨

为了加强各绿色学校之间的信息交流,2001 年年底,国家环保总局宣教中心印发了第一期《中国绿色学校通讯》,并积极开拓与世界各国在此领域的交流。2001 年 11 月至 12 月,国家环保总局宣教中心组织了全国绿色学校校长访欧团,访问德国等西欧国家的生态学校,加强了与欧洲生态学校的联系,在学习国外好经验的同时,也宣传中国的绿色学校经验。②

自 2000 年 11 月在深圳召开"全国绿色学校表彰大会"以来,各地宣教中心更加重视绿色学校的创建工作,与地方教育部门积极协调,教育部门的积极性明显增强。有些地方环保局通过多方筹款奖励当地的绿色学校,或将绿

---

① ISO14001 是国际标准化组织制定的 ISO14000 系列标准中的主体标准,其核心内容是要求组织建立和运行一个环境管理体系(EMS),以不断改进组织的环境绩效。
② 焦志延、曾红鹰、宋旭红:《2001 年绿色学校发展情况综述》,《环境教育》2002 年第 1 期。

色学校评比与当地教育系统的重要评比活动结合在一起,有些城市还将绿色学校创建工作纳入当地政府的主要工作考核目标中。如广州市的中近期城市发展规划提出的"一年一小变,三年一中变"的要求中包含了绿色学校的发展目标,福建省仙游市还将绿色学校创建工作纳入市政府的年度工作目标。这些措施反映了各地方政府对绿色学校创建工作的重视程度和推动力度。在深圳大会之后,绿色学校创建工作在全国范围内有了长足的发展。在短短的一年时间里,绿色学校的数量增加了 1 000 多所。截至 2001 年 12 月,各地绿色学校的数量已经从 2000 年的 3 207 所增长到 4 235 所。[①] 到 2002 年 12 月,全国有 29 个省、自治区和直辖市开展了创建绿色学校和命名表彰活动,已命名的各级绿色学校已经达到 13 000 多所。在绿色学校的推动下,学校环境教育进入了一个新的发展阶段。[②] 在"全国绿色学校表彰大会"召开的同时,各地还开展了省级、市级、县级绿色学校的命名表彰活动,绿色学校日益成为由政府倡导和学校自愿参加的一项环境教育活动,真正做到了"教育、环保同理念,环境教育不分家"。各地政府还把创建绿色学校工作与创建环保模范城、创建文明学校、社区建设和生态市县建设等工作密切结合。如广州市的一些学校,提倡"一个学生影响一个家庭,一所学校辐射一个社区",绿色社区与绿色学校进行"强强结合"的做法,使学校与社会互相激励、互相促进,为创建绿色学校活动开拓了新的局面。[③]

2004 年 7 月,国家环保总局在浙江省台州市隆重举行了"中国绿色学校国际研讨会暨青少年环境论坛",国家环保总局副局长潘岳在开幕式上发表

① 焦志延、曾红鹰、宋旭红:《2001 年绿色学校发展情况综述》,《环境教育》2002 年第 1 期。
② 曾红鹰:《创建绿色学校　走可持续发展之路》,《中国教育报》2003 年 6 月 29 日。
③ 黄润潮:《创建绿色学校的实践探析》,《福建环境》2003 年第 3 期。

讲话时表示：要把提高青少年环境素质作为加强和改进未成年人思想道德建设工作的重要内容来抓，进一步探索行之有效的环境教育方式，将绿色学校创建活动深入持久地开展下去。研讨会的召开，促进了国内外绿色学校、生态学校间的交流，有效地传播和宣传了绿色学校的创建成果。为帮助学校间交流创建经验，国家环保总局宣教中心精心编著了《中国绿色学校风采辑》一书。该书约210万字，分为国家和省级各有关部门的相关文件、绿色学校创建活动大事记、各省绿色学校发展总结、各省级绿色学校评定标准、绿色学校网络资源、绿色学校研究文章索引等14个栏目，介绍了500多所国家级和省级绿色学校的成功经验，展示了200多所绿色学校的彩色宣传图片，是自《纲要》实施以来出版的第一部权威的、资料丰富翔实的绿色学校创建史册和工具书。本书的出版是中国绿色学校发展史上的里程碑，本书是对1996年到2003年中国绿色学校创建活动的总结，对创建绿色学校有着十分重要的指导作用。2004年11月，国家环保总局宣教中心在杭州举行了德国伯尔基金会资助的中德合作校园环境管理项目试点学校交流总结会，国家环保总局宣教中心和德国伯尔基金会共同向试点学校颁发了项目试点学校标牌，绿色学校创建已经打开了中外合作交流的大门。

（三）继续表彰先进

2003年2月，国家环保总局和教育部联合表彰了第二批共179所绿色学校创建活动先进学校、76名绿色学校工作先进个人、177名绿色学校园丁和23个绿色学校创建活动优秀组织单位。表彰对象从中小学扩展到幼儿园、中等专业学校和特殊学校，极大地调动了各学校参与绿色学校创建活动的热情，进一步扩大了绿色学校的创建范围。

2004年3月，国家环保总局和教育部对第三批全国绿色学校创建活动进行表彰,表彰等级完善为国家级、省级、市级、县级四级,表彰的对象从原来的学校、单位组织扩展到了优秀教师以及先进个人,这使得绿色学校建设深入人心,大大提高了学生、教师参与绿色学校创建活动的积极性。2004 年 6 月,国家环保总局、教育部发布的《关于联合表彰绿色学校的通知》(环发〔2000〕73 号)指出,全国表彰候选学校由省级环保和教育行政部门从省级绿色学校中联合推荐。除城市中小学外,应注意推荐开展绿色学校创建活动较为突出的农村学校。可见,表彰的范围从普通中小学扩展到幼儿园、师范学校、中等职业学校和特殊教育学校,农村学校也得到了政府部门的重视。

2007 年 6 月,国家继续开展对第四批"绿色学校"创建活动的表彰,全国有 217 所学校受到了表彰。

(四) 环境教育逐步推进

2002 年 5 月发布的《2001 年—2005 年全国环境宣传教育工作纲要》要求"在巩固成果的基础上,使'绿色学校'创建活动向师范学校和中等专业学校拓展,制定并逐步完善符合我国国情的绿色学校指标体系和评估管理办法"。国家环保总局发布的《2003 年全国环境宣传教育工作要点》指出:"从 2003 年开始,总局拟在全国范围内实施全民环境教育计划(绿色教育工程)。……启动'绿色大学'和'绿色社区'的创建工作。根据各地实际情况做好'绿色机关''绿色饭店''绿色军营'等创建活动的试点。"国家环保总局发布的《2004 年全国环境宣传教育工作要点》指出:"推进环境宣教工作大众化……不断把绿色学校、绿色社区、环保知识"二进一下"活动(进党校、进企业、下农村)引向深入。"2006 年 2 月,国家环保总局发布的《2006 年全国环境宣传教育工作要点》指出"生态示范区、生态省、环境保护模范城市、环境友好企业、环境优美乡镇以及绿色社区、绿色学校等创建活动,是实践科学发展观、建设环境友好型社会的典型示范活动",要"编制好《绿色学校校园环境管理实施指南》……进一步完善和深化创建指标体系,赋予'绿色创建'工作以新的时代内涵"。

国家环保总局印发的《2007年全国环境宣传教育工作要点》指出:"认真总结创建经验,继续探索深化绿色学校、绿色社区等绿色创建活动的有效方法和途径,提高绿色创建活动的宣传教育效果。"全国各地积极配合工作,把绿色学校和绿色社区相结合,两者相互促进、相互渗透,大力地促进了绿色学校创建活动的全面展开。2007年11月,国务院印发《国家环境保护"十一五"规划》(国发〔2007〕37号),指出要"广泛开展绿色社区、绿色学校、绿色家庭等群众性创建活动,充分发挥工会、共青团、妇联等群众组织、社区组织和各类环保社团及环保志愿者的作用"。2008年1月,国家环保总局发布的《2008年全国环境宣传教育工作要点》指出:"积极探索公众参与环境保护宣传教育的有效机制,促进环保非政府组织、环保志愿者依法、理性、有序、健康地参与环境保护,广泛凝聚公众为建设环境友好型社会、推进环保事业又好又快地发展贡献力量。"

(五) 地方政府和学校大力支持配合

随着《绿色学校表彰及管理办法》《绿色学校指南》等相关文件的相继出台,我国初步建立了一套比较完整的绿色学校管理制度和评比标准。绿色学校创建工作得到地方和学校的大力支持和配合。

在地方层面,全国各地环保部门和教育部门先后成立了绿色学校创建领导小组,根据国家的评估标准和地方的特点,制定具有本地特色的评估细则,并定期组织培训和交流活动,促进创建活动的深入开展。广东常常走在全国前列。2005年1月,广东省十届人大三次会议召开,会上首次把继续深入开展绿色学校创建活动写进政府工作报告。2005 年 4 月，中共中央政治局委员、广东省委书记张德江在全省环保规划汇报会上指出，要在全省广泛开展绿色学校创建活动，进一步夯实"绿色广东"的基础。① 这进一步说明，创建绿色学校活动已经得到了省级政府的高度重视。

广东、广西、湖北、浙江等省、自治区编辑出版了本地绿色学校文集，为创建绿色学校提供了理论指导和经验借鉴。国家环保总局大力推动绿色学校的建设，全国各级学校积极响应完成绿色学校的创建工作，各地方政府部门也建立了灵活多样和切实可行的绿色学校评估标准，使得绿色学校评估更加合理化、科学化。由此看来，此阶段我国的绿色学校的发展发生了极大的转变。在绿色学校的管理方面，从最初的主要注重硬件建设，到开始注重软件建设。在绿色学校的内容方面，从最初的主要注重数量的增长，到开始注重内涵建设。

在学校层面，一些学校派出骨干教师参与相关环境教育培训，培养环保师资队伍。据国家环保总局宣教中心统计，每年各地环保和教育部门联合培训对象大约为 20 000 人次，壮大了绿色学校的建设力量。在国家、地方、学校以及社会的共同努力下，我国绿色学校的创建活动取得了丰硕的成果，绿色学校的创建日益受到社会各界的高度关注，显现出蓬勃发展的局面，截至 2004 年 7 月，我国共创建各级"绿色学校"16 933 所。② 截至 2005 年 12 月，全国绿色学校的总量已达到 25 000 所，其中国家表彰 488 所。创建绿色学校的活动呈现出一种生机勃勃的景象，越来越受到社会各界的关注。如内蒙古师

---

① 广东省创建绿色学校领导小组办公室编：《广东省绿色学校校长论坛论文精选集 2007 年》，广东人民出版社，2007 年，第 2 页。
② 方芳：《将"绿色学校"创建活动深入持久开展下去》，《中国环境报》2004 年 7 月 30 日。

范大学孙润秀教授带领其学生彭士诚、冯静冬等人通过"包头市绿色学校与非绿色学校环境教育状况比较""包头市绿色学校与非绿色学校学生环境意识比较""包头市绿色学校与非绿色学校教师环境意识比较"等系列课题研究,得出结论:随着绿色学校创建活动的开展,小学生环境意识有了明显的改善。由此可见,创建绿色学校对提高学生的环境意识起到了积极的作用。

在国家环保总局和教育部等相关部门的共同努力下,我国绿色学校创建活动更加规范、有序。1996 年至 2008 年,在短短的十二年间,我国绿色学校的建设发生了很大的变化,取得了显著成就。一方面,绿色学校的数量在不断增加。依据国家环保总局宣教中心的统计,截至 2008 年我国绿色学校的总数已经增长到 42 000 多所,其中受到国家表彰的有 705 所。另一方面,创建绿色学校的力量不断增强。

三、深入探索阶段（2009—2018 年）

（一）国际生态学校项目启动

1994 年,国际环境教育基金会为推动可持续发展进程提出国际生态学校项目,这是国际环境教育基金会在全球开展的五个环境教育项目之一,是当今世界上面向青少年的最大的环境教育项目。国际生态学校项目得到联合国可持续发展教育十年计划的充分认可,并被其作为优秀项目予以推荐和支持。[①] 2007 年 6 月,国家环境保护总局宣传教育中心代表中国加入国际环境教育基金会。2009 年 6 月,环境保护部宣传教育中心在北京市和平街第一中学举行汇丰生态学校气候变化项目启动仪式,此举意味着中国绿色学校开始正式引入国际生态学校的理念和方法。2009 年 9 月,环境保护部宣传教育中

---

① 金玉婷:《走进国际生态学校》,《世界环境》2013 年第 5 期。

心主办的国际生态学校项目专家研讨会在北京举行,来自各地环保宣教机构、教育部门、研究机构、环保非政府组织、企业的代表以及获得国家表彰的绿色学校校长代表共50余人参加了会议并进行研讨,大家对项目普遍给予了很高的评价,认为生态学校创建是我国中小学环境教育中绿色学校创建的升级版、开放版和国际版,尤其是在绿色学校的国家表彰停止以后,这为环境教育的新发展提供了一个新的契机。[①] 在研讨会上,大家交流了开展绿色学校创建活动的经验,同时为绿色学校未来进一步的发展指明了新的方向。

国际生态学校项目启动是中国绿色学校创建进入新阶段的重要标志。这是极富特色和实效性的素质教育项目,是学校展示社会责任担当的新平台,提升了中国绿色学校创建的品质,在中国环境教育、生态文明教育和素质教育中发挥着不可或缺的积极作用。绿色学校创建活动开展十余年来,全国各地的绿色学校在环境教育、生态文明教育等方面取得了显著成绩。国际生态学校项目的启动,又为学校环境教育打开了一条国际化的、更加开放的通道,该项目在促进教育改革、活跃青少年思想方面,引入了新的经验和方法,为进一步深化绿色学校的创建增添了新的活力。[②]

我国绿色学校和国际生态学校项目都是对青少年开展环境教育、生态文明教育的重要媒介。项目启动后,我国很多学校在创建绿色学校的同时积极参与国际生态学校项目建设申报。在环保部宣教中心的推动下,国际生态学校项目已成为一个与我国绿色学校创建并行的环境教育推广项目。环保部宣教中心指出,学校环境教育要面向世界,积极推进和促进中国绿色学校参

---

① 杨长寨:《建设国际生态学校 提升中国绿色学校品质——浅析国际生态学校项目的实施》,《中国环境管理丛书》2011年第3期。
② 王景宪、张胜利:《生态学校为绿色学校的创建增添活力》,《环境教育》2011年第3期。

与国际生态学校项目。国际生态学校项目给我国绿色学校创建带来很大的促进和提升作用，具体表现在五个方面：指导理论提升、实施内容提升、操作模式提升、育人目标提升、运作机制提升。在我国绿色学校创建过程中引入国际生态学校项目，是对联合国《21世纪议程》和可持续发展教育的积极响应和支持，我们更能借此平台在相互学习的基础上传播中国的生态价值观和环境教育经验。截至2021年，全世界已有76个国家的51000所国际生态学校获得国际生态学校绿旗荣誉，其中我国有592所中小学（幼儿园）获奖。

（二）生态文明教育被纳入国民教育体系

生态文明教育是培育全社会生态文化、生态道德的重要渠道和平台，要推进生态文明建设，必须开展全民生态文明教育，特别是要有计划地、系统地推进各层次各类型学校实施生态文明教育，提升学生生态文明素养。2015年4月，《中共中央国务院关于加快推进生态文明建设的意见》中指出，要"积极培育生态文化、生态道德，使生态文明成为社会主流价值观，成为社会主义核心价值观的重要内容"。要"把生态文明教育作为素质教育的重要内容，纳入国民教育体系和干部教育培训体系"。2015年10月，党的十八届五中全会通过了《中共中央关于制定国民经济和社会发展第十三个五年规划的建议》，提出"创新、协调、绿色、开放、共享"五大发展理念。绿色发展上升为治国理念，融入环境、经济、社会发展的各个领域，必将对环境教育、生态文明教育及绿色学校创建带来巨大影响，必将丰富和发展绿色学校创建的内涵。

为进一步加强生态环境保护宣传教育工作，增强全社会生态环境意识，牢固树立绿色发展理念，全面推进生态文明建设，2016年4月，环境保护部、中宣部、中央文明办、教育部、共青团中央、全国妇联等六部门下发了《全国环境宣传教育工作纲要（2016—2020年）》（以下简称《纲要》）。《纲要》中的相关精神为绿色学校的深入发展提供了新的思路,即在创建工作中,立足实际开展创建,严格标准,确保创建质量。2016 年全国教育工作会议提出"以绿色发展引领教育风尚",旨在促进教育事业科学发展、健康发展、协调发展和可持续发展。各地在推进教育绿色发展和绿色学校创建的实践中,活动平台和方式不断丰富,如"绿色班级""绿色小卫士"等评选。同时,各地每年都组织、指导、安排大中小学校利用植树节、地球日、世界环境日等开展"保护环境——小手拉大手""秸秆禁烧倡议书""环境绘画竞赛""环保作文竞赛""环境知识竞赛"等一系列环境宣传活动,这说明绿色学校创建已经深入学校的方方面面。在此阶段,绿色学校的创建有了前所未有的突破,由原来的有形的表现上升为更深层次的科学和人文内涵。绿色、环保、生态的理念已经深入人心,并内化为一种精神意识。绿色学校在全国各地遍地开花,取得了相当惊人的成绩,各方面都达到了相当成熟的水平。一方面,政府部门积极发挥先进典型的示范作用,进一步调动了各学校的积极性和主动性。另一方面,学校形成了校长领导下的绿色学校管理责任体系,这是一套有效的管理体系。各地学校遵循国家、省、市、县等相关文件,并结合本校的实际情况,制定了具体指标、实施方案及相应的制度,确保了创建工作的有章可循。此外,在创建工作中,学校十分注重创建的质量的提升,具体体现为:学校重视国际交流,充分发挥家庭以及社区的作用,开展多种形式的创建活动,使绿色学校创建活动生机勃勃。

（三）绿色校园、智慧校园建设被列入绿色学校创建重要内容

绿色校园、智慧校园是实现绿色教育的基础和条件,是绿色学校创建的重要任务。什么是绿色校园?近年来不少专业性组织为此做了多年的探索,先后形成了行业标准和国家标准。首先中国城市科学研究会绿色建筑与节

能专业委员会进行研制,于 2013 年 3 月发布了《绿色校园评价标准》(行业标准)。此后,教育部学校规划建设发展中心(以下简称"中心")等单位专门组织了绿色校园建设的研究和设计。

2016 年 12 月,中心在深圳召开了"中国绿色校园设计联盟成立大会暨首届中国绿色校园发展研讨会"。中心联合清华大学建筑设计研究院等国内七家知名高校建筑设计研究院共同发起成立中国绿色校园设计联盟,发出了《中国绿色校园发展倡议书》。

2017 年 3 月,"第十三届国际绿色建筑与建筑节能大会暨新技术产品博览会"在北京召开,中心领导作了《绿色校园建设与展望》专题报告,提出了"绿色校园"的内涵(如图 4-1 所示)、建设绿色校园的意义及未来展望。中心希望打造一条完整服务链:"绿色发展理念—绿色发展战略—绿色发展研究—绿色设计—绿色建造—绿色能源系统—校园环境设计—既有校园的更新改造—绿色管理—绿色后勤—绿色食品与饮用水安全—绿色教育—绿色人才培养与科技创新—绿色金融",进而推动建立由平台、专业机构、学校领先者、先进企业、科研机构和学者、学生社团、金融机构共同参与建设的学校绿色发展生态系统。中心对教育的绿色发展、绿色教育的推动、绿色校园的理解、绿色学校创建做了深入的分析和展望。

2017 年 6 月,在生态文明试验区贵阳国际研讨会上,中心正式发布了《绿色校园建设》(《住区》专刊②),刊载了 43 篇关于校园规划、建筑、改造、景观、设备、文化建设的文章,总结了非常珍贵、极具借鉴意义的绿色校园建设的典型经验。专刊的出版使绿色学校的绿色校园建设有了可靠的依据和标准,同

---

① 资料来源:中国学校规划与建设服务网,http://www.cecssc.com/col.jsp?id=109。

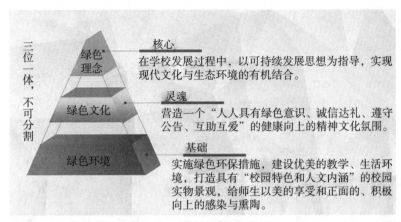

图4-1　绿色校园的内涵①

时可以有效提高绿色学校创建工作的质量与水平。

2017年11月,中心在北京举办了第二届中国绿色校园发展研讨会暨中国绿色校园设计联盟学术委员会成立大会,会议以"提升规划设计水平,展示绿色校园成果"为主题,展示绿色校园成果,推广绿色校园先进理念和典型案例,推进绿色校园建设。

2016年至2017年,中心以"建设绿色、智慧和面向未来的新校园"为目标,确立"绿色学校"战略,加强"绿色学校"引领,搭建"绿色学校"平台,布局"绿色学校"未来,建立了由平台、专业机构、学校、先进企业、科研机构和学者、学生社团、金融机构共同参与建设的学校绿色发展生态系统。

2018年,中心蓄势待发,再次起航,围绕"123456"战略部署(如图4-2所示),深入推进学校绿色发展。

2018年4月,中心参与组织的第十四届国际绿色建筑与建筑节能大会

---

① 《住区》是由清华大学等单位联合主办的一本关于住宅开发建设的学术刊物。

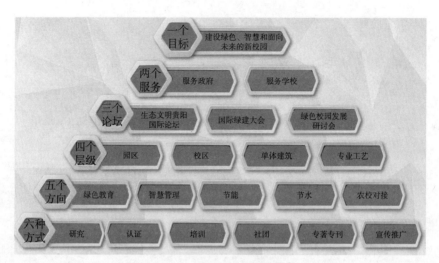

图4-2 "123456"战略部署①

"绿色校园分论坛"在广东珠海举行。与会专家分享了包括绿色校园和绿色建筑知识教育、绿色校园工程实践经验、绿色校园案例等在内的绿色校园建设的"标准动作"。该分论坛作为绿建大会常设论坛,为解决绿色校园规划建设过程中出现的一些新情况、新问题,推动绿色校园学术研究和技术创新方面发挥了积极作用,为绿色学校创建活动提供了坚实的技术基础。

为加快创建中国绿色学校,推广优秀校园建筑案例,切实提高绿色校园规划建设水平,2018年10月,中心在清华大学大礼堂主办了第三届中国绿色校园发展国际研讨会。国内外知名专家围绕"提升建筑品质,创建绿色学校"的主题,从绿色学校创建体制机制、可持续校园与课程的创新、绿色校园评价标准等方面做了专题报告。研讨会提出并完善了绿色学校"中国方案",我国绿色学校创建从此开始速度加快。

---

① 资料来源:中国学校规划与建设服务网,http://www.cecssc.com/col.jsp?id=109。

为贯彻习近平总书记就"厕所革命"作出的重要指示,2018 年 11 月,由中心与陕西省教育厅共同主办的首届绿色学校"厕所革命"研讨会在西安欧亚学院举办,会议围绕"推进厕所革命,建设绿色学校"这一主题展开,探索了校园厕所建设的标准、评价及制度体系,推动了绿色学校中的"厕所革命"。

中心为我国绿色学校的创建,绿色校园和智慧校园建设的方案、评价标准的拟订做了多方面的研讨和探索,有力地推动了我国新时代绿色学校的创建工作。

四、新时代发展阶段（2019 年始）

党中央、国务院高度重视推动生活方式绿色化,把绿色学校创建纳入绿色生活方式创建序列。早在 2017 年 10 月,党的十九大报告就明确指出:倡导简约适度、绿色低碳的生活方式,反对奢侈浪费和不合理消费,开展创建节约型机关、绿色家庭、绿色学校、绿色社区和绿色出行等行动。2018 年 6 月,中共中央、国务院《关于全面加强生态环境保护　坚决打好污染防治攻坚战的意见》指出,要引导公众绿色生活,提升生态文明,建设美丽中国,开展创建绿色家庭、绿色学校、绿色社区、绿色商场、绿色餐馆等行动。2019 年 10 月,中共中央、国务院印发《新时代公民道德建设实施纲要》,指出要积极践行绿色生产生活方式,开展创建节约型机关、绿色家庭、绿色学校、绿色社区、绿色出行和垃圾分类等行动。绿色低碳已经成为新时代的重要发展理念,创建绿色学校、打造绿色校园、推进绿色教育是教育的必做功课。

（一）新时代绿色学校创建方案研制

据笔者检索到的信息,教育部学校规划建设发展中心牵头组织了新时代绿色学校创建评价方案的研究和编制工作。"生态文明贵阳国际论坛"是中国生态文明领域唯一的国家级国际性高端峰会。2018 年论坛的主题为"走向生态文明新时代：'生态优先　绿色发展'"。分论坛以"生态文明　绿色学校"为主题,探讨生态文明时代下的绿色学校创建,专家学者从探索绿色学校建设的中国方案、绿色大学的使命和担当、未来学校高品质绿色建筑等方面做了专题报告。教育部学校规划建设发展中心在会上正式发布了《创建中国绿色学校倡议书》。

为推进绿色学校创建特别是绿色校园的规范化,2019年3月,住房和城乡建设部批准《绿色校园评价标准》为国家标准,编号为 GB/T51356—2019,自2019年10月1日起实施。该标准由中国城市科学研究会主编,同济大学、清华大学等13所高等学校,中国建筑科学研究院有限公司等3家建筑研究企业,上海世界外国语学校等3所中小学共19家单位参加编写。该标准从规划与生态、能源与资源、环境与健康、运行与管理、教育与推广5个方面对绿色校园评价标准进行了明确规定,并且区分了中小学校、职业学校和高等学校两个标准。按照该标准,绿色校园可分为一星级、二星级和三星级,星级越高,难度越大,三星级要求最高。标准的发布,必将有力提高绿色校园、智慧校园的建设水平。

(二) 新时代绿色学校创建方案发布

2019年10月,国家发展和改革委员会印发了经中央全面深化改革委员会第十次会议审议通过的《绿色生活创建行动总体方案》,提出"开展节约型机关、绿色家庭、绿色学校、绿色社区、绿色出行、绿色商场、绿色建筑等创建行动,广泛宣传推广简约适度、绿色低碳、文明健康的生活理念和生活方式,建立完善绿色生活的相关政策和管理制度,推动绿色消费,促进绿色发展"。方案对绿色生活方式创建任务做了具体安排和分解,绿色学校创建工作由教育部牵头组织。方案指出,绿色学校创建行动"以大中小学作为创建对象,开展生态文明教育,提升师生生态文明意识,中小学结合课堂教学、专家讲座、实践活动等开展生态文明教育,大学设立生态文明相关专业课程和通识课程,探索编制生态文明教材读本。打造节能环保绿色校园,积极采用节能、节水、环保、再生等绿色产品,提升校园绿化美化、清洁化水平。培育绿色校园文化,组织多种形式的校内外绿色生活主题宣传。推进绿色创新研究,有条件的大学要发挥自身学科优势,加强绿色科技创新和成果转化。到 2022 年,60%以上的学校达到创建要求,有条件的地方要争取达到 70%"。2020 年 4 月,教育部办公厅、国家发展改革委办公厅印发了《绿色学校创建行动方案》,指出绿色学校创建的内容包括五个方面,即开展生态文明教育、施行绿色规划管理、建设绿色环保校园、培育绿色校园文化、推进绿色创新研究。

(三) 新时代绿色学校创建的主要内容和特征

与以往绿色学校创建相比,新时代绿色学校创建发生了较大变化:一是教育主题在环境教育基础上拓展到生态文明教育;二是牵头组织部门和责任主体发生变化,从环境保护主管部门、教育部门变更为教育部门、发展改革主管部门;三是从自愿申报创建变为有计划地进行行政推进,60%以上大中小学达到创建标准,有条件的地方要达到 70%以上;四是创建内涵更加丰富,将原来的办学思想、环境管理制度、环境教育教学、环境教育活动、环境设施运行 5 个一级评价指标进行了整合,调整为包括教育教学、制度建设、物质条件(绿色校园)、行为管理、文化建设等多个方面,其中最突出的特点是引入了绿色校园概念,并强调绿色文化概念;五是规定了全国通用性评价指标,包括精神文化、物质条件、行为管理等 3 个一级指标和 14 个指标内容即二级指标;六是大中小学同步推进,幼儿园没有纳入创建行列。

第二节 我国绿色大学创建的主要模式[①]

绿色大学创建是整个绿色学校创建的重要组成部分,从国家正式行文启动绿色大学创建的时间看,绿色大学的创建启动要比绿色学校晚五年左右,专门讨论我国绿色大学的创建很有必要。

从渊源看,我国绿色大学的出现,适应了我国环境教育的内在需要。我国的环境教育始于20世纪70年代,其发展过程经历了起步(1973—1983年)、发展(1983—1992年)及提高(1992年至今)三个阶段,在理论和实践上为绿色大学的创建积累了丰富的经验。1992年6月,联合国环境与发展大会通过了《21世纪议程》,这是可持续发展计划在全球范围内开展和实施的标志。为了响应《21世纪议程》的号召,我国于1994年3月通过了《中国21世纪议程——中国21世纪人口、环境与发展白皮书》,其中第六章《教育与可持续发展能力建设》第21款提到:"在高等学校普遍开设《发展与环境》课程,设立与可持续发展相关的研究生专业,如环境学等,将可持续发展思想贯穿于从初等到高等的整个教育过程中。"[②]从此,我国的环境教育向前迈出了新的步伐。我国绿色大学发轫于20世纪90年代,绿色大学建设已经走过了二十余个春秋,经历了阶段性的发展,并取得了一定的成果。

一、我国绿色大学创建的四个阶段

通过对相关文献进行分析,并以重大事件为标志,本书将我国绿色大学

[①] 此部分主要参考黎旋《广西高校绿色大学建设现状研究——以A大学为例》,硕士学位论文,广西师范大学,2020年。

[②] 《中国21世纪议程——中国21世纪人口、环境与发展白皮书》,中国环境科学出版社,1994年,第23页。

的推进过程划分为四个阶段。

（一）萌芽阶段（1992—2000 年）

1994 年，中国发布《中国 21 世纪议程——中国 21 世纪人口、环境与发展白皮书》，提出要将可持续发展思想贯穿于从初等到高等的整个教育过程中。1996 年，国家环境保护局、中共中央宣传部、国家教育委员会联合发布《全国环境宣传教育行动纲要（1996—2010 年）》，首次提出绿色学校概念，也为高校创办绿色大学提供了政策环境和思想价值取向。从绿色大学的发展来看，虽然清华大学在 1998 年才正式提出建设绿色大学，但早在 1992 年，清华大学环境工程系钱易教授就提出了建设生态清华园的建议。1996 年，钱易、井文涌等著名学者正式向清华大学提出了建设绿色大学的创意。根据有关资料，这一创意的提出源于他们对国外相关理念、思想、技术的引进、消化、吸收和创新。1998 年，清华大学《建设"绿色大学"规划纲要》得到了国家环保总局等主管部门的肯定，国家环保总局为此下发了《关于清华大学建设绿色大学示范工程项目的批复》，从此掀开了我国高校绿色大学建设的帷幕。

1999 年 5 月，教育部、世界自然基金会、国家环保总局和清华大学共同主持召开了"大学绿色教育国际学术研讨会"，会议以"绿色教育的挑战、经验和建设"为主题，发表了《长城宣言：中国大学绿色教育计划行动纲要》，并决定在哈尔滨工业大学主办的《环境与社会》杂志上设置"大学绿色教育"栏目，这标志着我国绿色大学创建工作进入正式启动阶段。随后，清华大学、哈尔滨工业大学、北京师范大学、上海交通大学、华中农业大学以及华南理工大学的有关专家成立了"全国大学绿色教育协会筹备委员会"。同年，哈尔滨工业大学被全国大学绿色教育协会筹备委员会确定为我国创建绿色大学的第一批牵头单位。

2000 年 5 月,哈尔滨工业大学(以下简称"哈工大")主持召开了第一次全国大学绿色教育学术研讨会,会议的主题为"大学绿色教育的课程结构、教学内容和方法",哈工大的代表在会上明确提出努力把工科大学办成绿色大学。这次会议对我国建设绿色大学,并将绿色教育纳入大学教学计划起到了积极的推动作用,也标志着绿色大学进入推行阶段。在绿色大学建设的萌芽阶段,国内一些综合性大学和农林类院校已经开始关注环保问题,并在这方面做了一些探索,一些学者提出的先进理念为我国绿色大学建设奠定了基础。

(二)探索阶段(2001—2010 年)

2001 年发布的《2001—2005 年全国环境宣传教育工作纲要》第一次明确指出,在全国高校逐步开展创建绿色大学活动。当年 5 月,"高等环境教育国际学术研讨会"在东北大学召开,这次会议主题为"环境教育——21 世纪大学的责任"。这次会议的召开标志着中国高校建设绿色大学的活动进入全面探索并展开的实质性阶段。自此以后,绿色大学如雨后春笋般涌现,遍及大江南北,全国各地涌现了一批省(自治区、直辖市)、市、县级"绿色大学"。2002 年 5 月,哈尔滨工业大学与黑龙江八一农垦大学开展了第一次共建活动,此次活动不仅加快了两校建设绿色大学的步伐,而且在省内乃至全国绿色大学建设中起到了良好的带头作用。

2005 年 12 月,《国务院关于落实科学发展观加强环境保护的决定》提出"推动生态省(市、县)、环境保护模范城市、环境友好企业和绿色社区、绿色学校等创建活动"。从此,"绿色环保系列创建"活动作为一个系列在全国范围内全面启动。各省、自治区、直辖市根据各自的实际情况和特点开展绿色创建活动,绿色学校(幼儿园)、绿色大学、绿色酒店等系列创建活动在全国各地陆续开展。2010年10月,清华大学主持召开了"绿色大学国际研讨会",近百所高校的代表参加了此次会议,表明建设绿色大学已经成为高校发展的共识。

在此阶段,绿色大学的创建取得了前所未有的突破。绿色、环保、生态的理念逐渐深入人心,并内化为一种精神意识。经过了十多年的发展,绿色大学在全国各地不断涌现,积累了许多宝贵的经验。一方面,政府部门积极发挥先进典型的作用,进一步调动了各高校创建绿色大学的积极性和主动性。另一方面,各学校遵循政府相关文件,并结合本校的实际情况,制定了具体的规划、实施方案及相应的制度,取得了一定的成效。

（三）发展阶段（2011—2018年）

从2011年开始,我国的绿色大学建设进入发展期。在理论层面,学者们对绿色大学的研究的重点集中在绿色教育和绿色校园两个方面,而绿色科研、绿色文化等方面的研究比较罕见。在实践层面,各高校的建设也只是停留在节约型校园建设和绿色校园建设方面。从各高校的参与情况来看,主要以综合性大学和农林院校为主,其他类型的院校较少。

这期间,比较有代表性的活动是"中国绿色大学联盟"的成立。2011年3月,同济大学等8所内地和香港的高等学校以及中国建筑设计研究院、深圳建筑科学研究院等10家单位成立了"中国绿色大学联盟",联盟的宗旨在于加强交流,整合资源,共享经验成果,共同为政府提供政策决策支撑,为社会提供服务,深化绿色校园建设,引领和推进中国绿色大学的发展。

2011年6月,由环境保护部、中央宣传部、中央文明办、教育部、共青团中央、全国妇联联合印发的《全国"十二五"环境宣传教育行动纲要（2011—2015年）》指出:"强化基础阶段环境教育……鼓励中小学开办各种形式的环境教育课堂。推进高等学校开展环境教育,将环境教育作为高校学生素质教育的重要内容纳入教学计划,组织开展'绿色大学'创建活动。"这一要求对高等学校的环境教育以及相关学科专业建设起了较大的推动作用。

2017 年 12 月,清华大学生态文明研究中心主持召开"生态文明国际学术论坛",其中设有"绿色大学分论坛",把生态文明教育视为绿色大学创建的新阶段。2018 年 10 月,教育部学校规划建设发展中心召开了第三届中国绿色校园发展国际研讨会,旨在探讨新时代绿色校园创建的使命、建设方案和实现之路,我国的绿色大学建设从此迈向新台阶。

(四) 新时代发展阶段(2019 年始)

2019 年 10 月,国家发展改革委印发《绿色生活创建行动总体方案》,提出开展节约型机关、绿色家庭、绿色学校、绿色社区、绿色出行、绿色商场、绿色建筑等创建行动,其中绿色学校创建行动"以大中小学作为创建对象","开展生态文明教育",专门指出大学要"设立生态文明相关专业课程和通识课程,探索编制生态文明教材读本"。在教育部办公厅、国家发展改革委办公厅 2020 年印发《绿色学校创建行动方案》、启动新时代绿色学校创建工作后,大多数省、自治区、直辖市专门编制了绿色大学创建评价标准,有力促进了绿色大学的创建和发展。

二、我国绿色大学创建的启动方式

从我国绿色大学创建启动的实践来看,其形式大概可分为两种:高校自发创建和政府组织创建。

一是高校自发创建。高校自发创建即为高校自发组织开展绿色大学创建,其具体做法不尽相同、各具特色。广州大学、中山大学、北京师范大学、浙江师范大学等高校的绿色大学创建属于这一形式。2001 年,广州大学基于环境教育,提出进一步完善"绿色教育计划"。同年,南开大学等 19 所高校的学生会联合提出创建绿色大学的倡议。也是 2001 年,云南省 14 所高校向全国高校发出倡议,呼吁各高校加入全国绿色大学创建行列。2002 年,北京师范大学提出,要把珠海校区建设为符合国际标准的全国首家绿色大学。同一年,中山大学提出创建绿色大学,并开展绿色大学评估标准的研究。[①]

二是政府组织创建。政府组织创建即为中央、省(自治区、直辖市)政府组织创建绿色大学,主要是由省、自治区和直辖市的教育主管部门和环保主管部门等联合组织建设省(自治区、直辖市)级绿色大学。其中,广西、贵州、云南等地均属于这一方式。其中不少大学被评审为国家级、省(自治区、直辖市)级绿色大学。如清华大学 1998 年获批创建绿色大学,2001 年被国家环保总局授予国家级绿色大学称号;2001 年,山西农业大学被山西省教育厅评为省级绿色大学;2005 年,新疆大学、新疆农业大学、石河子大学、伊犁师范学院、喀什师范学院和克拉玛依职业技术学院被新疆维吾尔自治区环保局、教育厅评为自治区级绿色大学。还有不少大学被评为地市级绿色大学。[②] 上述绿色大学创建的做法各有特色,究其共性主要有:第一,以清华大学的"三绿工程"为样本,并结合本地区的实践情况开展绿色大学创建活动;第二,采取"自愿申请—审批—复查"的评选办法,确保绿色大学创建工作落到实处;第三,把创建绿色大学的工作变成绿色大学的常规工作;第四,由省(自治区、直辖市)环保部门和教育主管部门牵头,组建"绿色大学建设领导小组",制定绿色大学创建、建设和管理等相关制度,并定期对获得称号的学校进行复查。

---

① 叶平、迟学芳:《从绿色大学运动到全国生态文明宣传教育》,中国环境出版集团,2018 年,第 15—16 页。

② 叶平、迟学芳:《从绿色大学运动到全国生态文明宣传教育》,第 17 页。

除上述两种方式外,还有部分高校自发组建了联盟组织,如由南京大学、香港中文大学等高校组建的绿色大学联盟(2011)、全国大学绿色教育协会筹备委员会(1999,哈尔滨工业大学)、中国绿色大学联盟(2011,同济大学)、中国绿色校园设计联盟(2016)等,这也可以说是绿色大学创建的一种独特形式。

三、我国绿色大学创建的典型模式

从1998年至今,绿色大学创建经过了二十多年的发展,取得了较好的成效。如清华大学、哈尔滨工业大学、中山大学、南开大学、天津大学、广州大学、广西大学、山西农业大学等高校在绿色大学建设中做了大量的探索,总结了许多经验教训。在众多的绿色大学中,清华大学、哈尔滨工业大学、同济大学是行动的先锋和开拓者,也是现阶段我国绿色大学创建的不同模式的典型代表,我们分别讨论。

(一)清华大学的"三绿工程"模式

清华大学是我国最早提出建设"绿色大学"的高校,经过二十多年的探索发展,描绘出一幅由"绿色教育""绿色科研"和"绿色校园"组成的"绿色清华三联画"。

在绿色校园建设方面,清华大学在校园规划中提出"人文、绿色、开放、智慧"四大理念。新时代,清华大学深入贯彻绿色发展理念,积极推动节能技术应用,在绿色校园示范应用等方面开展了卓有成效的探索和实践。能源利用和开发方面,积极利用和开发太阳能、地热能和可再生能源;建筑节能方面,融合先进节能系统和建筑理念,建设建筑节能示范工程;垃圾处理方面,通过校园垃圾分类,培养师生的绿色生活习惯;校园建设方面,对校园环境进行绿化美化,营造出良好的生态环境和育人环境;节约校园建设方面,学校绿色大学建设办公室积极推进全校节水、节电、节气、节材等方面的工作,如通过建设雨水收集池和中水站、安装微喷雾系统等方式达到节水的目的,通过推广使用节能灯具、采取分时段供暖、寒假安排学生集中住宿等途径实现节能目标。

在绿色教育方面,清华大学在课程建设、实践平台建设和绿色宣传等方面均取得了丰硕成果。首先,在课程建设上,清华大学通过创建绿色课程体系,将生态文明理念、绿色发展理念融入各专业人才培养过程。据不完全统计,全校有26个院系每学年开设240余门绿色课程,其中140余门为非环境专业课程。同时,该校还与耶鲁大学等世界一流名校合作,开设环境专业双学位。其次,在实践平台打造上,清华大学大胆创新绿色实践模式,为绿色科技创新和践行生态文明理念搭建平台。学校建立了包括全国环境友好科技竞赛、学生绿色社会实践和绿色社团活动在内的绿色实践教育体系,形成了绿色活动品牌效应。此外,在绿色论坛上,清华大学形成了包括高端论坛、专家论坛、学生论坛在内的绿色论坛系列。通过绿色大学建设网站和微信公众号等现代化信息手段,传播绿色文化,倡导生态文明。

在绿色科研方面,清华大学把绿色科研分为"深绿色科研""淡绿色科研"和"浅绿色科研"三大方面。学校充分发挥学科优势资源,推进绿色科研,并大力鼓励学校师生开展环境、资源、气候变化等领域的研究。清华大学开展的绿色科研主要有三大部分:一是"硬科学"的研究,二是"环境与社会发展的软科学问题"研究,三是环境人文科学研究。近十年来,学校累计承接绿色科研项目超过2 000项,取得了一大批重要的绿色环保研究成果。在学科交叉、交流合作方面,学校成立了清华大学生态文明研究中心等跨学科研究机构,与国际国内相关机构开展校内外合作,共同促进绿色发展。与此同时,学校积极开展学术交流,加强绿色科技创新与政策研究。例如通过研讨会、论坛、学术周等形式,聚焦生态文明建设,探讨前沿技术及应用。此外,学校积极推进科研过程绿色化,开展清洁生产审核,关注科研过程中的环境保护问题。

清华大学之所以能取得如此好的成绩,主要原因在于清华大学绿色大学创建的基本模式是"自上而下"的建设格局。首先,学校领导理念超前,高度重视绿色大学建设。其次,建立专门的机构——绿色大学建设办公室,工作职责明确。既有详尽的计划、充足的经费,又有相应的监督和落实机制。最后,清华大学在建设绿色大学过程中得到钱易、井文涌等一批专家、教授的大力支持,这为推动绿色大学建设提供了强有力的智力保障。

(二)哈尔滨工业大学的"一个中心,三个推进"模式

哈尔滨工业大学的绿色大学建设始于 1999 年,该校的绿色大学建设离不开哈工大环境与社会研究中心的一些专家的积极倡导,以及校领导的支持。哈工大这种由教授牵头、学校领导支持的绿色大学建设,被称为"自下而上"的绿色大学建设方式。在绿色大学建设之初,哈尔滨工业大学便提出"建好一个中心,搞好三个推进"的绿色大学创建模式。

所谓"建好一个中心"是指在校内把环境自然科学与环境人文社会科学学科有机结合起来,建好"环境与社会研究中心",这是搞好三个推进的基础。

"搞好三个推进"是绿色大学创建的具体过程。第一个是"环境理论研究的推进"。环境理论是指关于人与自然的关系的环境基础理论,其通常分为生态哲学和环境伦理学理论、环境与社会理论以及环境教育理论三个层次,这些理论的本质在于对"绿色无知"问题做出不同层面的回答。第二个是"环境宣传教育的推进"。环境宣传教育是指对环境理论研究成果的宣传和在学校教育中的具体落实过程。其主要途径有两种:一是通过各种类型的讲

座、知识竞赛、辩论赛以及形式多样的文学、艺术活动进行宣传;二是在大学的课程体系中设置绿色教育课程和课外认识实习环节。此外,学校还把经济意识、风险意识和环境意识作为评选优秀论文的重要指标。第三个是"环境保护直接行动的推进"。环境保护直接行动是指将环境理论直接应用于解决环境问题的实践行动,主要表现在两个方面:在校内,引导并支持学生绿色协会的活动,推进建设绿色校园、垃圾分类等活动,直接促进学生绿色生活方式的养成;在校外,与荒野、社区结合,建设绿色社区,开展绿色实践,其中大学生"荒野行动"是该校建设绿色大学的一大特色。在建设绿色大学的过程中,哈工大形成了自己的特色。一是建立绿色大学的标准。哈工大认为建设绿色大学的标志是对现行名牌大学指标的扬弃、修正和补充,因此,高校排名指标应该加入 6 项新指标,以此作为绿色大学的标准。二是促进环境自然科学与环境人文社会科学的交叉融合,打破条块分割的问题,形成一个学术共同体和两条战线的格局。三是建立绿色课程的社区实习基地。例如,建立"城市社区实习基地""乡村社区实习基地"以及"荒野实习基地"。四是建立绿色管理制度,具体包括创建"大学绿色教育办公室",实施 ISO14000 管理制度,建立"绿色劳动"制度等。

（三）同济大学的"节约校园"模式

2003 年,同济大学在全国率先开展"节约校园"创建工作,经过多年的努力,学校逐步形成了节约的良好风尚。为了实现节约育人、和谐校园的目标,同济大学建立科技节能、管理节能和宣传节能三位一体的"节约校园建设体系",逐步形成了全程贯彻、全员参与的节能工作局面。科技节能是指依靠科学技术措施实现建筑节能、资源循环利用以及可再生能源利用,最终达到节水、节电、节材、节气的效果。管理节能是指通过科学、有效的校园设施的运行管理和学生的行为管理,最终实现节能的方式。而宣传节能是指通过宣传和教育手段提高学生的环境素养,最终实现节能的效果。

在创建绿色大学的过程中,同济大学形成了"节约校园"的模式,积累了诸多经验。其一,组织到位,落实到位。学校上设"节约校园建设管理委员会",下设"节约校园建设专家委员会"以及"节约校园管理办公室",各部门职能分工明确。其二,充分发挥本校专业的特色。同济大学利用土木和建筑学科的优势,实现节能环保以及可再生能源和资源的循环利用,以适应我国经济、社会以及环境可持续发展的需求。其三,建立"节约校园"建设系统,并形成创建绿色大学的学术共同体。同时,各部门之间加强沟通和协作,在全校形成了"节约校园"的良好氛围。同济大学"节约校园"项目启动以来,带动了我国一批大学的绿色校园建设(如浙江大学、华南理工大学、江南大学、天津大学、重庆大学、山东建筑大学及香港理工大学等),获得了许多重要的成果和宝贵的经验。2019 年 3 月,住房和城乡建设部批准的国家标准《绿色校园评价标准》,由中国城市科学研究会主编,同济大学等 13 所高等学校参与编制。经过十多年的探索,我国的绿色校园建设取得了重大的进展,从最初的理念传播,到后来的校园实践示范,再到今天的全面、纵深发展,这是一个由点到面、循序渐进、不断创新提升的过程。今天,"节约校园"建设走过了摸索试行的阶段,进入了全面、系统、深入推进的阶段,促进了我国绿色校园建设的发展。

第三节　我国绿色学校创建成效分析

1996 年以来,绿色学校创建工作从无到有,从少到多,由点到面,不断深化,取得许多优异成绩。既有实践成果,又有理论成果。以下笔者从四个方面展开论述。

一、绿色学校创建工作主体性强,特色鲜明

首先,绿色发展理念引领学校未来发展的方向和目标。学校领导、教职人员和学生在绿色学校创建过程中达成了共识,学校把环境教育、生态文明教育、绿色教育、绿色管理、绿色班级、绿色校园乃至绿色文化等纳入学校发展规划和年度工作计划,"绿色低碳节约,师生全面发展"逐渐成为学校的办学理念,不仅提升了学校的整体办学水平,而且提高了学校师生的整体素质。其次,绿色学校创建,使学校的环境得到了很大改善,绿色、优美、宜居的校园更有利于师生身心健康。再次,学校通过节水、节电、节约资金等一系列行动,提高了资源利用效率,减少了资源浪费,缩减了学校财政开支,提升了学校管理效益。第四,绿色学校的社会效益凸显。在绿色学校创建实践中,中国大地涌现了一大批可圈可点的优秀学校,更为宝贵的是学校在创建过程中积累了许多宝贵的经验,并出版了大量专业书籍和音像资料,为今后进一步推进绿色学校创建提供了有益的借鉴。各级各类学校在参与创建活动的过程中充分体验到绿色学校创建所带来的效益,由此也带动了越来越多的学校参与其中。自 2009 年"国际生态学校"项目启动以来,我国有许多学校在建设绿色学校的同时,也在积极参与"国际生态学校"项目申报,此举说明绿色学校创建已经成为越来越多学校的共识。

二、社会各界搭建平台,推进了交流与合作

在绿色学校创建过程中,社会各界为学校提供了有效的交流平台,有力地推进了我国绿色学校创建的进程。

各级政府部门搭建了一系列大型活动平台。例如"全国青少年绿色承诺

活动""中国绿色教育行动"等引起了学校的高度关注,学校积极地开展各种主题活动,不仅使学校环境得到了很大改善,也为社会贡献了一份力量。

学校是社会的一部分,学校将环境教育向社会延伸,对广大人民群众产生了重大影响。比如,通过环保节日宣传活动、与企事业单位共建等形式,学校与社会建立联系,加强两者之间的沟通与合作。广州市荔湾区的中小学构建"三位一体"的网络式绿色教育模式,得到了社会有关企事业单位的大力支持。如广东省输变电工程公司、广州发电厂、广州自来水公司等一大批企业为学校开展环境教育提供了课堂,为学生生态文明素养培育开辟了一个绿色教育基地。

更重要的是,一些企事业单位将绿色创建纳入工作计划和议事日程中,使绿色创建得到了越来越多社会公众的关注和支持,更多的社会公众积极参与到学校和企事业单位开展的相关生态环保活动中,绿色理念、绿色生活方式悄然进入大众生活。社区也举办了有关活动,旨在宣传低碳环保的生活理念,将环保、低碳知识和理念传播给身边的每一个人。

有大型活动,媒体总是活跃其中,推动着绿色生活创建。《中国教育报》《人民日报》《光明日报》等不断宣传"绿色出行""绿色行动"等知识和理念。2018年6月20日,《人民日报》刊登了《与"一次性用品"说拜拜》一文,明确提出:出于环保和成本因素考虑,加大一次性物品的使用成本,尽快出台强制性规定,减少一次性用品用量。从长远考虑,为了避免不必要的资源浪费,鼓励消费者在外出行时自备个人用品。由此可见,绿色、环保已经成为社区、媒体及广大老百姓的一种共识,节能减排、保护环境已经深入人心。

三、带动了家庭和社区,增强了绿色学校的影响力

家庭教育是教育的重要组成部分,具有学校教育所不能取代的功能。学校在对学生进行环境教育的同时,间接地带动和影响了家庭。学生是绿色学

校创建的成员之一,在创建过程中,学生的环保意识、思想和行为都发生了极大的转变。而在学生的影响下,保护环境、节约资源、绿色出行等意识得到了家长的认可。学生通过学习,将环保知识和行为带回家庭;家长在孩子的影响下,环保意识得到了极大的提高,从而提高了全社会的环保意识。山东省潍坊市第二中学提出"1+2 的互教工程",号召"教育一个学生,带动一个家庭,两个家长辅导一个学生,最后带动一片"。而广州的一些学校也提倡"一个学生影响一个家庭,一所学校辐射一个社区"。广州市耀华中东小学通过开展"我给爸妈讲环保"的活动,增强学生的绿色环保意识,培养学生的绿色文明行为,真正做到"一个孩子影响一个家庭"。这一活动给家长带来了很大的影响,家长既为孩子有绿色环保意识而自豪,也对自己的不环保行为进行了反思,家长的绿色环保意识得到增强。

四、理论研究同步推进,成果丰硕

绿色学校创建活动到 2022 年已推进 26 年了,作为一个新生事物,人们一开始就给予其关注,不少学者对绿色学校创建的内容、形式、体制机制等问题进行了许多有益的探索,研究成果也非常丰硕。根据学者们研究的层次、深度及水平,我们把绿色学校理论研究成果划分为四类。第一类是著作,分为学术专著、编著、会议论文集及经验文集等。截至 2022 年 12 月,以"全国图书馆参考咨询联盟"为检索平台,我们检索到以"绿色学校"为书名的书籍共20 本。其中最具代表性的专著是贾笑纯、汪文来的《学校环境教育的理论与实践——创建绿色学校操作详解》;最具代表性的编著主要有国家环境保护总局宣传教育中心编著的《中国绿色学校风采辑》;比较有代表性的会议论文集有广东省环保局、广州市教育局主编的《广州创建绿色学校(幼儿园)优秀论文集》,广东省创建绿色学校领导小组办公室编写的《广东省绿色学校校长论坛论文精选集 2007 年》等；比较有代表性的经验文集有浙江省台州市椒江第一中学主编的《绿色学校经验文集》、浙江省环境教育协调委员会编写的《浙江省绿色学校环境教育获奖教案集》、深圳市笋岗中学主编的《绿色学校》等。第二类是期刊论文。截至 2021 年 11 月，在中国知网论文数据库中，以"绿色学校"为篇名，不限时间，检索"全部期刊"，共检索出文献 907 篇，最早的一篇发表在《湖南林业》（1997 年 5 月 15 日）。其中，"CSSCI 期刊"9 篇，"核心期刊"26 篇，最早的一篇发表在《上海环境科学》（2001 年 1 月 15 日）。第三类是学位论文。截至 2023 年 9 月 3 日，以"绿色学校"为题名的学位论文共 10 篇，均为硕士论文，其中最早的一篇作者是首都师范大学杨光（2003）。第四类是报纸。截至 2023 年 9 月 3 日，全国各类报纸刊登以"绿色学校"为题名的文章共 172 篇，最早的一篇刊登在《中国教育报》（2000 年 11 月 23 日）。目前报纸对绿色学校建设的报道不计其数。

第五章 广西绿色学校创建的实践探索

广西绿色学校创建行动从 2001 年开始,先启动绿色中小学、幼儿园创建,两年后即 2003 年启动绿色大学创建。20 多年来,广西绿色学校创建取得了明显成效,发挥了教育在生态文明建设中的基础和示范作用,形成了社会各界共同参与的良好氛围,推动了公民绿色低碳生活方式及其行为习惯的系统养成与发展。为深入剖析广西中小学、幼儿园、高等学校创建绿色学校的实践探索,本章将分别回顾广西绿色学校(中小学、幼儿园)、绿色大学的创建经验以及新时代绿色学校创建的推进工作。

第一节 绿色学校创建始于中小学和幼儿园

广西绿色学校创建 2001 年正式启动,面向全区中小学和幼儿园,通过自上而下的方式全面推进。

一、党委政府部门多措并举

(一) 环境教育的多年积累

广西中小学开展环境教育的传统由来已久,为广西绿色学校创建奠定了基础。《广西通志 环境保护志(1974—1995)》记载,1985 年,广西在桂林市和北流县(今北流市)部分中小学进行环境教育试点。1986 年,自治区环保局和教育厅联合下文《关于转发〈全国中小学环境教育经验交流及学术讨论会纪要〉的通知》,要求各地市环保、教育部门把环境教育列入议事日程,先从辖区五市各选一两所学校试点,强调要把环境教育的有关内容渗透到相关的学科教学中去。1987 年 12 月,自治区中小学、幼儿园环境教育现场经验交流会在桂林市召开,会议交流了中小学、幼儿园自 1985 年以来开展环境教育试点的做法和经验。

到 1990 年,全自治区共有中小学校 1.8 万所,在校学生 700 多万人。大部分学校不同程度地开展了环境教育。梧州市城区中小学 42 所,幼儿园 24 所,从 1986 年起全面铺开环境教育。玉林地区 8 个县开展环境教育的学校有 2 149 所,占 58%,受教育的学生达 71.8 万多人。其中博白县中小学、幼儿园和中等专业学校的环境教育普及率达 95%,已普及到乡村小学。北流县 1 252 所中小学接受环境教育的学生达 8.64 万人。南宁市、柳州市和部分地区学校的环境教育也逐步开展起来。1991 年,在博白县召开了广西中小学生环境教育经验交流暨表彰大会,对全自治区环境教育的组织领导、教材编写、师资培训和教学方式等方面进行总结、交流和表彰①。

1996 年起,广西根据国家环境保护局、中共中央宣传部、国家教育委员会发布的《全国环境宣传教育行动纲要(1996—2010 年)》的要求,在中小学校广泛开展环境教育活动,组织学生参加以环境为主题的全国性比赛。1996 年,广西有 6 204 所中小学开展了环境教育。1997 年,广西组织中学生参加中南六省(区)联合举办的"为了地球上的生命"征文竞赛活动,广西各中小学、幼儿园不同程度地结合相关课程开展环境教育活动。1998 年,广西先后举行"龙虎山杯"中小学生环境科普知识竞赛、"钦州杯"大学生环保与可持

---

① 《广西通志 环境保护志(1974—1995)》,广西人民出版社,2006 年,第 394 页。

续发展征文与演讲比赛、"灵水杯"中小学环境教育教案比赛、"平果铝杯"幼儿园教师环保故事比赛等活动。1999 年,广西举行"十万大山杯"青少年环保科普知识竞赛,比赛参加人员达 20 万人。①

十余年来,自治区相关部门组织开展的环境教育活动及学校自发开展的相关教育活动,为绿色学校创建积累了丰富经验,打下了坚实的基础。

(二) 自治区党委政府多部门联合启动绿色学校创建

1. 绿色学校、绿色大学创建分别启动

自 2001 年以来,广西开展了一系列以"绿色"为主题的环保创建活动,如绿色学校、绿色教育基地、绿色社区、绿色酒店、绿色医院等,对提高人们的环保意识,培养环保公德,推动精神文明建设和可持续发展起到了积极的作用。②

2001 年起,广西根据国家环境保护总局《2001—2005 年全国环境宣传教育工作纲要》的要求,在大、中、小学普遍开设以"渗透"和结合方式进行的环境教育课程及课外活动。同年 3 月,自治区党委宣传部、自治区环境保护局、自治区教育厅、共青团广西壮族自治区委员会等部门联合下发《关于开展创建"绿色学校、幼儿园"活动的通知》(桂环字〔2001〕15 号),决定在全区开展绿色学校、绿色幼儿园等的创建活动,同时成立创建活动领导小组,出台了评选管理办法、评估标准和创建指南。根据中小学、幼儿园的实际,分别制定了绿色中小学、绿色幼儿园评估标准。绿色中小学评估标准从学校管理、环境建设、课内教育、课外教育、教育效果资料管理、加分项等方面对考核内容、评分标准等进行了明确规定。当年评出南宁市一中、广西区直机关第三幼儿园

① 《广西通志　环境保护志(1996—2005)》,广西人民出版社,2020 年,第 564 页。
② 梁思奇:《广西首批"绿色大学"诞生》,《中国环境报》2004 年 6 月 10 日。

等 61 所学校(幼儿园)为第一批自治区绿色学校(绿色幼儿园)。桂林市、南宁地区、北海市环境保护局与教育局密切配合,在辖区范围内率先开展地市级绿色学校创建活动,其中,桂林市命名 20 所绿色学校,南宁地区命名 22 所绿色学校。

2003 年 5 月,自治区党委宣传部、自治区环境保护局、自治区教育厅发布《关于开展创建"绿色大学"活动的通知》(桂环字〔2003〕22 号),明确指出,在大学中开展环境教育,是提高大学生思想道德水平和科学文化素质,实施科学育人、环境育人的重要手段,也是培养大学生的科学探求意识、自然保护意识、生态文明意识、生态管理意识、全球意识以及对人类可持续发展的责任心的重要措施。同时组建了自治区绿色大学评选保障领导小组,出台了自治区绿色大学评选管理办法和评估标准。评估标准从组织管理、环境教育、环境实践、校园环境建设、环境教育效果、特色加分项等六个维度对评估内容、评分标准等进行了明确的规定。广西绿色环保系列创建活动办公室组织相关部门领导、专家先后到广西大学、广西民族学院(今广西民族大学)、桂林电子工业学院(今桂林电子科技大学)、广西医科大学等指导检查、评比。绿色大学创建活动在全国各省(自治区、直辖市)中还是首次开展,广西走在全国的前列。①

2004 年,自治区党委宣传部、自治区环境保护局、自治区教育厅联合命名表彰广西大学、广西医科大学、广西民族学院、广西师范学院(今广西师范大学)、桂林电子工业学院、桂林工学院(今桂林理工大学)、梧州师范高等专科学校(今贺州学院)、广西广播电视大学钦州分校(今钦州市广播电视大学)

---

① 《广西通志　环境保护志(1996—2005)》,第 567 页。

等 8 所大学为广西首批绿色大学。广西大学成立以党委书记和校长为组长的广西大学创建绿色大学工作领导小组,先后印发《广西大学关于开展创建"绿色大学"活动的通知》和《广西大学关于开展创建"绿色大学"活动的意见》,将创建"绿色大学"工作列入学校重要建设事项规划,制定《广西大学开展创建"绿色大学"活动规划》。相关学科专业的办学也不断推进,到 2005 年,广西 49 所高等学校中,有 12 所设置有涉及环境保护的学科专业。[①]

　　2007 年起,国务院纠风办牵头督促各地区、各部门对各类评比达标表彰项目进行全面清理和自查自纠,绿色学校创建出现转折,创建工作进展变缓。在历年开展的清理评比达标表彰活动中,广西"绿色学校(幼儿园)"创建联合表彰项目得以保留。

　　2. 将绿色学校创建纳入生态文明示范区建设

　　2010 年 12 月,自治区发布了《中共广西壮族自治区委员会、广西壮族自治区人民政府关于推进生态文明示范区建设的决定》(桂发〔2010〕4 号),并印发了《全面推进生态文明示范区建设总体实施方案》(桂政办发〔2010〕239号),《决定》第六项第 21 条明确提出:"将生态文明内容纳入国民教育体系和各级党校、行政学院教学计划,……让先进生态文明理念、行为方式和生态文明道德规范渗透到每个单位、每个家庭、每个公民,形成人人自觉投身生态文明建设实践活动的社会氛围。……广泛开展生态文明'进单位、进学校、进社区、进乡村'活动和绿色机关、绿色学校、绿色医院、绿色企业、绿色社区等'绿色系列'创建活动。"

　　3. 完善管理办法

　　2013 年,广西修订了《广西壮族自治区绿色环保大学评选管理办法》和

―――――――

① 《广西通志　环境保护志(1996—2005)》,第 567 页。

《广西壮族自治区绿色环保小学评选管理办法》。修订的《评选管理办法》评价维度仍然与 2003 年度相同,但考核内容和评分标准有较大变化。修订的《小学评选管理办法》增加了环境文化建设和文明规范、档案管理、环境教育科研成果等内容。

(三) 各地市党委政府部门积极响应

1999 年,南宁市开始着手准备绿色学校创建工作。2001 年 7 月,根据《关于开展创建"绿色学校、幼儿园"活动的通知》(桂环字〔2001〕15 号)精神,南宁市委宣传部、市环保局、市教委、团市委联合发文,在全市范围内开展创建"绿色学校、幼儿园"活动,并由市委宣传部、市教育局、市环保局、共青团南宁市委组成创建绿色学校考评小组,进行考评验收。2001 年 11 月,命名第一批南宁市绿色学校、幼儿园。

1999 年,桂林市政府批准成立"桂林市中小幼环境教育领导小组",对桂林市各学校开展环境教育统一部署、协调和指导,为桂林市创建绿色学校工作提供了有效的组织保证。2011 年,桂林市成立了包括市环保局、市文明办、市直机关工委、共青团市委、市人大环境与资源保护委员会、市工业和信息化委员会、市教育局、市卫生局等单位在内的桂林市绿色环保系列创建活动领导小组,全面指导全市的绿色环保系列创建工作,加强对绿色环保系列创建工作的组织领导和协调考核。为将创建工作责任落实到位,市政府还将绿色环保系列创建工作作为重要的环保工作之一纳入了与各县(区)人民政府签订的环保目标责任书,有力地推动了绿色环保系列创建活动的开展。

通过着力营造创建宣传氛围,扩大活动影响力,带动更多的单位加入创建行列,柳州市绿色创建工作呈现出蓬勃发展的态势。每年在《柳州日报》《柳州晚报》《南国今报》及柳州电视台等媒体上对绿色创建典型工作进行专题报道,提高全民的环保创建意识。如结合世界环境日、世界水日、地球日、全国土地日等纪念活动,开展环保知识竞赛、"争做环保小卫士"手工制作大赛、"捐闲置物品,过绿色生活,构建和谐社会"等主题宣传活动和环保宣传咨询活动。活动扩大了社会各界人士的环保接触面,增强了公众理解环保、支持环保、参与环保的意识。

2001 年,北海市环境保护局与市委宣传部、共青团市委、市教委联合组织青少年开展"保护母亲河,服务西部开发——绿色大行动"系列活动之"保护银滩,爱我银滩——绿色大行动";举办北海市青少年环保科普竞赛。各县(区)党委政府主管部门积极响应,推动了县(区)绿色学校的创建和环境教育的开展。

(四) 自治区主管部门创建工作措施得力

绿色学校不仅是一种思想理念,更是一种实践目标。公众是否愿意参与、能否参与、参与的程度都与教育密切相关。教育不仅可以使可持续发展理念永续流传下去,而且能够使当代人尤其是正在成长中的群体认识到可持续发展的重要意义。广西在开展绿色学校创建工作中,以可持续发展思想为指导,各学校在日常管理工作中加入有益于环境的管理措施,并持续不断地改进,充分利用学校内外的一切资源和机会全面提高师生环境素养。①

一是建立标准。绿色学校创建活动具体的量化指标和要求是:在办学思想方面,绿色学校建设目标明确,有专门的绿色学校建设规划;在环境管理制度方面,组织与经费落实有保障,能够定期开展环境保护和环境教育评估,教师参加国家有关绿色学校的培训和学术会议,学校有计划地开展校内培训,

---

① 王民:《绿色大学的定义与研究视角》,《环境保护》2010 年第 12 期。

完善信息和档案建设;在环境教育教学方面,能够开展环境教育的校本课程建设,按照教育部门的要求,完成教材中渗透的环境教育内容,充分利用校内外资源开展环境教育;在环境教育活动方面,学生参与绿色学校建设,参与率达 90%,积极开展环保节日及日常宣传活动,参与学校和社会的环保监督,与社区及其他组织建立良好的联系;在环境设施运行方面,资源节约设施运行良好,有完善的垃圾分类回收系统并运行良好,校内所有污染源得到控制和治理,无违反环境保护法律法规的行为。

二是典型示范。在创建活动中,培育出一批具有示范效应、群体效应的绿色学校典型。如在创建"绿色学校"活动中,以南宁市第二中学、桂林市清风实验学校、马山周鹿中学等 3 个首批创建且质量较好的学校为典型,使之成为带动和推进本系列创建活动的榜样。截至 2015 年年底,广西"绿色学校、幼儿园"创建活动覆盖全区 14 个市,全区共进行了五批"绿色学校、幼儿园"创建活动,包含绿色大学在内的绿色学校中,自治区命名 781 家,国家命名 37 家,加上各市命名的共 1 200 多家。2012 年起,广西开展国际生态学校上报工作,提升了广西参与国家级绿色创建活动的空间和水平。截至 2021 年年底,广西累计有国际生态学校 55 所。[①]

三是人员培训。为提高创建单位领导和具体抓实施的工作人员的组织能力、业务能力,主管部门通过邀请环保专家讲课,组织经验交流会、专题研讨会等多种形式,不断提升广西绿色学校创建能力。环保和教育部门把创建"绿色学校"作为提高学生环境素质和改进校园环境管理的切入点。自治区曾先后组织有关地市环保和教育部门人员,到"绿色学校"创建活动开展较早

---

① 《广西环境年鉴 2021》,漓江出版社,2022 年,第 66 页。

的华东地区和珠江三角洲地区进行学习、考察和交流,吸取他们的成功经验。自治区绿色环保系列创建办公室先后与有关部门组织举办了 30 余期"绿色环保系列创建"培训班,参加培训人数达 5 000 多人。邀请北京师范大学地理学与遥感科学学院、环境教育中心黄宇博士和北京西城区青少年科技馆环保组特级教师、全国环境教育先进个人周又红进行专题讲座,讲座内容涉及绿色学校产生的背景及发展状况,绿色系列的概念及创建意义、基本特征、创建的原则、创建的步骤,绿色环保系列创建的核心标准,创建实践中存在的问题等。并多次组织绿色学校创建单位的教师参加环境保护部宣传教育中心主办的全国绿色学校环境教育培训班。通过请进来、走出去,加强了绿色学校之间的信息交流,增强了教师的环境教育能力,使绿色学校创建工作规范化、制度化、科学化。

四是考核验收。成立专门的验收小组,按照验收程序,采取"一看二听三查四问五评"的办法,对已经建成的"绿色单位"坚持两年一次的复验。一看——实地查看创建成效,二听——现场听取创建情况介绍,三查——查阅创建档案资料,四问——进行创建知晓率、满意度问卷调查,五评——创建领导小组对验收结果进行综合评定。经领导小组审定的"绿色学校",由自治区生态环境厅与相关部门联合发文表彰,授予奖牌,并在有关媒体上张榜公布。对复验中发现的问题,限期整治,整治不达标的,视情况降级或取消命名,确保创建质量。为确保创建单位不断进取、保持荣誉,领导小组对已获自治区"绿色学校、幼儿园"称号的单位,每两年进行一次复查。2006 年、2007 年、2009 年分别对第一批、第二批、第三批"绿色学校、幼儿园"进行了复查,有 14 所学校因未能按照自治区"绿色学校、幼儿园"的管理办法和评估标准的要求持续开展创建工作,受到摘牌处理。

二、学校创建工作探索有特色

（一）因地制宜，融合当地的自然特征和文化元素

"全球思考,本地行动"是环境和可持续发展教育的重要要求。广西绿色学校创建紧紧结合当地自然生态的实际情况和历史文化特点,策划具体的教育教学内容,让学生进一步了解自己周围的环境,使环境教育、生态文明教育实践活动符合当地的实际情况,并服务于本地环境保护和可持续发展的需要。如在广西北海市,以及百色市下辖的靖西市等地,国际生态学校创建工作融合当地自然特征和文化特点,让学生通过社会实践成为可持续发展的参与者和维护者。

广西百色市靖西市壮族人口占99.4%,是中国壮族人口比例最高的县级市。端午药市历史悠久,相传可以追溯到唐宋年间。靖西市不仅植物资源丰富,中医药材在国内外久负盛名,而且当地的风俗习惯与传统文化也独具特色。但随着现代化制药技术的发展,一些中医药材已经面临威胁,甚至濒临消失。[1] 2021 年 1 月,靖西市第一幼儿园德爱分园通过2020 年(第十批)国际生态学校绿旗认证,成为本年度百色市唯一获此殊荣的学校。该幼儿园将草药和自然教育纳入课程,制定出属于自己学校的"生态章程"——彰显壮家中草药特色,创建绿色生态校园。学校从中草药基础知识介绍入手,结合校园植物栽种和幼儿体验项目,引领幼儿走进丰富而又神奇的中草药世界。学校开设有壮家百草药园、草药园操作区、百草园药铺、中医常用的器皿展示台;校园走廊展示有香囊的传

---

[1] 李丹妮、朱华:《靖西端午药市的民族生态学研究》,《壮瑶药研究》2020 年第 1 期。

说、中医治疗手段、药名四季歌、中医历史人物等壮家百草药历史文化；学校还开设了中草药铺，让幼儿模拟日常工作场景。让幼儿初步认识和了解中草药知识中蕴含的深厚文化底蕴，感受传统中医药的文化魅力，感悟生命的意义和价值。

北海市第二幼儿园是广西第一所获得"国际生态学校"称号的幼儿园，学校借助海洋资源对海洋环境教育进行了积极探索，在活动中引导小朋友树立环保意识，自觉保护海洋。老师和家长经常带小朋友到水族馆进行观察，小朋友认识了当地海洋生物的多样性。通过对海洋生物的认识和了解，小朋友树立了自觉保护海洋的环保意识。该园还将环境教育和生活习惯的培养紧密结合，一方面带着小朋友到沙滩上捡垃圾，开展净海行动；另一方面开展手工创作，将收集到的贝壳等制作成绘画等作品美化教室环境。①

（二）以学生为主体，培养民主参与及解决环境与发展问题的能力

广西各地在绿色学校创建过程中，突出教师与学生的"双主"地位，教师是教学活动的主导者，学生是教学活动的主体，教师与学生在教学活动中应相互合作，共同促进。

2020年，桂林市解放西路幼儿园被授予第十批"国际生态学校绿旗"荣誉。幼儿园依据生态主题"打造灵动的教育场地，体验有趣的自主

_____

① 蓝皓璟：《广西把生态文明教育融入幼教体系》，《环境教育》2021年第8期。

游戏"，结合国际生态学校创建活动的开展，以幼儿为主体，遵循幼儿个体发展规律，开展环境教育。根据幼儿自己提出的对幼儿园户外环境的想法和意见，幼儿、家长和教师共同拟定创建生态学校的主题。将原来的户外场地以及教学楼层化整为零，开发出九块适宜户外活动的区域，在幼儿园自主游戏课程背景下，开展了九园户外综合活动：装扮园、运输园、民族园、勇者园、野战园、涂鸦园、水画园、搭建园、探究园。学校还针对九园户外综合活动展开了相关课程教研活动，如看小动物过冬，找找幼儿园里的红色植物，开展科学活动看看神奇的水管等，将幼儿园户外教育场地的开发与户外游戏有机结合，实现幼儿园户外教育场地的合理运用，以及户外自主游戏活动的开发。此外还制定了朗朗上口、充满童趣的国际生态学校生态规章："花儿笑来鸟儿叫，青青草地果树摇。高高抬起我的脚，植物宝宝眯眯笑。户外区域功能多，九园活动轮流跑。"

玉林市幼儿园创办于 1954 年，该园秉承"快乐游戏 健康成长"的办园理念，让户外活动成为课程的渗透和补充，将自主游戏及生态环保理念渗透其中，让孩子们在学习玩耍间，潜移默化地接受生态文化的浸润。早在 2015 年，该园就设置了幼儿攀爬墙、林中童话小屋、开心农场、碧海银沙、绿色小山丘等户外功能区，放置随手可取的环保游戏材料，让孩子们亲身体验到"自主性游戏"的特色文化魅力，营造了自然、灵动的校园环境。通过利用本园资源、整合活动内容等方法和措施，推动特色生态文化创建，把日常活动贯穿到教学中，对自然教育进行了深入实践，探索出了符合本土儿童特点的自然教育园本课程模式。幼儿每天拥有 1.5 个小时的户外自主性游戏时间，他们可以自主决定"和谁玩、去哪玩、玩什么、怎么玩",爬高爬低、戏水摸鱼、钻进钻出、肆意奔跑……让孩子们回归真实自然、力求简单快乐的自然教育乐园,不仅解决了幼儿在自然中感到无聊、日常学习止于浅层表面等问题,而且让幼儿在玩的过程中感受到了大自然的美好。

桂林市榕湖小学建立"榕湖小学生态环境保护研究基地",与榕湖社区和桂林两江四湖旅游有限责任公司签署了生态保护共建协议。学生是生态环保研究的领导者和实施者,在家长、老师的共同参与下分低、中、高年龄段进行了有关榕湖生物多样性、历史文化传承以及水质的探究。通过开展研究,师生、家长、学生都了解了身边的自然生态环境中现存哪些植物种类,它们有着怎样的深厚历史底蕴,如何预防水质污染等知识。①

(三) 教育教学渗透,跨学科开展环境教育和生态文明教育课程建设

课程是环境教育的重要载体,好的环境教育课程是绿色学校的重要特征之一。《中小学环境教育实施指南(试行)》对课程设计提出了具体的要求:学校"在可持续计划中为教师合作开展跨学科环境教育提供时间和空间","学校需要制订全校性的环境教育渗透实施计划,明确各科在不同年段的环境教育要点,……相关学科的教师也可以尝试突破学科界限,与其他学科教师合作,在本学科教学过程中组织以环境教育为主题的综合性学习活动"。广西一些国际生态学校注重将课程内容与学生身边的、当地的、日常的环境

---

① 龙桂丽:《提高学生生态素养,推进生态文明建设——以桂林市榕湖小学为例》,《教育观察》2019年第8期。

相联系,鼓励学生自主学习,从不同角度认识、理解和分析环境问题,并针对现实中的环境和可持续发展问题开展研究性学习。

柳州市羊角山小学以课本内容为依托,将环境行动渗透到不同的年级和所有科目的教学中,形成了"热爱科学、做环保人"的校园文化氛围。在课堂内,结合数学科目开展"绿色银行"活动,让学生学习统计废纸废品数量的方法;结合语文科目,组织学生写课程作文;结合思想品德科目,对学生进行生态道德行为习惯养成教育;结合科学科目,引导学生写调查报告。在课堂外,学校还要求每班每周用1—2课时,开展丰富多彩的环境保护探究活动。如建立"开心绿园",组织学生学习一些植物的种植知识;组织"寻访鸟的家园"等实践活动。目前学校已编写出校本课程教材8册,为学校的生态环保教育形成系列教材做出了有益的探索,为学生的学习和发展提供了丰富多彩的教育环境和课程资源。①

为鼓励学生贴近生活,体验农耕带来的乐趣,感受劳作之艰辛,南宁市滨湖路小学开展"体验农耕文化"的社会实践活动,让学生在大自然中感受到情感与价值观的熏陶。2013年该校学生得到"杂交水稻之父"袁隆平的回信,勉励他们多参加社会实践活动,长大后成为一名对社会有用的栋梁之材。学生在教师的引导下,学习稻作文化、体验谷物种植、参与"光盘行动",师生的生态环境素养得到不断提升。在插秧前,老师讲述中华水稻种植的历史、农耕"双抢"时令的重要性,手把手教授分畦、插

① 《绿色教育 幸福校园——广西柳州市羊角山小学环境教育纪实》,《环境教育》2017年第11期。

秧的基本方法。学生在老师、家长的带领下，开始了翻地、埋肥、泡田的工作；在快乐劳动中体会到"半亩方塘一鉴开，天光云影共徘徊"的意境。劳动的美让他们闪闪发光。

桂林市飞凤小学以生物多样性为活动抓手，不断丰富学校环境教育的内涵。学校成立了校本教材编写小组，由学生、教师、家长及专家共同负责《校园生物知多少》校本教材的编写工作，详细介绍了校园生物种类、名称、类别、数量、外形特征、生长特点①。另外学校还和中国野生动物保护协会、花坪国家自然保护区管理局共同编写了未成年人生态道德教育专用教材《美丽桂林　神奇花坪》，填补了桂林未成年人生态道德教育教材的空白。通过校本课程的学习，学生对校园内生物多样性的识别能力得到了较大提高。80%的学生一眼就能辨认出校园内的动植物，70%的学生掌握了校园动植物的名称、形态、类别、特征、习性等知识；学生环保意识逐步提高，形成了"爱护动植物，保护环境"的新风尚。师生更多地把目光投向了促进人与动植物的和谐相处，将爱心倾注到身边的动植物上，维护自然生态环境的可持续发展；学生在本项目研究中，了解了人类与生物多样性的关系，激发了对动植物的热爱，建立了人类与动植物和谐相处的意识，净化了世界观、价值观，发展了健全的人格。

桂林市育才小学开展"纸的研究"环保校本课程。教室、操场没有垃圾桶，但校园环境干净卫生。师生利用废纸制作各种动物造型的纸雕，

---

① 《播撒生态文明种子，传递绿色环保理念——桂林市飞凤小学生态文明教育纪实》，《环境教育》2017 年第 5 期。

体现环保理念,让学校充满人文气息。教师、学生、家长积极行动起来把废纸做成纸浆,制作成动物纸雕,有的班级还利用纸浆制作班级吉祥物。学生在每天清早将吉祥物搬到校园,放学又搬回班级的过程中体会动物和人的和谐共生、对自然资源的珍惜。该校实现教学艺术吸引,将环境教育渗透在学科教学中。体育教师将报纸卷成软质球球棒,开发设计适合儿童锻炼的球棒操,每天大课间在动感的音乐中,孩子们高兴地挥棒起舞。在该校编写的《全方位培养"育才小能人"》校本教材中,特色教育活动达 100 多个。由校长李白燕主编的《综合实践活动》教材已出版发行,并在重庆、贵州等地区推广使用,其中关于绿色课程教育的内容占较大的比例。

桂林市榕湖小学力求构建立体化的研究和推广渠道,将生态环境保护和生态文明建设与校园文化建设等紧密结合。在科学课上,引导学生记录、分析、总结、汇报生态环保调研结果,举办研究成果展览。学校编写了《秀美榕湖》《人文榕湖》《生态榕湖》三本校本教材。在德育晨会上请"妈妈老师团"里的水文专家为师生做生态环保讲座;收集《桂林新老八景》诗词歌赋编写成语文校本教材,在教学中把环境教育与地方传统文化深度融合;将"中国青少年环境知识科普课堂"的《生命之水》内容引进科学课;自编《榕树青青》《象山水月》《云山羽衣》等舞蹈、音乐剧,在各级各类艺术赛事中荣获大奖,并将其作为学校传统节目留存;将美术学科重点艺术特色项目《桂林·彩墨》与生态环境教育融合,创编了彩墨校本教材……生态研究与学科深度融合,不仅打破了学校与社会之间的"围墙",还打破了学科之间的边界,促进学科间环境教育的立体化、多元化、无痕化的交叉、渗透,创造出创新性的环境教育成果。①

南宁市位子渌小学坐落在南宁市明月湖公园边,学校毗邻南宁市母亲河邕江,在开展环境教育的过程中致力于挖掘水文化的时代蕴意,打造"水·生态"教育品牌。学校在挖掘现有教育资源的同时,还向外拓展,依托高校及社会资源,以邕江、心圩江湿地公园及周边地区为主要校外活动场所,定期组织学生走进大自然,体会大自然,观察大自然,开展融合语文、数学、科学、美术等学科的户外体验活动,开设了集科普教育、研究性学习、艺术教育、紧急救助、户外拓展于一体的体验式绿色拓展实践课程,突出"活动"与"渗透",强调"实践"与"体验",提高环境教育的有效性和趣味性。学校利用明月湖公园的生物多样性环境,开展生物学、科技等方面的科普教育;开展符合小学生身心特点的生物多样化、环境调查、环境保护等小课题研究;利用明月湖公园优美的自然环境,开展摄影、绘画等艺术教育;开展野外生存、外伤急救、地震洪灾中逃生避险等安全教育;依托高校户外拓展社团,开展适合小学生的户外拓展活动。②

(四)加强校内外合作与交流,扩大环境教育参与的范围和深度,让绿色成为常态

广西的绿色学校环境教育力求突破学校的围墙,形成"个体-家庭-社会"

① 龙桂丽:《提高学生生态素养,推进生态文明建设——以桂林市榕湖小学为例》,《教育观察》2019 年第 14 期。
② 韦夏妮:《浅谈新课改形势下广西绿色学校创建——以南宁市位子渌小学为例》,《现代职业教育》2021 年第 29 期。

的辐射模式。通过充分挖掘富有地方特色的校外环境教育资源,学校的环境教育阵地拓展到社会各个方面、各个领域,进一步丰富了环境教育的内容和形式。①

　　桂林市飞凤小学将绿色学校活动向社会延展,让更多的人参与到绿色学校建设中。每年,通过向学校申请成为树木认养志愿者,家长与孩子一起参与到树苗种植中,感受生态种植的乐趣。通过开展家庭活动,帮助家长与孩子产生良性互动,让家长更好地接受孩子在环境知识、情感、态度、行为和参与度方面的影响,进而发挥孩子的模范和示范作用。倡导学生开展家乡环境调查,了解当地水质、土壤、空气等的情况。学校评出优秀调查员和优秀调查报告进行表彰和展出。拓宽环境教育的渠道,将环境教育与德育活动相结合,为环境教育增添新的动力。分别在自然保护区、博物馆、敬老院、风景名胜区等地建立环境教育实践基地和德育基地,学校根据自身发展需要和这些科研机构、社会组织等建立联系,共同开展环境教育活动。这些机构也为学校开展生态保护、环境教育、环境解说等方面的活动提供了广泛专业的社会力量。由此扩大了环境教育主客体参与的范围和深度,调动市民保护环境的积极性,激发公众保护环境的意识。

　　桂林市榕湖小学结合学校“国际生态学校”创建工作,开展“我是榕湖小湖长”公益巡湖活动。师生们建章立制,专门制定“榕湖小湖长”巡

---

① 陈慧凤:《运用绿色教育理念,构建生态校园文化》,《环境教育》2018 年第 z1 期。

湖制度,由学生制作巡湖工作计划表,在家长的陪同和榕湖景区保安的协助下进行巡湖工作。"榕湖小湖长"的巡湖范围由阳桥以西、双拱桥以东、榕湖北路和榕湖南路连接而成。学校在"榕湖生态环境保护研究基地"牌前设立了"植被监测点",在九曲桥头设立了"水质监测点",在双拱桥头设立了"噪声监测点"。学生除对三个生态监测点进行查看、记录和拍照之外,还与桂林两江四湖旅游有限公司共同携手加强榕湖景区环境管理,将观察到的景区优缺点在巡湖记录表上翔实记录,并从孩子的视角出发提出合理化建议。学生在公益巡湖活动中学习了环境知识,培养了爱护环境的情感、态度、行为,这些学习成果潜移默化地影响到学生的家庭,家长通过参加巡湖的亲子活动,和孩子产生以环境教育为纽带的良性互动,进而发挥模范和带动作用。"榕湖小湖长"出色的表现获得了游客和市民的赞赏,桂林电视台、《桂林晚报》等媒体对"我是榕湖小湖长"活动进行了报道。此举还被列入"桂林市创城金点子",并由桂林市教育局在教育系统推广。

柳州羊角山小学充分利用学校毗邻柳州市园林研究所和广西有名的风景区龙潭公园、都乐公园的优势,建立校内外环境教育基地,为学生创设植物资源、环保资源良好的实验环境,与柳州市环保局、柳州市园林研究所、鱼峰区绿化管理所加强联系,进行共建活动,寻求技术单位和社会对学校环境教育工作的支持和指导,真正使环保教育成为有本之木、有源之水。在校内利用校园宣传栏、校报《绿苑小报》等,积极宣传生态学校计划的进展情况。通过电视台、报纸、网络等,向社会广泛宣传学校开展的形式多样的绿色生态实践活动,宣传生态学校的计划和实际成效,提高公众的环境意识。与中国少科院开展共建活动,中国少科院向羊角山小学提供了一批价值 3 万元的科普书籍、实验器材等物资,提高学校科技教育的硬件水平,并为学校师生提供培训和专家指导,加强科技教育的专业引领,促进学校科技教育更好地发展。

(五) 注重育人导向,实现生态文明道德教育的知行转化

教育的目的在于使教育主体实现理论与实践、主观与客观的完整统一,生态观念的确立与行为养成是生态文明素质教育的归宿。[①] 广西一些学校在开展环境教育的过程中,注重以人为本,尊重学生个性,重视学生创新精神的培养。用感知教育的方式,让学生做到时时、事事、人人加强环保行为习惯的养成,为今后做一个"生态人"打下良好的基础。

桂林市临桂中学利用校园"废旧回收站",不仅保持校园环境干净整洁,还培养了学生低碳消费、捐资助学、关心他人的良好习惯和品德。"废品回收站"将学生们平时收集到的废纸、矿泉水瓶等进行压缩处理,随后贩卖到专业回收机构,收获的钱一部分用于奖励收集废品较多的班级,大部分用于资助学业上困难的贫困生。学校还组织学生动手将废旧物品做成工艺品并开展爱心义卖。在该模式的推动下,学生自发成立了菁菁环保社和暖风基金会。越来越多的学生加入社团,不断扩大废品回收范围,例如将食堂、办公室里的废品进行处理,将毕业学生的旧书进行义卖。同时社团活动还扩大到校园外,所获得的慈善款不仅给学校的同学带来了关爱,

---

① 李兴华:《高中生态文明素质教育的现实困境及对策研究》,硕士学位论文,河南师范大学,2015 年。

还帮助了社会上的弱势群体。同学们纷纷表示,通过废品回收,不但了解了低碳知识,还解决了贫困生在学校的生活费用问题,减轻了他们的精神压力,更培养了关爱他人、关爱班级、关爱学校的道德品质。①

桂林市榕湖小学以清晰明确的环境教育目标、细致量化的评价体系,将师生实践成果内化为生态道德的升华。学校开展了"我为榕树添绿叶"文明行为五项达标评比、"榕树宝贝进我家"生态道德小标兵评比、"最美茉莉花"我是环保小明星评比、"最美教室"生态教室创建评比等一系列主题鲜明的生态道德建设工作。以评比立德,以表彰树人,唱响了学校在生态道德建设中的主流旋律,并影响着师生们环保意识和行为的终身发展。

柳州羊角山小学构建"绿色德育"模式。建立了绿色园丁、绿色精灵、绿色班级、绿色团队、绿色办公室等评价制度,以激励为导向,重点对各块的成效进行评价,对一批在创建中表现突出的集体和个人予以表彰,形成具有辐射效力的环境教育特色,促进师生自主发展,使创建落在实处、深入开展。要求每一位教师都参与到对学生绿色德育的辅导和耕耘中,让绿色理念遍地传播。学校开设《绿色人生,快乐起航》主题班会课比赛,开展年级团队办公室绿化的评比,提升教师的绿色文化素养;创设"绿色德育"教室情境,建好"六个角",让校园文化影响每一个学生;每班每学期能够围绕"环境保护与生活"的主题,制作两版相关的宣传板报,在此基础上择优用于制作校报《绿苑小报》,使学校达到教育和管理的双赢。②

①　蓝皓璟:《桂林市临桂中学积极打造绿色校园》,《环境教育》2020 年第 8 期。
②　《绿色教育　幸福校园——广西柳州市羊角山小学环境教育纪实》,《环境教育》2017 年第 11 期。

三、绿色学校创建成效明显

通过参与绿色学校创建活动,这些学校的师生开展了研究性学习和综合实践活动,了解环境问题的产生,学习环境和社会的知识,理解人与自然的关系,参与校园环境的改善,增强了建设可持续发展家园的能力和责任感,学校实现了教育和管理的"双赢"。

（一）有效提高了参与绿色学校创建活动的师生的环境意识和道德素养

师生通过环境培训、环境讲座、环境演讲比赛、环境文艺演出、街头环境宣传等多种形式的环境教育活动,养成良好的绿色生活方式。为了使节能环保理念深入人心,助力节能减排目标的实现,学校开展了多种多样的节能环保主题教育活动。广西壮族自治区绿色环保系列创建活动办公室编印的《绿色创建 一路同行——广西绿色环保系统创建十五年经验汇编》显示：截至2015 年年底,全区通过创建活动而阅读环境保护图书、报纸、杂志、音像资料的有 200 多万人,其中学校师生有 154 万多人;开展环境渗透教育的"绿色学校"为 100%,在校园中建设环境教育永久性宣传栏 4 133 处,开展环境主题班会 13 000 多次,参加人数达 392 万余人;学生接受环境教育率为 98.79%;在研究性学习中选择有关环境保护课题的学校占 88%;开展环境纪念日等宣传活动 6 275 次,参加人数达 266 万余人;"绿色大学"开展环境教育讲座的为 100%,设立环境课题研究小组的有 85%。通过开展一系列环境宣传教育活动,广大师生的环境意识得到提高,懂得爱护环境和保护环境,"从身边做起、从自己做起、从小事做起",课外环境教育活动的普及率达 90%。

（二）建设了一批资源节约型和环境友好型学校

通过宣传教育和建立相应的规章制度，广大师生自觉节约用水、用电、用纸等。据调查统计，参与创建的学校建立节约用水制度的为 100%，节水率最高达到 16.22%，节能灯具使用率高达 78.18%。绿色学校通过使用节能灯具和控制空调使用温度、少用空调等，既节约了能源，也减少了碳排放；100% 的"绿色学校"能及时收集和清运垃圾，对垃圾进行分类收集的达到 85.48%。如桂林市第八中学认真落实节能减排工作，积极营造节约型校园。严格监督学校食堂用油、用水、用电，浪费现象较少。教学、办公打印纸要求双面使用，减少纸张的消耗量。采购节能产品，学校新购空调为变频空调，新装的电灯为 T5 节能灯具。①

（三）创建学校的工作环境和生活环境得到了较大改善

创建学校通过各种形式营造创建氛围，比如制作绿色板报，向师生、职工传授环保知识；张贴环保标语，时时刻刻警示人们关爱环境、节约资源；尽可能地设计遮阴亭及健身休闲的设施，处处体现以人为本、和谐社会的氛围。如柳州市羊角山小学建立"开心绿园"劳动基地，挑选了部分学生的环保美术作品悬挂于教学楼墙上，制作了植物名片立于植物旁，竖起了环保教育宣传牌，努力使每一面墙说话、每一件物育人，如今羊角山小学展现在人们面前的是"立体的画、无声的诗"，深得社会、家长、师生的好评，整个校园已成为对学生进行环境教育的实验基地，成为传播绿色文化的辐射源。临桂中学是桂林市第一所获"国际生态学校"殊荣的学校，学校一直以来都十分重视对学生进行环境教育，遵循"生态建设"的理念开展了丰富的环境教育活动。校园占地面积 145 亩，绿化美

---

① 广西壮族自治区绿色环保系列创建活动办公室编印：《绿色创建　一路同行——广西绿色环保系列创建活动十五年经验汇编》，广西壮族自治区内部资料性出版物，准印证号：桂1014690，2015 年。

化校园工作都是师生自己动手。学校把校园划分成 42 块环境清洁区和绿化保护区,学生全面负责承包区域的清洁及管理。经过绿色校园清洁活动,越来越多的学生认识到生态环境的改善对于人类生存的意义,活动达到参与者众、影响面大的效果,形成了注重生态文明、环境教育的校园文化。

（四）影响并带动周边社区群众关注环境保护，参与生态文明建设

创建活动中,学生通过不同方式,比如到街头、广场发放宣传单,设置环保咨询点,开展环保文艺演出等向群众宣传环保知识,倡导节约水电、节约用纸,美化、绿化环境;同时与周边加强联系,开展互动。"绿色学校、幼儿园"通过"小手拉大手"等活动将环境宣传教育延伸到家庭和周边社区,在环保部门与群众之间搭起了桥梁。桂林市临桂中学将环境教育活动深入其他学校及群众当中。开设由该校倡导,学生会组织,学生自发参与的菁菁环保社,每年都联合社区群众开展清洁社区、清除街头"牛皮癣"广告和"关爱母亲河"等活动。从自身做起,以行动证明,以行动传播,走上街头,走向河道,用自己的手清理垃圾,用自己的手带来一片洁净。据统计,"绿色学校"开展"小手拉大手（与家长互动）"环境教育活动 1 297 次,参加活动的学生达 125 万多人。

（五）推动了广西国际生态学校项目建设

1994 年,国际环境教育基金会为推动可持续发展进程提出国际生态学校项目,这是国际环境教育基金会目前在全球开展的五个环境教育项目之一,是当今世界上面向青少年的最大的环境教育项目。国际生态学校项目得到联合国可持续发展教育十年计划的充分认可,并被其作为优秀项目予以推荐和支持。[1] 为推动我国学校环境和可持续发展教育工作迈上一个新的台阶,

---

[1]　金玉婷:《走进国际生态学校》,《世界环境》2013 年第 9 期。

2009 年,环保部宣教中心在中国正式启动国际生态学校项目。① 截至 2021年,全世界已有 76 个国家的 51 000 所生态学校,全国已有 592 所中小学(幼儿园)获得国际生态学校绿旗荣誉。国际生态学校项目的开展为广西青少年提供了全新的视角。自 2012 年柳州市羊角山小学成为广西第一所获得国际生态学校绿旗荣誉的学校以来,涌现出一批具有示范效应、群体效应的绿色学校典型,如南宁市滨湖路小学、南宁市位子渌小学、桂林市榕湖小学、桂林市西城路幼儿园、玉林市幼儿园等。2015 年,自治区环境保护厅全面开展绿色环保系列创建复查工作,动态管理保证了绿色创建工作的质量。推荐上报国际生态学校 2 家、全国中小学环境教育实践基地 4 家,提升了广西参与国家级绿色创建活动的空间和水平。2018 年自治区生态环境厅开展中国青少年生态教育示范课进校园活动,邀请《冈特生态童书》作者冈特·鲍利到广西进行专题讲座,促进生态文明知识进课堂、进教材。2019 年广西新增南宁市万秀小学等 14 所国际生态学校,其中钦州市人和小学成为钦州市第一所国际生态学校。

实践证明,创建绿色学校是当前形势下对青少年开展环境教育的有效方法和途径,国际生态学校项目的引进,改善了学校环境教育的方法,助推了绿色学校理论和实践的发展。截至 2021 年年底,广西已有 55 所中小学(幼儿园)获得国际生态学校绿旗荣誉。

四、创建工作存在的问题及其原因

近年来广西绿色学校建设工作虽然取得了一些成效,但依然存在一些制约其进一步发展的问题。

---

① 生态环境部宣传教育中心网站,http://www.chinaeol.net/ceecxm/gjstxxxm/。

（一）绿色学校创建地区发展不平衡

一是绿色学校创建在城市和农村存在差异，城市发展较好，农村相对较差；二是国际生态学校绿旗在全区 14 个地市的分布不均衡，已有 9 个市开展了相关创建活动，如百色、北海、桂林、柳州、南宁、玉林、梧州、贺州等，至今仍有 5 个市没有开展相关活动。出现地区差异的原因与地区的教育资源、自然生态资源、经济资源等密切相关。具体表现为，环境教育在拥有前瞻视野和现代化教育资源、教育发展水平较领先的地区更容易得到重视，这些地区能获取更多机会。另一方面，生态资源丰富、多样的地区在绿色实践教育方面拥有天然的优势和便利。另外，经济保障能力和水平也对环境教育产生重要影响。①

（二）绿色学校建设特色不够鲜明

20 世纪 70 年代末以来，本土知识逐渐引起人们的重视，并且成为国家发展的重要知识基础。80 年代以后，联合国提出了新的发展模式——内在发展。发展要成为可持续的，必然要根植于人民的文化和价值中，而本土知识恰恰构成了这种文化和价值的核心，在社会各个方面的建设中都起着基础性的作用。② 环境教育、可持续发展教育需要根据当地的文化背景而确定。广西的一些绿色学校虽然开展了与环境教育有关的活动和工作，如开设公开课、成立研究机构等，但极少致力于在研究或教学中纳入本土、当地的知识，或结合当地的文化背景和社会情况开展工作，缺乏用本土的观念、知识、价值观来开展教学活动的理念。随着经济社会尤其是互联网的发展，本土知识在全球化的文化冲击面前正在迅速退缩，重新确立本土知识的地位迫在眉睫。

---

① 彭妮娅：《中小学生态教育的现状及发展对策》，《中国德育》2019 年第 7 期。
② 黄宇：《论可持续发展视阈中的自由教育》，《教育文化论坛》2012 年第 6 期。

不同地区学校所处自然条件、经济条件和文化背景都存在差异。学校应根据自身条件,扬长避短,突出当地特色,在学校教学、活动、管理和文化等各个方面进行创新,建设出独具自身特色的"绿色学校"。[①]

(三) 绿色学校环境教育对社会的影响力不够

一是绿色学校的环境教育课程存在不足:课程设计碎片化,研究主体和研究主题单一。当前环境教育设计的一个重要问题是课程的碎片化,基于个别教师的环保热情或基于学生社团的环保活动等而衍生的课程,缺乏系统设计与思考,如:环境教育课程与学校办学理念之间有何关系?横向上环境教育课程与其他类别课程之间有何关系?纵向上如何保持环境教育的整体连贯性?开展图谱化的环境课程设计,构建持久给养的学校环境教育体系,是解决碎片化环境教育课程现状的方向与路径。二是环境教育在不同阶段存在明显差异。环境教育作为公民的终身教育,涉及各个教育层面和年龄阶段。但目前就环境教育的研究而言,一方面主要集中于高等教育领域,其中基础教育领域相关研究较为薄弱,职业教育以及社会教育相关研究甚至呈现缺失现象。另一方面,当前的环境教育仅仅面向学生,忽略了对其他群体的关注,缩小了环境教育的内涵。应不断扩大环境教育的受众范围,提升公民的环境意识,给予每一位公民参与、经历和承担责任的机会,让每一位公民成为传播生态文明及推进可持续发展教育的重要载体和有力抓手。

(四) 缺乏校内外合作与交流的平台

广西绿色学校建设及环境教育发展缺乏系统的交流平台,未建立信息收集、整理和交流中心,创建经验难以顺利交流和传播。应成立绿色学校联盟

---

① 韦夏妮:《广西少数民族生态文明教育探析——以广西环境保护宣教中心"五进"活动为例》,《环境教育》2021年第1期。

或相关协会组织,定期举办研讨会,创办绿色学校有关报刊,从现有高等院校、研究机构、行政机关中邀请有关专家,组成稳定而有权威性的绿色学校智库。可通过"绿色学校"的平台,与其他的"绿色学校"、各级环保和教育主管部门、媒体、研究机构的环保和环境教育专家、社会志愿者团体、企事业单位建立合作伙伴关系,争取更广泛的社会资源支持"绿色学校"建设。广西的环境教育新媒体和融媒体平台利用率低,交流与合作传播面窄、频次低。很少有专门设立微信公众号、微博和门户网站的绿色学校。需要适当地开辟多样化的推广和宣传方式,例如和社区合作,通过绿色学校课程内容、课外项目等先聚合学生和家长,吸引公众关注,再进一步通过线上论坛、微信群打卡、微信学习群、微信公众号推送文章、扫描二维码进行活动报名等方式,形成线上与线下的交流互动,增加传播效果,扩大绿色学校环境教育的社会影响力。

形成这一现象的原因非常复杂。一是绿色学校创建的重要性没有在各级政府、环保部门、教育部门和创建单位间形成共识,导致创建积极性不高、创建工作弱化,无法形成创建的长效机制。二是绿色学校创建相关部门的联动机制尚未建立,牵头部门已由生态环境部门调整为教育行政部门,相关联动和举措鲜见。2021年10月,广西壮族自治区人民政府印发《广西教育提质振兴三年行动计划(2021—2023年)》,广西计划用三年时间,实施教育"十大计划",补齐教育发展短板,促进广西教育高质量发展,但内容未涉及绿色学校、绿色大学建设及绿色教育等。三是环境教育主管单位主体不明确,能力建设滞后,难以适应新时期环境教育发展的要求。作为广西主导开展环境教育的机构,广西环境保护宣传教育中心是广西生态环境厅的直属事业单位,主要负责广西环境保护宣传教育的各项推进工作。而绿色学校创建仅由两人负责具体工作。广西部分地级市虽然成立了专业水平相对较高的环保宣教中心,但其人员构成较复杂,有参照公务员管理的事业编制、全额拨款事业编制、差额拨款事业编制、合同制。目前全区仅有南宁、柳州、桂林、北海、百色、贺州等 6 个市的生态环境局设有宣教中心或其他直属事业单位机构,配备专人专岗负责生态环境宣传教育工作,其余 8 个市局的宣教工作都由相关科室兼顾,肩负宣教任务的工作人员通常身兼数职、分身乏术,开展宣教工作的经费捉襟见肘①,一定程度上制约着新时期广西环境教育的发展。

第二节　专门启动绿色大学创建②

一、自治区党委政府部门组织发动

为帮助大学生形成良好的环境道德观念和行为规范,大力推进素质教育和社会主义精神文明建设,广西于 2003 年在全区范围内启动了绿色大学创建活动,专门就绿色大学创建做出部署。2003 年 5 月,自治区党委宣传部、自治区环境保护局、自治区教育厅在《关于开展创建"绿色大学"活动的通知》中明确提出:从 2003 年开始,在全区范围内开展创建"绿色大学"活动。通知附件包括"绿色大学"评选表彰领导小组名单、"绿色大学"评选管理办法、"绿色大学"申报审批程序、"绿色大学"评估标准、"绿色大学"评选通知、"绿色大学"评选申报表等。该通知发布后,自治区各高校纷纷开展创建绿色大学活动,从此拉开了广西绿色大学创建活动的帷幕。

2004 年 6 月,自治区党委宣传部、自治区环保局、自治区教育厅联合主办

---

① 孙婷、唐杰:《如何做好新形势下广西生态环境宣教工作?》,《环境经济》2021 年第 4 期。
② 此部分主要参考黎旋《广西高校绿色大学建设现状研究——以 A 大学为例》,硕士学位论文,广西师范大学,2020 年。

了"广西首批'绿色大学'命名表彰大会",命名广西大学、广西医科大学、广西民族学院、广西师范学院、桂林电子工业学院、桂林工学院、梧州师范高等专科学校和广西电大钦州分校等8所学校为第一批自治区级绿色大学。2006年12月,自治区党委宣传部、自治区环境保护局、自治区教育厅联合颁文,命名广西师范大学、河池学院、柳州师范高等专科学校等3所院校为第二批自治区级绿色大学。2010年1月,自治区继续深化以环境教育为主要内容的绿色大学创建活动,命名广西生态工程职业技术学院、百色学院、右江民族医学院等3所学校为第三批自治区级绿色大学。

2010年12月发布的《中共广西壮族自治区委员会、广西壮族自治区人民政府关于推进生态文明示范区建设的决定》(桂发〔2010〕4号)指出:广泛开展生态文明"进单位、进学校、进社区、进乡村"活动和绿色学校、绿色医院、绿色企业、绿色社区等"绿色系列"创建活动。绿色学校、绿色大学创建被纳入生态文明示范区建设行列。2011年4月,《关于组织参加2011年广西第四批"绿色大学"评选活动的通知》明确指出,自治区绿色环保系列创建活动办公室决定在2011年开展广西第四批"绿色大学"评选和命名表彰活动。

2013年10月,广西壮族自治区绿色环保系列创建活动办公室对《广西壮族自治区绿色大学评选管理办法》以及《广西壮族自治区绿色大学创建评估标准》进行修订,颁布了新的管理办法和评估标准,即《广西壮族自治区绿色环保大学评选管理办法》以及《广西壮族自治区绿色环保大学创建评估标准》。同年,自治区人民政府工作报告"2013年主要工作部署"中明确提出:开展国家环保模范城市、森林城市和生态市(县)、环境优美乡村等绿色环保系列创建活动。

从上述回顾中可以看出,自治区党委、人民政府及相关部门高度重视绿色大学建设,并把绿色大学建设列入政府工作议事日程。在这期间开展了多次清理评比达标表彰活动,而绿色学校、绿色大学创建等系列绿色创建活动均通过了相关审核,成为为数不多的得以保留的联合表彰项目。自绿色大学创建活动启动以来,自治区相关部门、各有关高等学校为之做出了不懈的努力和探索。截至 2013 年,全区共申报评选了三批自治区级绿色大学,被授予自治区级绿色大学称号的高校共 14 所,约占全区高校总数的 15%。

遗憾的是,此后近十年一直没有高校申报创建绿色大学。

二、绿色大学创建工作有特色

自 2003 年广西启动绿色大学创建,各高等学校积极响应,各校在办学过程中,践行可持续发展、绿色发展理念,推动绿色大学创建工作。桂林电子科技大学在学校"十三五"事业发展规划中提到"坚持以绿色发展理念为引领",桂林理工大学在学校"十三五"规划中明确提出"力争获得绿色大学称号"的目标。学校领导的办学思想也体现出较强的绿色理念和思维。广西民族大学校长提出"学校建设要与国家发展紧密相连"[1],广西师范大学校长在其公开发表的文章中提到:"推进高水平大学建设,必须贯彻创新、协调、绿色、开放、共享的新发展理念。"[2]这些理念和规划,极大地推动了绿色大学建设工作的顺利开展,各校在绿色校园建设、绿色科研和绿色教育推行、绿色文化打造等方面做了诸多探索。为增强分析力度,本书在理解环境素养理论的基础上,借鉴了朱群芳《环境素养水平测试调查问卷》,结合广西高校建设绿

---

[1]　刘雅:《把学校建设与国家发展紧密相连　访全国政协委员、广西民族大学校长谢尚果》,《中国民族》2018 年第 3 期。

[2]　贺祖斌:《推进高水平大学建设　服务广西经济发展》,《广西日报》2017 年 11 月 23 日第 7 版。

色大学的基本情况和大学生的实际,编制了《大学生环境素养调查问卷》,问卷的对象是广西获得绿色大学称号的 14 所高校的大学生。问卷通过问卷星的形式随机发放,共发放问卷 1 806 份,回收答卷 1 806 份,其中有效答卷 1 651 份,无效答卷 155 份。问卷的回收率为 100%,有效率约为 91%。从问卷的基本结构来看,该问卷主要由三大部分组成,第一部分是被调查对象的基本情况,包括性别、年级、专业、出生地及身份。第二部分是问卷的主体,主要由环境素养和环境教育两个方面组成。其中环境素养又细分为环境知识、环境态度、环境意识、环境行为四个维度。第三部分是一道开放性题目,即让被试者对提高大学生环境素养提出有效的建议。

(一)建设绿色校园,校园生态环境不断优化

建设绿色校园,是把可持续发展、环境保护意识及绿色发展理念融入学校建设之中的重要体现。广西高校在建设绿色校园时将重点放在节能、绿色校园规划和美化等方面。

一是多措并举推进节能工作。节能是高校建设绿色校园的重点工作之一。各高校采取多种措施、建设了不少平台,并取得了显著成效。广西大学通过建设节约型校园建筑节能监管平台,建立健全了节约型校园管理体系,制订了年度节能、节水目标,实现了学校部分建筑能耗的在线监测;开展了教室照明节能控制试点和地源热泵系统的应用,为学校的能源和资源节约提供了基础和技术支撑。广西民族大学也建立了此类平台,对学校的能耗水耗进行实时监测。桂林电子科技大学则结合本校实际,自主研发了集"统计分析、监测控制、管理决策、资源整合"等功能于一体的"绿色校园资源平台",在实践中形成了"三化两体一平台"的节能体系,使节约型校园建设工作取得了显著的社会效益和经济效益。桂林理工大学通过开展节约型公共机构示范单

位创建活动,推进"教育节能"和"节能教育"有机融合,不断构建和完善节能体系,在绿色照明、节能和节水改造、节能新技术和新产品应用、空气源热泵、太阳能技术节能改造、绿色消费等方面加大投入,发挥了示范引领作用。

二是科学合理规划校园建设。建设绿色校园,不仅要注重外在的"绿色",更要注重内在的"绿色",其中合理规划校园就是重要的基础工作。桂林理工大学坚持以"绿"为主的指导思想,提出以"绿"制景,用"绿"造型,适当点缀园林小品,遵循平面绿化与立体绿化相结合的原则,进一步提高绿化覆盖率。此外,该校充分挖掘现有自然景观,把校园文化内涵与自然景观、自然风光相结合,赋予自然景观以文化内涵。右江民族医学院的新区规划严格遵循人文、科学、绿色、开放的原则,在新建设的校园中融入"书院"理念,将"教学、生活、运动"三大功能有机整合,打造东南北三大书院。学校规划尊重校园的山水格局,充分利用山水自然环境,打造水绿共生的园林式景观。同时,校园绿地系统也注重营造园林式、原生态的环境,强调自然生态物种的多样性,而植物配置也充分考虑地方性与季节互补性。广西医科大学深度挖掘学校的文化底蕴,建立文化走廊,将文化情感融入景观设计当中,以展现学校文化景观的独特魅力,拉近学校与人的情感距离,为师生营造优美舒适的校园环境。广西大学在校园道路改造上,率先采用了石墨烯复合改性沥青混凝土路面技术(具有环保净味、降噪声效果明显等优势),为学校师生提供良好的交通环境。

三是始终重视校园绿化美化。实践证明,要保持绿色校园建设的持久性,需要相应的制度和机制做保障。为保护校园绿化成果,广西大学主要采取了两大措施。其一,制定各项绿化维护管理制度。通过制度加强校园绿化维护,强化学校教职工、学生的生态环境意识。在校园绿化养护管理工作中,学校专门划拨资金建立一支专业的绿化工人队伍,并根据学校绿化养护工作的内容将绿化工人分成四个专业养护小组,每项养护工作由专人负责。其二,实行绿化工作长效机制。一是设立专门的职责管理部门——校园管理部;二是配备专职管理人员;三是设立绿化维护专项经费。广西民族大学始终把绿化美化作为学校建设和发展的一项重要工作。一方面,通过建立学生参加绿色校园建设的劳动制度、党员干部的义务劳动制度、绿化责任区制度、奖惩制度等,发动全校师生共同创建花园式校园。另一方面,建立健全绿化管理制度。该校秉持"生态校园"的理念,先后修订并完善了相关规则制度,如《校园管理规定》《园林绿化管理暂行条例》《关于加强校园景点管理的通知》《草坪管理暂行规定》和《环境卫生管理条例》等。此外,该校校园在植物造景上也尤为突出。一是植物的种类丰富多样。校园内既有参天大树,又有绿茵草坪,同时有亚热带自然林保护区和亚热带阴生植物园。二是植物具有浓厚的乡土气息。校园绿化多采用乡土植物,并注重乔、灌、草的合理搭配。如今,该校绿化覆盖率达 58.14%,绿地率达 45.12%,远高于南宁市平均水平。

在绿色校园建设的过程中,各学校积极采取各种有效措施,取得了一定的成效。一方面,提高了学校的知名度,如桂林理工大学和广西师范大学均获得了"广西壮族自治区节约型公共机构示范单位"荣誉称号。另一方面,为师生创造了优美亮丽、赏心悦目的校园环境,让师生的环境意识在潜移默化中得到提升。问卷调查结果显示,有近90%的大学生积极关心环境污染问题,其中水污染、大气污染、垃圾处理的关注度最高(见图 5-1)。

(二)推进绿色教育,学生环境素养显著提高

绿色大学建设的最终目的在于培养人才,推进绿色教育是培养绿色人才

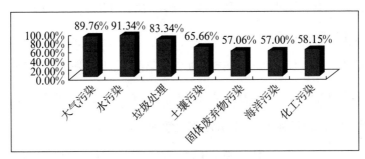

图 5-1　大学生关注环境问题情况统计（多选题）

的重要手段。广西高校推进绿色教育的主要途径大概有以下四个方面：开设环保专业或课程、开展环保实践活动、举行环保讲座和环保论坛、成立环保类社团组织。至于具体做法，分析如下。

一是在人才培养目标定位上明确学生社会责任感素养要求。如前所述，高校建设绿色大学的最终目标在于提高大学生的环境素养。因此，是否把大学生的环境素养纳入人才培养方案之中，是衡量一所学校对绿色教育建设的重视程度的重要指标之一。本书在 14 所绿色大学中抽取了 6 所大学，对其本科专业人才培养方案进行分析。研究发现，各高校均把"社会责任感"作为人才培养目标之一，而具有社会责任感正是环境素养的具体体现。以广西大学为例，学校把"培养德智体美劳全面发展，具有社会责任、法治意识、创新精神、实践能力和国际视野的领军型、创新型、复合型高素质人才"作为本科人才培养目标。同时，该校充分发挥通识教育的优势与特色，构建了"通识选修课程"体系，由自然科学与人文艺术两大类五大模块组成，其中"海洋知识与可持续发展"（即海洋、科技、经贸文化、可持续发展等方面的课程）就是该体系的一大模块。还有一些综合性大学和理工类大学在理工科专业的人才培养方案中明确提出培养学生的环境素养。如桂林理工大学把"环境与可持续发展意识"（即能够理解和评价针对复杂工程问题的工程实践对环境、社会可持续发展的影响)作为工科专业人才毕业的要求。

二是开设环保专业和环保课程。研究结果表明,大部分高校都开设了与绿色环保相关的专业。广西师范大学、桂林电子科技大学、桂林理工大学、河池学院、广西大学、广西民族大学、南宁师范大学均开设了环境工程专业;广西师范大学、桂林电子科技大学、桂林理工大学、河池学院、广西大学、广西民族大学、南宁师范大学、梧州学院、百色学院等开设了环境设计专业;广西师范大学和南宁师范大学开设了环境科学专业;桂林理工大学开设了自然地理与环境专业;广西大学开设了农业资源与环境专业;百色学院开设了环境科学与工程专业;广西生态工程职业技术学院开设了环境监测与控制技术专业、污染修复与生态工程技术专业;桂林电子科技大学开设了建筑环境与能源运用工程专业。除开设绿色环保类专业,非环保类专业开设环保类通识课程(包括必修课和选修课)也是各高校开展绿色教育的重要举措。以桂林理工大学为例,学校将"环境保护与可持续发展"课程列为全校本科生公共基础课,同时开设一批有关可持续发展及环境保护的选修课,使所有的学生都有机会接受环境保护和可持续发展教育。此外,在其他主要学科中渗透环境教育,即专业课教师在传授学科知识的同时,有意识地渗透环保知识,或者有意识地选取一些环保素材进行举例,引导学生形成正确的环境观,养成良好的环保行为。在渗透环境教育的过程中,各主要学科都有相应的渗透环境教育的计划、教案和教科书。

三是深化环境教育教学改革。对于一些设有环保专业的高校而言,深化环境教育教学改革是其推动绿色教育的基本举措。以广西大学为例,学校在已有环境保护专业和选修课的基础上,继续加强专业建设和课程建设,加强课程改革,注意更新课程内容,拓宽选修课的内容和选修范围。一方面,通过开讲座、报告会、研讨会、影视巡礼等活动,将环境保护和可持续发展的意识和观念渗透到教学实践环节中,为培养具有环境保护意识和可持续发展意识的高层次人才奠定基础。另一方面,面向社会开展不同层次的宣传教育活动,做好环境保护和可持续发展思想和观念的培养工作。同时,充分利用远程教育、多媒体等先进教学手段为环境教育服务。广西科技师范学院结合地域发展需求,并根据国家绿色建筑政策导向及现有绿色建筑人才市场缺口,对学校建筑学专业进行了一系列改革。一是提出"核心主导、绿色同步、平台培养"的建筑学教育教学新模式;二是在原有的建筑学学科知识框架上同步置入与绿色建筑相关的内容;三是成立学院绿色建筑设计研究中心,在学校内搭建绿色建筑虚拟仿真及实践平台;四是与区内多家具有绿色建筑平台的设计院(公司)建立联合培养平台,为学生提供全程参与绿色建筑设计的综合实践机会,为绿色建筑教育"产学研"实践打下基础。

四是环保社团组织积极开展教育实践活动。环保社团在大学绿色教育实践环节中有着举足轻重的作用。通过对相关资料进行整理发现,每一所绿色大学都成立了相应的绿色环保社团。如广西科技师范学院、广西大学的绿色环保社团,广西师范大学、广西生态工程职业技术学院的环境保护协会,桂林电子科技大学的根与芽环境社,桂林理工大学的绿色俱乐部,河池学院的绿原子环境保护协会,广西医科大学的绿色沙龙环保协会,广西民族大学、南宁师范大学的绿色家园环保协会,百色学院的同心环保协会,梧州学院的Fresh 环境保护协会,右江民族医学院的心之绿环境保护协会等。以广西医科大学为例,学校的绿色沙龙环保协会(Green Salon,简称"绿沙")秉承"保护环境,造福全人类"的理念,开展了以环保宣传、环境教育、自然体验、校园环保为主的各类环保活动,组建了"广西大学生绿色营",开展了多种形式的宣传教育,足迹遍布八桂大地,赴西江上游、干流和各支流开展环保教育、公共宣传、环境调研、水质分析、自然体验等系列活动,锻炼了大批学生环保志愿者。"绿沙"每年召集全国各地优秀大学生共同关注和探讨珠江母亲河问题,致力于建立起大学生保护珠江母亲河的机制。"绿沙"还牵头在广西组建了有 11 所高校加入的广西第一个大学生环保联盟——"绿色联盟",有力地推动了区域环保事业的发展。

在绿色教育推进过程中,各高校通过开设环保专业、设置环保课程、成立环保社团、深化环保教育教学改革等方式,让学生的环境素养得到了显著提高。调查数据显示,94%左右的学生养成了随手关灯的习惯,76%左右的学生养成了节约用水的习惯,60%以上的学生能做到节约用纸(见表 5-1)。

表 5-1　大学生环境行为情况统计　　　　　　　　　　（单位：%）

题目/选项	总是	经常	有时	很少	从不
随手关灯的情况	67.17	27.80	4.36	0.55	0.12
采用双面打印的情况	25.74	35.01	31.37	7.52	0.36
洗脸时不关水龙头的情况	2.73	4.60	16.60	43.67	32.40

（三）倡导绿色科研,环保科技水平不断提升

所谓绿色科研,是指把生态文明、绿色发展理念、环境保护意识融入科学研究之中,推动科研成果服务环境保护和经济社会的绿色发展。就概念而言,绿色科研有广义和狭义之分。从广义上看,绿色科研是环境自然科学研究和环境人文社会科学研究的总称;从狭义上看,绿色科研是以环境保护为目的的自然科学和工程技术研发的总称。[①] 下面我们从科研组织、科研项目、

——————

① 叶平、迟学芳:《从绿色大学运动到全国生态文明宣传教育》,第 61—62 页。

学术交流、科研合作和成果转化等方面分析这个问题。

一是绿色环保研究机构不断增多。研究发现,成立绿色环保研究机构是各高校推进绿色科研的重要途径。以桂林理工大学为例,2010年11月,学校充分发挥无机非金属材料工程专业的优势,与山东众森建材科技有限公司合作,建立了"水泥节能技术产学研中心",在推动建材、水泥生产节能技术的科技创新、科技成果推广应用及转化、人才培养等方面迈出了实质性步伐。2013年11月,学校充分发挥环境、水利、旅游等学科的优势,成立了"漓江生态与环境研究中心",开展河流生态学、水生生物多样性与资源保护、水环境工程和生态旅游研究,为推动学校教学、科技工作发展,为漓江生态环境保护和资源的可持续利用做出了积极的贡献。2018年12月,学校建立了广西壮族自治区北部湾绿色海工材料工程研究中心,旨在打造一个高水平省级固废海工新材料工程化研发平台,研发系列绿色海工新材料,设计开发固废海工材料新工艺、新装备,推进已有成果技术的规模化应用。同年7月,广西师范大学成立了"可持续发展创新研究院",为桂林市国家可持续发展议程创新示范区建设提供坚强有力的科技支撑。

二是环保科技类项目日益增加。推进绿色科技,是各高校开展绿色科研的重要举措。以桂林理工大学为例,该校注重知识创新,严格制定并实施绿色科技发展规划,其中包括加强环境污染治理与环境质量改善方面的科学技术研究;发挥综合学科优势,努力研究与开发符合清洁生产原理的新工艺、新技术,减少物耗与能耗,减少污染物排放;加强环境软科学研究,对环境与社会发展中的重大问题,从社会、经济、政治、技术等方面进行综合研究。学校环境科学与工程学院师资力量雄厚,科技成果丰富,其环境科学研究在广西乃至全国较有名气。与此同时,学校坚持把绿色科技意识贯彻到研究项目的全过程。在项目立项过程中,将是否造成环境污染作为立项的一个前提条件,可能产生严重环境污染的项目,即使有很好的经济效益,也不承担或不参加。在项目实施过程中,注意资源节约,体现环境保护和可持续发展的理念。在项目完成后,进行绿色评价,并将其作为成果鉴定、报奖的一个评定条件。

三是环保类学术会议逐渐丰富。各校通过召开环保类学术会议,探讨环保科学和技术。以桂林电子科技大学为例,2017 年 12 月,学校开展了《广西绿色发展报告》研讨及鉴定会;为广西经济社会的绿色发展战略提供决策咨询。2019 年 6 月,该校召开了"新时代绿色发展桂林电子科技大学青年国际合作论坛暨第三届中国留韩经济管理年会",开拓了学校教师和研究生的学术视野,激发了青年教师的科研兴趣和科研动力。2020 年 1 月,该校举办了"广西环境污染控制理论与技术重点实验学术年会",为重点实验室优化发展、进一步申报重点实验室指明了方向。广西大学积极推动环保学术交流,2018 年 5 月,该校参加了国家灌溉农业绿色发展联盟,为解决我国水资源紧缺、灌溉农业技术供给乏力问题,促进我国水资源高效利用、保障农业绿色发展,破解我国农业水资源瓶颈问题贡献力量。2018 年 12 月,该校通过举办"争创一流·砥砺前行"绿色建筑·智慧能源学术创新论坛,加深了大学生对绿色建筑和智慧能源的认识。2019 年 9 月,该校通过举办"生态环境学科前沿与绿色发展"论坛,推动青年学者在生态与环境科学研究领域的交流与合作。

四是环保类项目产学研合作形式多。服务地方经济社会发展是高校的职能之一,而加强产学研合作是高校服务地方经济发展的有效途径。以广西大学为例,2010 年,学校与广西博世科环保科技股份有限公司、北京林业大学共同完成了"大型二氧化氯制备系统及纸浆无元素氯漂白关键技术及应用"项目,实现了纸浆漂白可吸附有机氯化物(AOX)超低排放,为我国造纸行业落实国家"水污染防治行动计划"提供有力的技术与装备支撑。2017年,学校与益江环保联合攻关,在广西建立了第一条PE固定床分散型污水处理设备生产线,该技术在广西玉林、南宁、北海、柳州、河池、百色等区域的农村污水处理中成功广泛应用,成为广西乃至全国村镇水环境污染治理技术的典范。2018年5月,学校沈培康教授团队和一家校外公司共同研发的"石墨烯复合橡胶改性沥青路面技术"得到应用,该技术的大规模推广将有助于引领全国环保交通新材料的大力发展,进而产生巨大的经济和社会效益。

(四) 打造绿色文化,绿色环保理念逐渐深入人心

打造绿色文化,简单地说主要是指把环境保护意识、可持续发展及绿色发展理念融入学校文化建设之中,内化于师生之心,外化为师生之行为。我们讨论绿色文化打造时可以从学校文化氛围、师生生活方式、校园营造等方面来把握。

1. 积极开展绿色环保系列活动,形成绿色文化氛围

开展绿色环保系列活动,是各高校在绿色文化建设过程中采取的基本措施之一。广西高校的具体活动大致通过学校、学院(系)、班级三个层面进行,其中学校层面的活动是主要平台。首先,面向全校开展绿色环保系列活动。广西生态工程职业技术学院通过举办绿色环保宿舍文化节、绿色环保时装秀、"争创绿色大学"签名等活动,鼓励大学生积极参与绿色大学建设。该校在开展活动过程中,始终坚持以"提倡生态文明,树立环保理念"为宗旨,不断提高学生的生态环保意识,让学生真正为生态、环保工作做出努力。其次,开展环保知识宣传教育,为大学生营造良好的绿色文化氛围。广西医科大学通

过举办"我是团员我节约——创建节约型校园"活动,倡导大学生树立节约资源的意识,养成节约资源的习惯,摒弃畸形的高消费,积极参与建设节约型和谐校园的活动。广西师范大学通过举办"人人参与节能减排,共同创造低碳生活"活动,培养教职工、学生的节能减排意识,让学校师生共同建设节约型校园。广西民族大学通过发布"绿色生态·和谐发展·大美中华"宣讲视频,倡导大学生积极践行绿色生态文明理念。桂林理工大学通过在校报刊登"绿色发展"与"绿色生活"基本知识,倡导大学生养成绿色生活方式;通过举办"环保科技竞赛",提高学生的环保意识,促进各专业与环保理念的融合。桂林电子科技大学通过举办"广西大学生材料绿色循环再利用设计大赛",加强学校与其他兄弟院校的交流,扩大学校和相关学科的影响力,强化学生的绿色和可持续发展理念,提升学校人才培养质量。

学院(系)、班级活动同样丰富多彩。桂林理工大学地球科学学院结合本学院的学科特点和专业优势,开展"地学文化长廊"活动,围绕"绿色地球学在桂工"主题,按绿色讲坛、绿色科普、绿色展览、绿色咏读、绿色创新、绿色创意和绿色践行七大板块开展系列学术文化活动。该活动不仅将课堂与实践相结合,还为推动生态文明建设、崇尚绿色生活发挥出了应有的作用。百色学院在各班开展"塑料瓶与废纸回收""节能减排"等一系列有利于环境保护的活动及主题班会,旨在让学生在学习生活中积极践行文明节俭的生活消费理念,养成爱护环境的良好行为习惯。与此同时,每学期期末评出"环保先进班级",并予以一定的物质奖励。

在绿色文化建设的过程中,学校开展环保知识宣传教育,开展绿色活动,营造浓厚的绿色文化氛围,在一定程度上影响了学生对环境的态度。在问卷中,97%左右的学生认为大学生有必要关心环境保护问题,95%左右的学生认为垃圾分类很重要,73%左右的学生认为有必要在入党、评优和奖学金评定中增加环境素养指标(见表5-2)。

表5-2 大学生环境态度情况统计 (单位:%)

题目/选项	非常必要	必要	无所谓	没必要	非常没必要
对垃圾进行分类	65.29	29.81	4.36	0.42	0.12
大学生关心环境保护问题	64.51	33.31	1.70	0.30	0.18
在入党、评优和奖学金评定中增加环境素养指标	26.95	46.40	14.66	9.99	2.00

此外,96%左右的学生愿意自觉保护生态环境,93%左右的学生愿意过"绿色生活",92%左右的学生愿意学习与绿色环保相关的知识(见表5-3)。由此可见,各高校在绿色文化建设方面取得了较好的成绩。

表5-3 大学生环境态度情况统计 (单位:%)

题目/选项	非常愿意	比较愿意	一般	不太愿意	非常不愿意
是否愿意过"绿色生活"	62.87	30.22	6.49	0.36	0.06
是否愿意自觉保护生态环境	66.32	30.22	3.27	0.19	0.00
是否愿意学习与绿色环保相关的知识	62.20	29.92	7.33	0.49	0.06

从上述分析可以看到,各高校以创建绿色大学为载体,让大学生积极参与绿色实践,培养大学生热爱自然的情趣和改善环境的意识;大力推动环境教育,使广大教职工、学生成为建设生态文明的自觉实践者。学校在参与绿色大学建设的过程中,对大学生开展环境教育,包括环境培训、环境讲座、环境渗透教育、环境演讲比赛、环境文艺演出等,取得了丰富的成果。根据广西环保厅宣教中心提供的材料,截至2015年,绿色大学环境教育讲座开展率达100%,85%的大学设立了环境课题研究小组,课外环境教育活动的普及率达

90%,有90%以上的大学成立了职工环保志愿者队伍。①

2. 积极倡导绿色生活方式

生活方式深深凝聚和折射着大学文化,特别是大学生的生活理念和价值追求。生活方式具体体现在衣、食、住、行等方面。广西高校在绿色生活方式创建上做了多种探索。一是在饮食层面,倡导节约、反对浪费,开展"光盘行动",减少使用或尽量不使用一次性生活用品一直是各高校所倡导和推崇的。二是在校园交通方式上,不少学校已禁止学生把用油摩托车骑进校园(甚至包括电动车),在校园配置了大量共享自行车,有利于学生在校园内活动。三是其他节约习惯的养成,如在节约用电方面,号召学生随手关灯、夏天空调控制在26℃以上等。

3. 校园里的绿色元素不断丰富

校园是一个包括教学和科研以及办公建筑、住宿和饮食场所、水体、运动场地、休闲场所等在内的一个复杂系统,在如此复杂的载体上如何体现和反映绿色文化元素,是值得学者和管理者认真研究和探索的。如新建建筑的"绿色"成分标注、校园景观设计和建造要体现环保和绿色理念。广西高校在这方面做了不少实践探索,有一些成果非常有影响。如2019年国家颁布《绿色校园评价标准》后,不少高校在新校区规划、建设过程中,努力执行国家相关标准要求,在新校区选址、楼宇布局、建筑材料采用、道路建设等方面充分利用自然资源,突出绿色低碳循环等因素,取得良好效益。

---

① 广西壮族自治区绿色环保系列创建活动办公室编印:《绿色创建　一路同行——广西绿色环保系列创建十五年经验汇编》,广西壮族自治区内部资料性出版物,准印证号:桂1014690,2015年,第11—14页。

三、绿色大学创建工作存在的不足、问题及原因

（一）存在的不足

1. 高校创建申报的积极性不高

从全国范围来看，广西在绿色大学创建队伍中一直走在全国的前列。自绿色学校创建启动以来，广西紧跟国家的步伐，较早启动了自治区绿色学校、绿色大学创建活动。但从广西的整体情况来看，主动参与绿色大学创建活动的高校并不多。按照每两年评审一批绿色大学的设想，截至 2021 年自治区应该完成八批自治区级绿色大学的评审工作。根据广西环保厅宣教中心提供的资料，自治区已评定三批自治区级绿色大学：2004 年 8 所、2006 年 3 所、2010 年 3 所，共计 14 所，仅占广西高校总数的 15%。2010 年之后没有高校申报创建绿色大学。与此同时，被授予"绿色大学"称号的高校中，有部分高校对绿色大学建设有所松懈，还有部分高校出现了停滞乃至后退的现象，甚至还有个别高校一直以来无动于衷。

2. 绿色大学创建的过程不持续

绿色大学创建是一个需要不断完善的艰巨而漫长的过程，需要高校付出长期坚持不懈的努力。绿色大学创建又是一个动态发展的过程，在不同阶段，学校要做出不同的努力。绿色大学创建只有起点，没有终点，高校应做出长期的工作规划，并根据时代的变化和要求做相应的调整。然而，笔者在调研中发现，一些高校建设绿色大学，仅仅是为了荣誉，一旦没有了荣誉，其积极性大大降低。一些大学虽然建立了长期目标，但在实践中并没有达到原本确立的高目标和高要求。部分学校的领导和教师对创建活动并不重视，没有制定长远计划，加之相关评价要求不高，这些学校在很大程度上仅仅是为了应付检查，并没有将具体的工作落到实处。还有部分高校仅仅是为了创建而创建，并没有进行深

入的谋划。这些学校在申报"绿色大学"称号期间确实做了大量的努力,一旦获得"绿色大学"荣誉称号,便停滞不前。不难看出,这些学校仅仅把绿色大学创建看作提升大学声望的一种手段,并没有采取实际的行动来实现真正的"绿色"。

3. 绿色大学创建内容不全面

经过多年的探索,广西高校在绿色大学创建的过程中积累了较好的基础,也存在建设内容不全面的问题,主要体现为大学内部的"绿色建设"发展不平衡。研究发现,广西多数高校侧重于绿色校园建设,强调学校的节能减排和绿化美化,而在绿色教育、绿色科研、绿色文化等方面的努力相当有限。不同类型高校之间也存在较大差异。就创建任务而言,大部分高校倾向于把重点放在外显的、看得见的、见效快的"绿色"上,而那些内在的、难以看见的、见效慢的"绿色",诸如绿色教育、绿色科研等,往往被忽略。

4. 绿色大学创建行动表面化

尽管广西众多高校在创建实践方面做了大量的工作,但仍然存在行动表面化的现象。这主要表现在:一些学校在建设过程中只停留在环境的绿化和美化等表面工作上,并没有深入进行内涵建设。就绿色教育而言,一方面,虽然几乎所有高校都设立了环境教育课程,但均以零碎的选修课的形式出现,且大都面向专业学生,覆盖非专业学生的环境教育通识选修课尚未成型。另一方面,虽然各高校都有相应的绿色环保社团,但影响力十分有限,绿色活动的质量仍有待进一步提高。某高校社团负责人 F 老师也表示:除了绿色环保类的社团外,其他社团开展活动一般都不会把绿色环保考虑在内,即使一些做得比较好的社团也没有做到这一点。一些大学在申报绿色大学期间做了大量的工作,但活动结束后,许多工作未能一直延续下去。由此可以反映出,不少高校在创建绿色大学的过程中,只做了表面功夫,缺乏深入的系统思考和持久的行动。

（二）主要问题

广西绿色大学建设走过了近二十年的历史,取得了许多宝贵的经验。然而,现实中依然存在诸多问题。在新时代绿色学校创建的新的历史阶段,对广西高校绿色大学创建现存的问题及其原因进行分析,有利于增强新时代绿色大学创建的针对性和有效性。

1. 绿色校园建设浅层化

一是校园景观美观性不强。尽管各高校的绿地率逐年增高,但绿化、美化的形式比较单一,校园景观缺乏形态、色彩等方面的丰富变化。一方面,校园绿地面积虽大,但利用率不高。另一方面,虽然校园的花草树木数量不少,但植物景观的空间形态和竖向结构并不理想。二是校园环境缺乏文化底蕴和区域特色。如某师范大学作为广西重点高校之一,学校的环境应体现地方性和民族性,但从该校新校园景观来看,并没有很好地凸显这两个方面。据调查,部分高校在新校区建设的过程中,由于设计匆忙、急于投入使用,在植物绿化美化、景观设计和建造等方面考虑得不够充分,从而导致校园区域特色和文化底蕴不突出。三是能源资源浪费问题较为严重。有相当一部分学生没有养成节约用电用水的良好习惯,浪费现象依然存在。如洗手、洗脸、刷牙时不关水龙头;出门不关灯;开门开窗时也使用空调;经常使用一次性用品;单面打印无限制,用纸不节制等。在问卷调查中,93%左右的大学生表示愿意过绿色生活,但当问及"平时使用一次性筷子、饭盒或纸杯的情况"时,不到1%的学生选择"从不",超过29%的学生选择"经常",另有7%左右的学生选择"总是"（见图5-2）。四是废弃物的回收处理缺乏规范。虽然大部分高校校园内设置的垃圾箱为分类垃圾箱,但学校垃圾运输通常采取"一锅端"的做法,垃圾分类箱没有发挥应有功能。尤其是学生宿舍产生的废弃物中,纸张、包装材料、旧衣物和书籍等可再回收利用的资源相对丰富,这在一定程度上造成了部分资源的浪费。五是校园能源资源利用水平不高。在调研中发现,部分高校在新校区建设和老校区改造的过程中,投入了大量的人力、物力、财力,但总体建设水平不高,能源资源浪费现象较为严重。一方面,虽然老校区改造持续不断,但治标不治本,环保之路依然任重而道远。另一方面,新校区建设投入虽大,但建设工程的质量不高,未能很好地渗透绿色、环保、生态等理念。

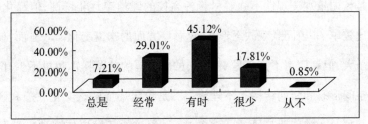

图 5-2 大学生使用一次性筷子、饭盒或纸杯情况统计

2. 绿色教育推进不平衡

对各高校的人才培养方案进行分析发现,除综合性大学和理工类院校外,大部分高校尚未设置专门的绿色教育课程。总的来看,广西高校在创建绿色大学的过程中普遍存在绿色教育体系不完善的问题。其一,绿色课程数量偏少。尽管部分高校设置了绿色教育课程,但均以选修课的形式出现,缺乏专业知识的探讨和专业技能的培训。同时,选修课容量有限,难以满足广大学生的需求。以桂林某大学为例,在学校开设的全校性公共课程(选修课)中,与绿色环保相关的课程只有两门,即"环境保护概论"和"生态理论",均由环境科学与工程学院开设。其二,绿色教育的课程内容比较单一。从各高校开设的绿色教育课程来看,有的高校绿色教育课程还停留在理论知识教育层面,缺乏实践实训环节。

有的高校绿色教育课程则以自然科学类的课程为主,人文社科类的课程相对较少。以某师范大学为例,该校的绿色教育课程共 14 门,其中自然科学类 11 门、人文社科类只有 2 门、其他专项类仅 1 门。其三,绿色教育课程的实践活动环节尚未纳入人才培养方案。各高校关于绿色教育的实践活动大都归校团委管理,与学校教育教学管理部门衔接不力。各高校都开设了劳动课程,但大都由后勤管理、服务部门负责,缺乏专业教师指导,课程质量难以得到保障。其四,缺乏专业性强的绿色教育课程师资。通过调研发现,各高校均未组建专门从事绿色教育课程教学的师资队伍,课程任课教师散落在相关学院,教学质量难以保证。同时,教师在专业课教学中也难以进行绿色理念、环保和生态知识的渗透。毋庸置疑,这些问题将直接影响绿色人才培养质量。据调查,关于世界环境日的具体时间只有 41% 左右的大学生回答正确;关于世界水日的具体时间只有 37% 左右的大学生回答正确;在"全国统一环境问题举报热线电话"这一题中,不到 30% 的大学生回答正确(见表 5-4)。从上述分析可以看到,各高校尚未建立完整的绿色教育课程体系。

表 5-4　大学生环境知识情况统计　　　　　　(单位:%)

问题	回答正确	回答错误	不知道
世界环境日的时间	41.01	24.59	34.40
世界水日的时间	36.89	21.92	41.19
全国统一环境问题举报热线电话	29.56	20.23	50.21

3. 绿色科研实力不强

绿色科研是绿色大学建设的技术保障,也是高校创建绿色大学的难点。研究发现,广西高校绿色大学创建中普遍存在绿色科研实力不强的问题。一是专业技术人员承担的现有项目课题中与环境、生态、绿色发展相关的立项课题数量不大,与环境、经济、社会绿色发展的需求不适应。学生承担的创新创业课题里,相关课题比例不高,以某师范大学为例,2016—2020年,大学生创新创业训练计划项目中与环保和生态相关的项目仅占10%左右。与区外同类型高校相比仍有较大的差距。二是与企业的合作相对较少。虽然部分有实力的高校与企业有相关合作,但数量相对较少。一些非重点院校,由于受到项目资金、师资队伍、科研水平等诸多因素的影响,绿色环保类的项目并不多,且推广效果不佳。三是绿色环保类项目的立项主要集中于环境自然科学的项目,而环境人文科学的项目比较罕见,即使科研实力强的高校,在环境人文科学研究方面也是弱项。近年来有关绿色环保的项目获奖不少,但主要集中在环保类专业,其他学科专业获奖的寥寥无几。

4. 绿色文化的渗透力弱

绿色文化是绿色大学建设的动力源泉,也是高校建设绿色大学的突破点。通过调研和访谈发现,尽管各高校通过多种方式打造绿色文化,但依然未能取得理想的效果。其一,绿色文化活动形式化。通过深入访谈发现,大学生对绿色环保类活动的理解存在偏差。在访谈中,受访者B老师坦言:"虽然大学生自身在生活中能做到绿色环保,但他们并没有意识去带动和影响身边的人。"一些社团举办的相关活动缺乏创新性,为了举办活动而举办活动;虽然参加绿色环保类活动的学生并不少,但真正持生态环境保护这一初衷的不多,不少是出于其他动机。受访者G老师表示:"对于大部分学生而言,参加相关活动仅仅是为了拿到活动证明,从而为评奖评优加分。"其二,学校对绿色大学建设的宣传力度不足。有超过40%的学生对"绿色大学"知之甚少。笔者在问卷调查中了解大学生对"绿色大学"一词的知晓度以及通过什么渠道了解"绿色大学"相关知识的。调查结果显示,42%的大学生选择了"这份问卷",这反映了大部分学生对"绿色大学"了解不多。在选择了解渠道时，33%的大学生选择了"网络媒体"，选择"电视"的占7%，选择"公益活动"的占6%，而选择"大学课堂"的仅占5%，选择广播、图书杂志、报纸及其他的相对较少。这可以说明，网络媒体是大学生了解"绿色大学"相关知识的主要渠道，从侧面也反映了学校对绿色大学相关知识的宣传力度不足。其三，绿色环保类活动的影响不足。问卷调查结果显示，只有23%左右的学生表示总是或经常向他人宣传环保知识，20%左右的学生表示在大学期间总是或经常参加环保公益活动（见表5-5）。由此说明，有超过一半的大学生在大学期间没有积极参加绿色环保活动。对此，某师范大学的大学生A同学反映："学校开展此类活动，形式主义风气较浓厚，而且形式较单一，创新性不足，收获并不大。"上述分析表明，学校目前尚未形成完整的绿色文化体系。

表5-5　大学生环境行为情况统计　　　　　　　　　（单位：%）

题目/选项	总是	经常	有时	很少	从不
主动向周围的人宣传环保知识	8.60	14.96	45.37	27.80	3.27
在大学期间参加环保公益活动	6.42	13.99	49.14	27.7	2.75

（三）原因分析

1. 对绿色发展理念认识不到位

学校决策层对绿色大学创建的价值及意义、对绿色发展理念认识不到位是造成上述结果的原因之一。学校领导对绿色大学、绿色发展认识不到位，将直接影响绿色大学的创建水平和质量，很有可能造就一批为创建而创建的"淡绿色"大学，甚至是"伪绿色"大学，难以形成真正意义上的绿色大学。创建绿色大学并非易事，对高校是一个挑战。"发展理念是发展行动的先导"，绿色大学创建是否科学有效,关键在于是否有先进的绿色理念做指导。在调查中发现,学校领导对绿色大学的认识不到位,存在较大的偏差,主要体现在以下两个方面。其一,大部分高校的领导仍把绿色教育仅仅看作环境保护和可持续发展教育,还没有上升到生态文明教育、生态文明建设的高度。在生态文明建设的时代背景下,绿色大学创建被赋予了新的内涵,生态文明教育已是高校办学的重要任务。其二,对绿色大学的概念理解不到位。相当一部分高校把绿色校园建设等同于绿色大学建设。通过调研发现,许多高校在绿色大学创建过程中,重视建设绿色的校园,追求表面的绿色,忽视内涵发展,其建设质量和水平可想而知。造成这一状况的原因是多方面的,但主要原因是高校领导对绿色大学的内涵和真正要义以及建设绿色大学的重要性认识不到位,未能充分认识到绿色大学创建与绿色发展的必然关系。绿色大学建设是一个系统工程,任何一项建设的缺失都会影响绿色大学建设的整体水平。绿色校园建设固然重要,但绿色科研、绿色教育、绿色文化等方面的建设是核心和关键。

2. 学校绿色发展理念尚未落实

从绿色大学启动方式看,广西高校绿色大学创建主要是由政府引导的,即采取"自上而下"的方式。从某种程度上讲,绿色大学创建并非高校的自发行为,很多高校是跟随政策走,显得较为被动。一旦失去了政策的支持,其相关工作也戛然而止。调研发现,在被授予"绿色大学"称号的高校中,尚未发现有高校制定专门的绿色大学建设规划。同时,对高校的学校发展规划进行分析后发现,把绿色发展纳入学校发展规划和办学理念的高校并不多,只有部分综合性大学和理工类大学的发展规划和办学理念中提到了"绿色"。尽管有不少高校在学校发展规划中提到了"生态文明"和"绿色发展理念",但在具体政策文件、工作计划、人才培养方案中尚未明确提出"绿色"目标、指标。究其原因,学校决策层对绿色大学创建和学校绿色发展的价值、重要性缺乏足够的认识。如果学校在办学定位上没有明确提出绿色发展的办学理念,那么绿色大学创建只能是浅层次的依葫芦画瓢。

3. 绿色大学创建资金投入不足

经费问题,是所有高校在绿色大学创建过程中遇到的最大困难。绿色大学创建是一项需要长期投入的系统工程,无论是绿色校园建设还是绿色教育、绿色文化等方面的建设,都需要投入大量的资金,这对于一般大学来讲并非易事,即使是较有实力的重点高校也难以做到。资金问题得不到解决,高校绿色大学创建的水平和质量很难得到保证。通过调查发现,广西的高校在创建绿色大学的过程中都存在建设经费不足的问题,包括校园建设和改造经费、平台建设经费、活动经费、奖励经费、创建经费等。虽然自治区政府每年都在不同程度增加高等学校办学经费,但目前的投入犹如杯水车薪。在调研中,自治区生态环境厅宣教中心的相关负责人表示:近年来,自治区绿色大学创建经费明显不足,创建的激励机制得不到落实,一直处于有"鼓励"无"奖励"的状态。资金来源不稳定,会造成绿色大学创建工作部门、人员长期处于无序、混乱的状态。另外,资金短缺会直接导致高校绿色建设的内容难以全面推开,从而影响建设的深度和广度。虽然有部分高校深知建设绿色大学有诸多好处,但由于缺乏专项经费,只能停滞不前。如果缺乏足够的资金,所有的努力都只是徒劳。缺乏专项经费,是广西高校绿色大学建设整体水平不高的重要原因。

4. 组织机构和制度建设有缺失

完备的组织和制度,是高校建设绿色大学的重要保障。反之,将直接影响绿色大学建设的有序开展。尽管广西高校在绿色大学建设的过程中取得了一定的成效,但在组织和制度建设方面仍存在许多缺陷。其一,尚未成立专门的组织机构,如绿色大学办公室、绿色大学建设领导小组、绿色大学专家团队等,这是高校绿色大学建设难以全面推进的重要原因之一。从调查的结果来看,有不少高校成立了专门的节能减排办公室,安排了专兼职人员,但这并非绿色大学建设管理的机构、人员。其二,尚未制定专门的绿色大学建设制度来保障和推进绿色大学建设工作,学校缺乏系统的、专门的、完整的绿色大学管理制度体系。其三,尚未建立绿色大学建设监督和考核机制。从目前各高校的建设情况来看,学校各部门基本上处于一种"各自为政"的状态,尚未建立相应的监督、考核和联动机制,这也是绿色大学建设工作难以全面落实的重要原因。其四,各高等学校之间尚未建立信息交流平台。对相关资料进行整理发现,目前广西只有两所高校(桂林电子科技大学、广西大学)加入了"中国绿色大学联盟"。广西高等学校尚未建立类似的组织、交流平台,各高校之间缺乏必要的沟通和交流。

第三节　新时代广西绿色学校创建工作稳步推进

2019 年 10 月,国家发展改革委印发《绿色生活创建行动总体方案》(发改环资〔2019〕1696 号),启动了绿色生活创建行动。同年 12 月,广西壮族自治区发展和改革委员会印发《广西壮族自治区绿色生活创建行动分工方案》(桂发改环资〔2019〕1274 号),提出开展节约型机关、绿色家庭、绿色学校、绿色社区、绿色出行、绿色商场、绿色建筑等创建行动。按照该方案,自治区教育厅牵头负责全区绿色学校创建行动。

2021 年,广西壮族自治区教育厅等有关部门启动了广西绿色学校创建行动方案的调研、研制。2022 年 1 月正式下发了广西绿色学校创建行动实施方案。方案在创建目标、基本原则、工作主体、创建内容等方面,严格遵循国家统一的规定和要求,分别制定了高等学校、中学和职业学校、小学等三个绿色学校创建评价指标。评价指标中的一级指标和二级指标严格执行国家的通用性指标,三级指标即评分标准的拟定依据广西实际并参考了兄弟省区市的做法,体现了广西特色以及绿色生活方式创建行动、生态文明建设的目标。

一、创建工作两级管理,学校是创建主体

广西绿色学校创建采取"自治区级统筹、设区市级组织实施"的办法开展。自治区教育厅是创建的责任主体,负责制定广西大、中、小学三类绿色学校的创建标准,统筹部署并指导各地绿色学校创建工作,复核认定各设区市拟认定的绿色学校名单并公布结果。复核主要采取材料审核和随机抽查的形式进行。同时要求,随机抽查要确保各设区市、各县(市、区)、大中小各学段全覆盖。

各设区市教育局是绿色学校创建的实施主体,负责推动本地区大中小学的创建指导、认定实施等工作,各设区市教育局负责制定本地区绿色学校创建实施计划,组织本地区大中小学绿色学校创建工作,组织本地区大中小学开展绿色学校申报和认定。

各县(市、区)教育局配合所在设区市教育局做好本地中小学绿色学校创建指导、认定申报等工作,负责制定本地绿色学校创建实施计划,组织本地中小学开展绿色学校创建和认定申报工作。各高等学校、区直中等职业学校绿色学校创建由设区市教育局认定,申请认定材料提交至驻地设区市教育局,涉及多个分校区的,提交至主校区驻地设区市教育局。

全区大中小学是绿色学校创建对象,是绿色学校创建行动主体,在各级教育行政部门的指导下,落实落细各项创建内容。各学校按照教育部办公厅、国家发展改革委办公厅印发的《绿色学校创建行动方案》和自治区教育厅等部门制定的绿色学校创建方案的要求开展创建工作,并按照各设区市、县(市、区)教育局的规定和要求开展绿色学校自评及自评资料建档,履行申报认定程序。

二、创建内容遵循国家统一要求

广西新时代绿色学校创建内容严格遵循国家统一规定和要求。

(一)开展生态文明教育

推进生态文明教育是新时代绿色学校创建的新内容新任务,目的是培育学生的生态文明素养。中小学校要结合课堂教学、专家讲座、参观实践等活动开展生态文明教育,大学要设立生态文明相关专业课程和通识课程。要根据不同年龄段学生的认知水平和成长规律,在教育教学活动中融入生态文明、绿色发展、资源节约、环境保护等相关知识,将教育内容与学生身边的、学校当地的和日常的环境相联系,鼓励学生从多角度认识和理解绿色发展。

(二)施行绿色规划管理

校园绿色规划是绿色校园建设的重要依据。新时代绿色学校创建的一大亮点就是强调和重视绿色校园建设。在校园建设和改造中,学校要结合当地经济、资源、气候、环境及文化等特点着力优化校园内空间布局,合理规划各类公共绿地和绿植搭配,提升校园绿化美化、清洁化水平。建立健全校园节能、节水、垃圾分类等绿色管理制度,引入信息科技先进技术,加快智慧化校园建设与升级,积极开展校园能源环境监测,有效处理生活及实验室污水,实现校园全生命周期的绿色运行管理。

（三）建设绿色环保校园

绿色环保校园是绿色校园建设的重要版块,也是基础性的版块,其核心就是节约、环保、健康。新时代绿色学校创建,要求积极采用节能、节水、环保、再生、资源综合利用等的绿色产品,引导校园新建建筑按照绿色建筑标准要求进行设计、建造,有序推进既有建筑绿色化改造和运行。着重从建筑节能、新能源利用、非常规水资源利用、可回收物利用、材料节约与再利用等方面,持续提升校园能源与资源利用效率,深入开展能源审计、能效公示、合同能源管理和合同节水管理。

（四）培育绿色校园文化

绿色校园文化是绿色学校创建的灵魂,通过显性和隐性的方式陶冶师生情操,涵养学生人文素养、生态文明素养、绿色素养。新时代绿色学校创建,应支持和引导师生参与组织多种形式的校内外绿色生活主题宣传,对节能、节水、节粮、垃圾分类、绿色出行等行为发出倡议。充分发挥学生组织和志愿者的积极作用,精心开展节能宣传周、世界水日和中国水周、粮食安全宣传周、森林日和植树节等活动,鼓励在各级学校设置旧书分享角、分享日,促进旧书交换使用。各校要将绿色学校创建融入校园文化建设,培养青少年学生绿色发展的责任感,提高爱绿护绿的行动力,让学生养成健康向上的绿色生活方式,带动家庭和社会共同践行绿色发展理念。

（五）推进绿色创新研究

科技创新是学校特别是高等学校的重要职能之一,绿色科技创新是经济、社会和环境绿色发展的技术支撑和智力支持。新时代绿色学校创建,要鼓励有条件的高等学校发挥自身学科专业优势,加强生态相关学科专业建设,大力培养相关领域的高素质人才,开展适合区域经济、社会与环境发展的绿色创新项目,通过多学科交叉,大力推进绿色创新项目的研发,推动产学研紧密结合,加强绿色科技创新和成果转化。鼓励学生进行绿色科技发明创造,促进绿色学校建设的科学研究与社会服务实践活动相结合。①

三、统一认定标准

广西在严格执行国家标准的前提下,结合广西实际,设定了绿色学校创建申报的准入条件及控制项、基准分值。

(一)明确绿色学校申报准入条件

对在环境保护、学校环境卫生等方面有不良记录的学校限制申报或不允许申报。具体包括学校遵守环境保护等法律法规要求,近三年内学校没有发生环境污染事故,无有效的环保信访投诉或环境行政处罚记录;校园卫生满足《国家学校体育卫生条件试行基本标准》以及其他控制性要求。

(二)明确绿色学校认定基准分值,即达到基准分值的学校方可申报

广西认真落实国家绿色学校通用性指标要求,在《广西绿色学校创建评价标准(高等学校,试行)》《广西绿色学校创建评价标准(中学〔含中职〕,试行)》和《广西绿色学校创建评价标准(小学,试行)》中,评价指标主要由"精神文化""物质条件"和"行为管理"3个一级指标及14个二级指标组成,这些指标严格遵守国家的统一规定。经评定,三部分总分值达到80分以上,可申报、被认定为"广西壮族自治区绿色学校"。同时,为充分考虑各地绿色发展实际,在3个一级指标、14个二级指标的具体评分标准中,设置了"设区市自定评分项",并赋予相应分值,具体评分内容由各设区市自定。

---

① 教育部办公厅国家发展改革委办公厅关于印发《绿色学校创建行动方案》的通知(教发厅函〔2020〕13号)。

（三）分批创建，动态认定

广西方案明确，按照国家统一部署和要求，2022 年年底实现 60% 以上的学校达到新时代绿色学校创建标准，并完成复核认定。广西绿色学校创建申报认定分三批次推进，实施动态认定。在第一批次和第二批次绿色学校创建过程中，经各设区市拟认定，但在自治区教育厅组织复核中未通过认定的学校，可集中参与第三批次认定。[①]

[①] 广西壮族自治区教育厅　广西壮族自治区发展和改革委员会关于印发《广西绿色学校创建行动实施方案》的通知(桂教规划〔2022〕1 号)。

第六章　学校环境保护法制教育专题研究

环境保护法制教育是环境教育、生态文明教育乃至绿色教育的重要内容,是服务和保障生态文明建设的重要教育活动。[①] 本章将从学校环境保护法制教育的价值、现状和问题、国外考察与借鉴、如何推动学校环境保护法制教育等方面。

第一节　学校环境保护法制教育的价值

一、环境保护法制教育有利于推进生态文明建设

(一) 学生是新时代生态文明建设的生力军

生态文明建设是我国"五位一体"总体布局的一部分,必须融入经济建设、政治建设、社会建设和文化建设各方面、全过程。对生态文明有多种解释,较为通俗的观点认为,生态文明是指人类遵循人、自然、社会和谐发展这一客观规律后取得的物质与精神成果的总和;是指以人与自然、人与人、人与社会和谐共生、良性循环、全面发展、持续繁荣为基本宗旨的文化伦理形态。[②]

[①] 法制与法治的内涵不同。法治是国家治理的方式,强调的是依法治国;法制主要指法律制度。法制教育是国家法治框架下的教育活动。环境法制教育是法制教育的重要内容,旨在帮助学生了解环境法律规定,培养学生的法治精神,在教育层面推动法治中国与法治社会建设。

[②] 贾卫列、杨永岗、朱明双:《生态文明建设概论》,中央编译出版社,2013年,第16—17页。

党的十六大提出了科学发展观,将可持续发展作为我国经济社会发展的指导思想。科学发展观要求经济社会走可持续发展道路,要求在经济建设过程中提高资源利用效率,保护生态资源,避免过度开发。科学发展观提出经济发展与自然资源保护是一种相互关联的关系,改变了以往经济发展为首位,生态环境为经济发展服务的观念。事实上,经济发展和生态环境任何时候都不是服务与被服务的关系。习近平生态文明思想在科学发展观的基础上更进一步,在追求可持续发展思想的基础上将人与社会、人与自然的和谐关系也纳入建设目标中。

学生是国家与社会的未来,是成长中的参与者与未来的创建者。生态文明建设是中国特色社会主义伟大事业的一部分,建设生态友好型社会是生态文明建设不可或缺的一部分。作为国家的人才储备,学生应当接受良好的环境法制教育,为未来的建设打下坚实的基础。作为奔涌的"后浪",在党和国家生态文明建设的道路上,学生应当了解生态文明建设的内涵和意义,接受全面的环境教育、生态文明教育,其中当然包括环境保护法制教育。

(二) 常规化的环境保护法制教育是生态文明建设的重要环节

环境保护法制教育常规化是完善环境教育的重要部分。在我国"五位一体"社会主义建设总布局下,生态文明建设与经济、政治、文化、社会四方面建设有同等重要的地位。环境教育也不应当仅仅作为一项"品德教育"而存在。如同对学生的政治教育与文化教育一样,环境教育也应当成为一种常态,而不是"品德优异"的体现。在环境教育中,环境保护法制教育作为其中一方面应当实现常规化。在以往的环境教育中,环境保护法制教育通常作为一种"额外"的教育内容,有"特别"的教育方式。而如今要实现环境教育常态化,环境保护法制教育也应当实现常规化。即在与文化教育与政治教育同等重要的环境保护教育中,环境保护法制教育是其不可分割的重要部分,实现其常规化是对环境教育的重视程度提高的表现。环境教育由多个部分组成,参照其他国家对环境教育内容的界定,环境教育应当包括环境自然科学教育、环境社会科学教育。其中环境自然科学教育是指环境自然知识与科学技术教育,环境社会科学教育是指关于环境伦理、环境经济、环境法律等方面的教育。环境保护法制教育作为环境社会科学教育中至关重要的一部分,在实现环境保护教育常态化的过程中不容忽视。

环境保护法制教育常态化的力量是推动生态文明建设发展的主要力量之一。我国是一个法治国家,我国社会是一个法治社会。通过多年来的法制宣传教育,法制的重要性已经深入人心。随着我国法治建设不断加强,立法、司法、法律监督体系不断地完善,法治精神逐渐被人们普遍接受且信赖。环境保护法制教育是培养学生法律知识、法治思想、法治精神的必要方式,是学生环境教育中法制教育的对应部分,环境保护法制教育有利于学生充实法律知识、提高法治意识、构筑法治精神。在常态化环境保护法制教育下成长起来的新一代社会建设者与参与者,将拥有更加全面的知识、更加充沛的热情与更高的法治精神,将成为新时代中国特色社会主义生态文明建设的中坚力量,有力推动生态文明建设的不断发展和水平的不断提高。

二、环境保护法制教育有利于提升学生的生态文明意识

学生阶段是一个人受教育效率最高的阶段,也是人的世界观、价值观、人生观树立的关键阶段。在此阶段让学生树立环境保护法治意识可以帮助学生树立积极向上的人生观,培养他们节约、绿色、低碳、环保的价值观念,引导学生对世界进行更加全面科学的认识。现代社会经济发展迅速,家庭重视孩子的生活,在吃穿住行等各方面都力求在经济允许的范围内给孩子最好的。

在学校中,学生之间互相攀比、浪费的现象时有发生,这会对学生的身心健康造成不良影响。环境保护问题不仅仅限于"不乱丢垃圾""节约用水"这些生活习惯的问题,问题严重者有可能会触犯法律。

　　培养学生树立环境保护法治意识也是对我国传统文化的继承和发展。关于环境教育,我国古代先贤提出"顺应天时"理念。早在西周时期,环境教育就已经出现,据《管子·立政》记载,想要使国家富强长久,百姓生存所依赖的山林草木必须丰美。《逸周书·文解传》教导当时的人们不要过度砍伐、过度捕捞、过度狩猎,要使自然资源有恢复和发展的时间、空间。到汉代,淮南王认识、理解了生态环境各个方面的关联,教导民众将农耕、渔业等进行协调发展。保护生态环境的法律在古时也常有出现,早在西周时期就出现《代崇令》,对环境保护做出了极为严格的惩罚规定。根据《礼记·月令》的记述,春秋战国时期颁布了禁令,在夏历正月到夏历六月对植物、禽鸟、鱼类等生物资源进行保护。《秦律》作为一部较为详尽的古代法典,对环境保护进行了较为详细的规定,包括动植物的保护种类、捕捞采摘事项以及违反规定要面临的刑罚。《韩非子·内储说上》记载,殷商时期,将垃圾草灰丢弃在街上就会受到刑罚,商鞅也曾制定过与之相同的法律。虽然这些律法过于严苛,但还是能看出古时人们保护生态环境的态度和决心。

　　让学生树立环境保护法治意识也是对学生的一种保护。近年来曾出现学生捕捉、贩卖国家保护动物或者非法采摘珍稀植物而遭受行政处罚甚至刑事处罚的事件。2014 年,两名高校学生购买国家二级保护动物鹰隼被警察抓捕;2015 年 10 月,大二学生崔某因在网上长期销售国家保护动物而获刑;2019 年 4 月,重庆一名高职学生因为购买国家珍稀保护动物而被刑事拘留。购买野生动物或植物的学生往往是出于对动物的喜爱,但是因为缺乏相应的环境保护法制教育,在购买时没有加以了解,反而成了伤害这些动植物的帮凶,自己也付出了沉痛的代价。出售野生动植物者往往瞄准了学生喜爱自然这一特点,走私或自行抓捕国家级保护动物或采摘国家级保护植物,再以高价对学生进行兜售,赚取高额利润。学生是国家未来之栋梁,应当树立环境保护法治意识。不仅要使他们认识生活中的环境保护,还要使他们对可能会涉及的法律法规有所了解,用法律知识武装自己,这样既可使他们避免因法律知识的欠缺无意中走上违法犯罪道路,也可使他们在遇到破坏生态环境的事件时可以拿起法律的武器维护权益。

三、环境保护法制教育引导学生养成绿色生活方式

学生作为社会未来的构建者、参加者、决策者,应当养成绿色生活方式。绿色生活方式是简约适度、绿色低碳、文明健康的。这样一种新的生活方式需要多渠道、多方式、有针对性的教育和引导才能逐渐养成,需要学校教育、家庭教育和社会教育共同发力才能逐渐养成。环境保护法制教育有助于学生良好的生活习惯和绿色生活方式的养成。

我国文明城市评选中,城市的环境水平是非常重要的指标。观察我国文明城市也可以发现,这些城市的学校十分重视对学生的环境教育和对绿色生活习惯的引导,为居民维持和保护良好的城市环境营造出了良好的氛围。

学校、家庭和社会都有义务承担和实施青少年的环境教育、环境保护法制教育。要加强对绿色生活方式的倡导和引导,营造出全社会共同参与环境保护、践行绿色生活方式的良好氛围,促进学生养成绿色的生活习惯和生活方式。

第二节 学校环境保护法制教育的现状和问题

一、我国环境保护法律法规的发展与普及历程

（一）我国环境保护法律法规的发展历程

中华人民共和国成立之后，法制建设步入正轨，1954 年《宪法》对我国的自然资源确立了国有制，并在之后出台了有关资源开采和保护的一系列行政法规，例如对自来水水质、工业安全卫生等做出了规定。1973 年 8 月，第一次全国环境保护会议在北京召开，拉开了我国环保事业的序幕，会议通过了我国第一份环境保护文件——《关于保护和改善环境的若干规定》，该文件具有法规性质，它的功能相当于临时的环境保护法。1979 年《环境保护法（试行）》颁布实施。1982 年，全国人民代表大会表决通过了《宪法》修正案，将对生态环境和自然资源的保护以明文写进宪法。1989 年《环境保护法》正式颁布实施。2014 年，因为经济、科技、社会的发展，全国人大对《环境保护法》进行修订，使其在实施适用时更加适应当今的法制需要。到目前，我国制定施行了 20 余部相关法律法规，从各个方面为自然环境和自然资源的保护提供了法制保障，这些法律法规涵盖森林、河流、海洋等自然资源和自然环境的开发利用，在污染治理方面涵盖了大气污染、固体废弃物污染、核污染等污染类型，对已出现的主要的污染治理进行了详细的规定。同时地方政府针对地方环境和自然资源的状况制定了相关行政规章，地方人民代表大会也制定了地方性法规，加强当地的环境保护力度。在我国《刑法》《民法》《行政法》中，对环境保护都有相应的规定，这些法律规定与我国 20 余部环境保护专门法律、国务院制定的行政法规、地方性法规一道构成了一个庞大、日渐完整的环境

保护法律体系。

除了国内立法、出台行政规定外,我国在参与国际事务时也重视全球的环境保护问题,承担主权国家的责任。1972 年,中国参与了在斯德哥尔摩举行的联合国人类环境会议,这是联合国第一届人类环境会议。这次会议虽没有签署任何协定,但是这次会议之后世界范围内对环境污染问题的重视普遍加强,对推动后来各个国家关于环境污染问题全球治理的沟通与合作起到了至关重要的作用。中国积极参与国际环境治理问题的磋商,积极参与国际环境保护,缔结或参加了一系列环境保护公约、议定书和双边协定,与世界各国共同致力于全球环境污染治理,承担环境保护义务。

2019 年 7 月,我国垃圾分类管理从上海开始实施,之后在全国几十个重点城市铺开。为了规范垃圾分类,为垃圾分类的执行与监督提供法律法规上的支持,各地纷纷出台了治理条例,2019 年,宜春、宁波等城市通过了生活垃圾分类管理条例,使垃圾分类实现了有法可依。通过生活垃圾分类,学生可以深入了解与生活垃圾分类有关的法律法规,在潜移默化中接受环境法制教育。

(二)我国的普法历程

法制教育在我国推行已久。早在春秋战国时期就有"子产铸刑鼎",子产将郑国的刑典刻在鼎上,放置于郑国王宫的门口,使来来往往的人都可以看到郑国正在施行的刑典的内容。他的这一做法是为了改变郑国贵族利用平民对法律的无知而任意解读法律、压迫平民的情形,这一做法也是针对平民的一项"普法"行动。1985 年,我国根据国情,制定了第一个五年普法规划,旨在提高全民对法律常识的了解程度。从第一个五年普法规划制定到 2020 年,我国共实施了七个五年普法规划,而这些普法规划各自的重点并不相同。

"一五"普法规划的重点是提高社会主义法制建设的速度。"二五"普法规划将重点放在了对专业法律的普及上,强调了宪法的核心作用。"二五"普法规划在"一五"普法规划进行全民法律常识普及宣传教育的基础上更进一步,积极动员、邀请法律专家和专业人士深入社会的各个阶层进行法律普及宣传教育,通过解答公民在生活中遇到的实际法律问题,全方位、更加深入地进行法制宣传教育。伴随着改革开放和社会主义市场经济的发展,公民关于权利义务关系的纠纷增多,"三五"普法规划突出了社会主义法制中公民的权利义务观念,以社会主义民主法制思想为指导思想,加强了宣传力度。"四五"普法规划将法制教育向法治教育推进、转化。"五五"普法教育规划延续了"四五"普法规划的基本目标和基本任务,将普法工作更加深入地推进。"五五"普法规划实施期间,各地区都制定了结合本地区实际的普法工作规划,将普法工作延伸到了更多的地区,农村地区的普法工作也得到了很大的提升。到"六五"普法规划期间,法制宣传教育已经渗透到了社区、学校、单位等各个地方,全民法律思维和水平上升至新的台阶。"七五"普法规划提出,要将青少年作为法治宣传教育的重点对象,将法治教育纳入国民教育体系中来①,要将创新技术运用到法治宣传教育中去;要求将法治教育与德治教育结合,贯彻依法治国与以德治国的基本原则。可以看出,"七五"普法教育十分重视学生法治教育,也鼓励运用多种方式加强学生法治教育。2021 年开始实施"八五"规划,目的在于提高公民对法律法规的知晓度、法治精神的认同度、法治实践的参与度,增强全社会尊法学法守法用法的自觉性和主动性。

---

① 《中央宣传部、司法部关于在公民中开展法治宣传教育的第七个五年规划(2016—2020 年)》,http://www.rmzxb.com.cn/c/2016-04-17/770195。

二、学校环境保护法制教育的现状

20 世纪 90 年代,随着各国对环境法律问题的普遍关注,环境保护法制教育受到人们重视。1992 年 6 月,联合国环境与发展大会通过了《21 世纪议程》;受世界环境教育浪潮的影响,1996 年我国环保局、中宣部、国家教委联合印发了《全国环境宣传教育行动纲要(1996 年—2010 年)》①,此纲要明确要求在进行环境宣传教育行动中不只开展环境知识宣传教育,也要将与环境有关的法律、规章等法制内容纳入其中,我国环境保护法制教育自此逐步展开。公民环境保护法制教育,大都是对《森林法》《草原法》等部门法的内容进行普及教育,以解决公民会遇到的实际问题。学生法制教育的内容,大都以人身安全、消防安全、财产安全为重点,环境保护法制教育在其中所占比重较少。相比防盗、防火、防骗这些与学生人身安全或财产安全有着紧密关联的事项,环境保护仿佛离学生的日常生活和合法权益更遥远些。因此在学生法制教育中,环境保护法制教育往往并不那么受到重视。近年来,随着环境教育、生态文明教育的推进,环境保护法制教育内容相对增多。但总的说来,环境保护法制教育在学生法制教育中所占的比重较小,没有得到足够的重视。

三、学校环境保护法制教育存在的问题

(一) 环境教育与法制教育分离

法制教育对于学生法制意识培养具有重要意义。学生正处在世界观、人生观、价值观养成的关键阶段,法制教育应该根据不同学段的特征同时推进。环境保护法制教育是提高学生环境素养的内在要求,是中国特色社会主义法

---

① 才惠莲、王宗廷:《论高校环境法制教育的战略意义》,《理论月刊》2006 年第 2 期。

治社会建设的必然要求。

　　然而,学生法制教育实践中,环境保护法制教育内容占比较小,并且环境教育往往与法制教育分离。相较于人身安全、财产安全、防火防盗等方面的法制教育,环境教育往往更像是一种公益宣传。在对学生进行环境教育时,通常只说明某些行为会对环境造成破坏,鲜见点明会引发的法律后果,学生的环境教育更倾向于培养学生的一种美德或者良好的生活习惯,而非法制素养。环境教育与环境保护法制教育分离的原因很多。首先,20世纪六七十年代,自然资源属于集体,人们对于自然资源的浪费没有明确的概念。在那个时期,集体所有的自然资源对于人们来说没有准确的价值,环境保护可能仅仅停留在"节约粮食""不随地大小便"等标语口号层面。近些年来随着法制建设发展和国家对于环境保护和自然资源保护的重视,要求对自然资源进行有偿使用,环境保护法制教育才逐渐受到重视。其次,已有的环境保护法制教育内容失之偏颇。爱护环境和保护环境的宣传教育早已在中小学推进,社会主义核心价值观将"文明"作为一个重要组成部分,生态文明作为文明的重要内涵也应当受到重视。但在学校教育中要求学生"讲文明、懂礼貌"往往是指让学生的言行举止更加文雅、端正。这就使得人们将文明简单视为一种生活习惯、行为举止,而没有上升到更高层面,如生态文明建设和环境保护法治意识培育。相较于企业、其他组织违反法律规定造成环境污染受到的惩罚,个人因破坏环境受到的惩罚的力度非常微小。当然,对个人破坏环境的行为的惩罚力度小与个人对生态环境的破坏程度较小密不可分。虽然各个地方都制定了关于环境保护的地方性法律法规或者行政规范,但是对于个人的违法违规行为的处罚的力度并没有那么严格,这在无形中削弱了环境保护法制教育的效果。没有将环境教育和法制教育进行紧密结合,不仅会造成学生环保法律意识不足,对于培养学生完备的法治思维也会产生不利影响,不利于社会营造良好的生态文明氛围。

（二）环境保护法制教育形式单一

环境保护法制教育形式较为单一,这并不是环境保护法制教育独有的不足之处。学生法制教育活动的开展大多依托于学校,各中小学、高校每个学期也会定期进行法制教育活动。在中小学阶段,法制教育的活动方式大多是学校组织教师开展法制教育主题班会,或者大型法制教育专题讲座。法制教育主题班会往往是各个班级在学期中以一节或两节课的形式,由相关学科教师对法制知识和法律常识进行普及和教育。主题班会形式的环境保护法制教育可以确保教师学生更多地进行互动,调动学生的积极性,拉近法制教育与学生的距离。但是以主题班会的形式进行法制教育存在时间短、内容浅的不足,并且具有空间和教学方式上的限制。通过主题班会进行的环境保护法制教育的质量往往取决于教师的准备程度,具有很强的不稳定性。大型法制教育专题讲座则是在一个较为固定的时间,邀请专门的法制教育教师、律师或其他法律工作者进行专题讲座。环境保护法制教育专题讲座往往在大型会议厅进行,由专业人员进行演讲和教育。与法制教育主题班会存在的不足一样,专题讲座的形式同样具有教学形式单一的问题。虽然专题讲座的形式对环境保护法制教育的内容有保证,但是大会议厅与单一乏味的内容会降低讲座效果,数量较大的参会学生无法积极进行活动,进而会使学生丧失学习的兴趣。

其实,近些年来法制教育形式有所创新,例如在国家宪法日这天,许多高校法律专业的师生会深入中小学开展法制宣传教育活动,以多种形式如小品、情景剧的形式为学生普及防盗防骗知识。中小学每年也会邀请消防人员进入校园,为学生普及消防安全与法制知识,进行消防实战演习。与之相比,环境保护法制教育的创新形式则显得更加"含蓄",许多地方的环境保护法制宣传教育只是由静态的文字转化成动态的视频。环境保护法制教育作为一项应该融入生活、融入实践的教育活动,在现有的形式中仍显得过分"内敛",无法引起学生的兴趣和家长的重视。

（三）环境保护法制教育缺乏专业性与深度

我国的环境保护法制教育存在缺乏专业性与深度的问题,这个问题普遍存在于大学、中学、小学中。环境保护法制教育缺乏专业性与深度的最显而易见的原因是时间上的限制。这里所指的时间是学校在教学实践中为学生的法制教育所分配的时间。法制教育在中小学中并不是以一门独立的课程呈现的,通常一个学期只有几个小时的一两次课,在这几个小时中将各个部门法的内容集中对学生进行讲解。在短暂的课程时间内,环境保护法制相关的内容所分到的时间是极其有限的。而有关环境教育的法制内容往往又涉及行政法、经济法等其他部门法,要达到好的教学效果,需要循序渐进,所需要的课时较多,这会形成课程时数与课程需要的矛盾。时间限制使得环境保护法制教育大多数时间都流于对概念的讲解或者常识的介绍,难以进行详细与系统的介绍。

其次,各个学校环境保护法制教育的内容并不统一。环境保护法制教育的内容往往由学校把握,没有统一的课程大纲要求。一些学校的环境保护法制教育课程由行政部门人员承担,在条件不好的学校则是由教师自行组织,教学质量更加难以保障。偏远地区的一些学校根本没有法制教育课程,抑或是由于法制教育课时过少,环境保护法制教育内容缺失。

没有专业知识过硬的教师是影响环境保护法制教育课程的专业性与深

度的另一个重要原因。前文提到,在中小学法制教育课程中,担任法制教育课程讲解员的一般是政府部门的工作人员,或者学校其他学科的教师。政府部门工作人员讲解的课程,内容上更加专业、偏向实务,但是与政府部门有关的环境保护法制内容往往是企业环境污染方面或行政法规方面的,对于中小学生而言过于遥远或枯燥,常常难以实现寓教于乐,法制内容大于教育内容;由中小学相关学科教师担任的环境保护法制教育的教育性充足,更贴近学生的日常学习生活,但是在法制内容上往往欠缺专业性。在高校中,环境保护法制教育课程包含在思想政治教育课中,一般由马克思主义学院开设,作为一门公共必修课程。即便如此,环境保护法制教育内容也只在大一或者研究生一年级开设的思想政治教育课程中占为数极少的课时,而在大学的其他年级不再出现这一课程,高校对学生的环境保护法制教育浅尝辄止。高校拥有更多的资源(如专业教师、专业图书和视频资料等)和时间,可以用于学生的环境保护法制教育,而实际上高校却并没有认真谋划和推动。

第三节　国外学校环境保护法制教育考察与借鉴

一、美国环境保护法制教育

(一)完备的环境教育

美国作为世界上第一个将环境教育法制化的国家,完善的环境教育法律体系是其重要特点。除美国联邦制定的环境教育法外,还有其他各部门的相关法律进行配合,共同构筑了美国环境教育的发展和成就,同时为美国的环境法制教育奠定了基础。

美国于1970年颁布了世界上第一部环境教育法案,即《美国环境教育法》,这部法案清晰地界定了环境教育的概念,明确了环境教育法制化的目的,明确了各界对环境教育应当负起的职责,对呼吁政府和民间共同促进环境教育的发展起到了重要作用。1990 年,在原《环境教育法》作为预算调停法案的一部分废止的第九年,美国通过了新的环境教育法——《国家环境教育法》,该法的通过,使美国的环境教育走上了法制化和规范化的道路。相较于 1970 年的《环境教育法》,美国在 1990 年颁布的《国家环境教育法》更加完善,系统化、规范化以及可操作性都得到了显著的提升。这部法律为美国各州环境教育的法制化提供了政策保障,也为后续开展的环境教育提供了组织保障和资金基础。除了美国联邦政府对环境教育进行立法,美国的大部分州也通过了自己的环境教育法案。在进行环境教育立法的州中,威斯康星州在 1971 年对环境保护进行了州层间的立法,是美国各个州中对环境保护立法最先做出反应的州之一。正是因为威斯康星州对环境保护重要性的认识,1985 年,威斯康星州政府对教师资格进行了规定,要求教师接受过环境教育课程,同时还要求该州的绝大部分学校为学生提供环境教育。与美国联邦政府颁布美国国家环境教育法同年,威斯康星州政府最终投票通过了环境教育支持行动法的法案,根据此法案建立的州属环境教育委员会以及环境教育中心,对环境教育的质量进行评估,监督州内学校实施环境教育计划的情况,同时配合各个学校的环境教育计划。科罗拉多州在环境教育法制化方面也走在美国前列。与威斯康星州不同的是,科罗拉多州并不是最早实行环境教育法制化的州,它以环境教育质量领跑美国各州。2010 年通过了《科罗拉多州环境教育法》,对环境教育的方式进行了规定,为该州环境教育计划和环境教育活动提供财力上的支持。

美国联邦立法和各州立法相互结合、相互配合,共同推动了美国环境教育法制化的发展。有联邦环境教育法案和各州环境教育法案构筑的法制体系的支撑，更多的主体可以参与环境教育，同时鼓励社会组织和大众参与环境教育，为环境教育营造了良好的社会氛围，打下了坚实的根基。美国联邦政府与州政府通过立法明确了政府对公民环境教育的责任和义务，这些法律的通过为环境教育工作的开展和进行提供了制度上的支持，使环境教育工作有法可依，有规可循。

（二）设立专门机构和专项资金

根据 1970 年颁布的《环境教育法》，专门负责环境教育的组织机构——环境教育司成立了。环境教育司属于美国联邦教育署的下属机构，负责协调教育署中环境教育的相关事务，并管理教育署为环境教育提供的资金。根据该法案，设立了环境教育顾问委员会。环境教育顾问委员会的主要职责是按照法律法规协助制定有关环境教育法的审查标准，其职责还包括对教育署做出的关于环境教育的资助基金方案和规划做出评价。环境教育顾问委员会承担了一定的监督职责。

1990 年美国颁布的《国家环境教育法》，对环境教育机构在原《环境教育法》的基础上进行了新的法制化的规定。根据美国《国家环境教育法》的规定，设立环境教育处为环境教育组织的专门机构，设立环境教育咨询委员会和特别工作组，设立公益性的国家环境教育与培训基金会。环境教育处与环境教育咨询委员会和特别工作组都是设立在环境保护署下的机构，环境教育咨询委员会和特别工作组是环境教育监督协调的机构，国家环境教育与培训基金会则负责接受、管理私人为环境教育捐赠的资金。特别工作组由美国联邦教育部、美国联邦农业部、美国联邦环保局等派出的代表组成，其中美国联邦环保局协调环境教育与培训，同时协调各个部门之间和相关的项目之间的关系。通过立法设立专门的机构对环境教育的事务进行分开管理,不仅可以对环境教育工作进行监督,又权责明晰。1970 年《环境教育法》对环境教育资金做出了规定,包括环境教育培训资金、环境实习生奖学金、环境教育奖学金等。1990 年美国《国家环境教育法》同样对资金进行了规定。由于法律内容和机构上的变动,此法增加了对环境教育的联邦拨款规定和技术援助规定。

（三）增强环境保护法制教育师资力量

对学生进行环境教育的最基础的力量就是教师,教师的言行会对学生造成很大的影响,这也是美国《环境教育法》重视教师的资格和环境教育师资建设的原因。1970 年的美国《环境教育法》与 1990 年的美国《国家环境教育法》以及各州法案中都设有专门的环境教育资金,其中就包括了教师环境教育素养培养的基金以及环境教育进修的奖学金。因此,在制度和资金的双重支持下,美国拥有很多从事环境教育的专业教师。由于社会与公众对环境保护的认知度的提高,以及学校对环境教育专业教师的需要,2008 年,美国全国教育鉴定委员会对教师教育专业标准进行了修订,增加了"了解环境教育的目的、特点及指导思想,具备基本的环境素养","具有环境科学信息的有效收集能力"[1]。美国威斯康星州就有法律对教师资格的取得进行了规定,不仅专业环境教育教师需要接受环境教育培训,一般的教师要获得教师资格,同样需要具有正规的大学环境教育课程培养经历。这种情况并不是一种孤立的例子,在其他州的学校,比如伊利诺伊州迪卡文大学就有相似的规定。正是有了这些法律法规,美国环境教育师资力量庞大,美国的环境教育水平也位

---

[1]　闫龙:《美国环境教育教师专业标准评析》,《世界教育信息》2011 年第 6 期。

居世界前列。

美国的环境教育师资培养从联邦政府、各州政府和社会公益组织三个层面入手，对教师的环境教育培训给予全方位的支持。1992年，美国联邦环境保护署实施《环境教育和培养计划》，为环境教育师资培训提供了法律保证和资金支持。联邦环境保护署与相关大学签订协议，由大学提供环境教学方案、教学内容以及相关材料。另一方面，根据《环境教育和培养计划》，环境保护署建立了专门资源库，为环境教育工作者提高信息获取效率提供了方便。美国各州的环境教育中心根据法律中规定的职责负责组织与开展教师环境教育培训工作，主要包括开展在职环境保护教育、提供环境教育计划的建议和意见、保管环境教育培训相关资料、提供环境教育信息等。① 环境保护具有公益性，根据美国《国家环境教育法》的规定，非营利性的公益性组织可研发环境教材。

1990年的美国《国家环境教育法》设定了四项国家环境奖学金，以激励教师进行环境教育培训，其中"罗斯福奖学金"是颁发给在环境教育领域或行政领域具有突出贡献的人的。针对创新环境教育教学方法的教师，白宫和联邦政府设立了总统创新奖，其他各州和地区的环境教育协会也设置了相关的奖项和奖金，嘉奖在环境教育中具有杰出表现的教师。

（四）完善的环境法制教育课程体系

美国的环境教育已经发展到覆盖全民、终身教育的阶段。学校的环境教育体系更加健全。在美国，从幼儿园到十二年级都设有相应的环境教育课程，并且拥有相应的教材，环境教育课程安排和教学计划非常完备。

———————

① 崔凤、藏辉艳：《美国环境教育及其对我国的启示》，《华东理工大学学报》（社会科学版）2009年第2期。

根据《国家环境教育法》，环保课程的相关内容由美国环境保护署划分为水、空气、气候变化、生态系统、能源、循环利用等内容。这些内容按照年级和年龄进行不同的安排。在较低的年级，环境教育课程以较容易理解的知识进行教授，而在更高的年级，则会对专有名词和具体的项目进行介绍。在 9—12 年级的环境教育课程中，除了对环境保护知识的一些科普，还会教授学生相关的法律法规，即对学生进行环境保护法制教育，让他们更好地理解环境保护的相关规定，从而为学生日后参加学校环境教育所涉及的环境保护项目打下基础。这些项目一般由美国联邦环境保护署、州政府与北美环境教育协会或各环境教育协会、环保组织进行开发，由学校或地方组织进行执行。从长远角度来看，这种教育不仅仅是为了培养学生的环境保护意识，促进学生的全面发展，更是为环境保护教育计划输送人才提供保障。

美国的中小学环境教育采用"渗透式教学模式"和"独立课程模式"两种经典的模式。渗透式教学是美国使用最广泛的教学模式[1]，这种教学模式将环境知识渗透在其他学科中，比如科学、生物、社会、法律等学科中。环境学是一门与其他学科融合度高、交叉紧密的学科，在其他科目中渗透环境教育有利于增强环境教育效果，并且可以在不同的年级和学段随着其他科目的发展调整环境教育的难度与深度，但是这对教师的环境教育水平有较高的要求。独立课程模式则是将环境教育作为一门独立的课程，把各个学科中涉及环境教育的内容进行综合，进行集中教学。这种教学模式比渗透式教学模式更加系统化，更加有助于学生构建一个完整严密的环境知识体系。学校和公益机构开展校外环境教育实践互动，鼓励学生在课堂之外了解自然环境和社

---

[1]　卢晨阳、袁正平：《试析美国的环境教育及其对我国的启示》，《兰州教育学院学报》2014 年第 2 期。

会环境。许多环境教育公益机构和社会组织都设置了环境教育中心,方便学生贴近自然、了解环境保护。美国中小学采取校内环境教育与校外环境保护实践结合的方式,分阶段的和多样的环境教育方式构成了一个完整的、系统的环境教育体系。

在高等学校,环境教育得到了力度更大的重视,环境保护法制教育成为环境教育的重要内容。环境科学专业和环境人文类专业在本科院校设置的专业中占到了较大的比重,其中包括环境科学技术、人文环境学、环境伦理和技术、人类环境科学等。由于美国在环境保护立法方面走在世界前列,且美国在中小学构建了完善的环境教育体制,美国高校环境法制教育水平较高,学生实践与理解能力都展现出较高的水平。这也说明环境法制教育的基础——环境教育更加完善、更加全面地对学生进行基础教育,且通过法律法规的长期施行营造的良好社会氛围使环境法制教育更易于推行,更好被理解。

二、日本环境保护法制教育

(一)各行政部门协调的环境法制教育

日本环境教育立法中最具有代表性的莫过于《增进环保热情及推进环境教育法》(以下简称《日本环境教育法》)。随着日本在工业发展尤其是核能源产业发展中对环境污染问题的不重视,当时的日本出现了一系列环境公害事件。2003 年,日本政府颁布了此法案,日本也因此法案成为亚洲第一个为环境教育制定成文法的国家。

《日本环境教育法》不同于西方国家环境教育法,它是一部根据日本特定的社会环境、国家实际情况制定的填补当时《日本环境法》法条中存在的环境教育空白的法律。这部法律与《美国国家环境教育法》在机构的设立上存在着明显的区别。不同于美国在环境保护署下设立专门机构负责组织、协调环境教育工作，以及设立专门工作小组对环境教育活动进行监督的做法，根据《日本环境教育法》规定，环境教育工作由环境省、文部科学省、农林水产省、经济产业省和国土交通省联合负责。[①]　根据该法的要求，这五省分别开展了环境教育计划和活动，如文部科学省为了提高学校环境教育活动比例、量化环境行为功效，实施了"生态学校计划"，为促进环境教育推出了环境教育绿色推进计划。五省还共同开展教育计划和活动，如文部科学省与环境省共同建立了环境教育信息数据库，有助于环境教育素材的开发和专业教师培训；农林水产省主导让儿童走进自然、走进生活的森林环境教育项目；国土交通省实行了以普通居民为主体的城市公园教育项目和生态交通项目。这些项目中有不少包含在具有高度代表性的日本 21 世纪环境教育 AAA 计划中，该计划全方位覆盖日本社会各个年龄段和层面的环境教育。此计划中包含了面向未成年人和成年人的环境教育项目，例如环境省、文部科学省、厚生劳动省共同开展的"儿童课后环境教育计划"，文部科学省和环境省共同开展的环境保护系列体验计划以及环境设施改善计划。这些项目有鲜明的部门特点，针对不同的对象、不同的地域以及不同的自然环境展开，方便各部门因地制宜，发挥部门优势，相互配合开展环境保护教育工作。各部门根据《日本环境教育法》的规定共同承担环境保护教育的责任，具有发挥所长、节省人力与预算的优点，但是同时在协调工作或者操作上存在着一定的问题。

（二）鼓励全民参与环境保护法制教育

《日本环境教育法》对环境教育进行了定义，对国家、政府、民间团体的义

---

① 王元楣、王民、张静雅：《〈日本环境教育法〉的现状及修正》，《环境教育》2009 年第 10 期。

务进行了明确。该法案要求国家部门相互合作,鼓励民众与社会团体、企业参与环境教育。此法对学校环境保护教育、工作场所环境保护教育、社会环境保护教育进行了重点支持,以提高全民对环境保护教育的参与热情。这些重点支持主要表现为《日本环境教育法》对公民和社会团体在环境教育中的重要地位的肯定。国家和地方政府要对民众组织的环境教育活动进行资金等方面的支持与帮助。在教育对象上,日本环境法制教育不仅仅局限于中小学,高校学生、社会团体和居民都被纳入环境教育的对象范畴。

(三) 制定环境教育人才认定制度

人才认定制度是《日本环境教育法》中最具有特色的部分。在该法中明确以法条的形式列明,国家以及各级地方政府需要加强学校的环境教育,提高学校环境教育质量和教员素质。国家应当努力采取措施对各级行政机关制定的环境教育措施进行指导和建议,同时应当向各级行政机关提供环境教育信息。《日本环境教育法》中规定了环境教育专业人才注册登记制度,其内容包括人才培养机构的指定、人才的审查认定、国民及民间团体对人才的采用、各环节的管理机构和流程、违规处罚等。① 人才认定由环境省、农林水产省、经济产业省、文部科学省、国土交通省共同管理。在申请主体管理上,《日本环境教育法》十分细致,在申请主体进行申请登记时要求将其从事环境教育的地点、对象进行说明。这种方式看起来非常烦琐,但是可根据这些申请者从事的领域和不同场所对其进行具体分类,有利于环境教育人才培养的效率与专业化程度的提升。

(四) 加强环境教育基地建设

日本自 20 世纪 60 年代左右开始对环境教育基地建设投入资金,20 世

---

① 王元楣、王民、张静雅:《〈日本环境教育法〉的现状及修正》,《环境教育》2009 年第 10 期。

纪 90 年代开始对自然生态体验项目进行规划与补助。在《日本环境教育法》颁布后,各级政府负担起了促进建设环境教育基地的责任,要求政府提供相关薪资和资料,为民众、民间团体和企业进行环境信息的交流提供帮助。日本环境教育基地的内容和表现形式十分丰富,有政府设立的环境保护中心、环境博物馆,也有环境保护协会或非政府组织设立的野外自然学校,各个企业也设置了环境教育中心,在基层社区也成立了许多社区类型的环境教育基地。日本许多环境教育基地向学生和民众免费开放,为环境保护教育营造了优良的社会氛围,提供了课外或业余时间接受环境教育的条件。环境教育基地根据自身不同的特色,在运行方式和活动的设计上进行了较为自由和个性化的建设,如开展社会环境热点问题的讲座,通过环保游戏进行教育,组织社会科学类的环境调查教育活动,等等。日本的琵琶湖博物馆即是一个典型。琵琶湖博物馆具有独特的展示理念,通过一系列的方式对琵琶湖的自然面貌和地质演变历史进行展示,同时介绍琵琶湖周边的生态环境情况,以及相应的环境保护措施,提高人们的环保意识,增强人们的环境科学知识与法制知识。

日本环境教育基地繁荣多样发展的原因在于日本政府制定的《日本环境教育法》中对环境教育资金的大力支持,其中包括赋予政府调整税率的权利的举措,为环境教育基地的发展打造了经济基础。日本在进行环境教育法律构建时以鼓励全民参与环境教育为主要原则,这为日本环境教育基地的发展提供了良好、宽松的氛围。日本企业利用自身优越的资源为大众进行环境教育知识和技术的普及,日本环境公益组织也不断成长,丰富了环境教育基地的种类。参与活动的志愿者和环境教育工作人员也会更多地投入环境教育工作,环境教育基地因此颇具示范意义。

三、菲律宾环境保护法制教育

（一）将青少年环境教育作为重点

菲律宾在《国家环境意识与教育法》中将青少年的环境教育作为重点，这一做法可以追溯到 1992 年颁布的《1992 年国家环境教育行动计划》（以下简称《环境教育行动计划》）。《环境教育行动计划》颁布时确定了菲律宾环境教育的内容和目标，将青少年环境教育作为重点是因为当时的菲律宾人力资源和资金都比较匮乏，于是将有限的资源投入社会下一代的环境教育上。1996 年，菲律宾就成立了负责环境教育的专门机构——菲律宾高等教育机构环境保护和管理协会，协会由菲律宾高校组成，旨在构建一个全国性的高等教育网络，为各地所需要的环境教育提供智慧支持和人才培训。菲律宾在环境保护立法上走在东南亚的前列，完备的环境保护立法使菲律宾成了当时东南亚环境立法最严格的国家。但是由于社会环境保护氛围和公民环境保护意识的淡薄，环境保护法律的执行效果并不好。为了提高公民的环境保护意识，为了让菲律宾环境保护法案在未来焕发生命力与活力，《国家环境意识与教育法》继承了从前环境保护教育立法的成果，继续将青少年环境教育作为环境教育的重点，并将这一政策写入了法律中。

（二）丰富的环境教育内容

菲律宾环境保护教育的内容以法律的形式呈现，在《国家环境意识与教育法》中规定了环境教育的内容，不仅包括自然科学中关于环境的内容，还包括了环境保护社会公益实践、社会学、环境法学、环境保护与恢复的措施与价值等内容。此法中关于环境教育的内容十分详尽，几乎包含了环境教育中所有涉及的学科知识。对环境教育内容进行如此细致的规定也表达了菲律宾对环境教育的期冀，即通过完善的环境教育将下一代教育成国家未来环境法制的捍卫者、生态环境的保护者。

根据法律规定,环境教育应融入学校的日常课程,除了中小学,在学前班以及日托服务、职业教育、专业教育以及校外教育等不同方式的教育中都应当设立环境教育课程,其中学校环境教育是环境教育开展的重点领域。在不同阶段,环境教育的内容根据学生的实际有不同的侧重。在中小学阶段,环境教育内容主要为加强学生对环境的理解和认识,以及对环境保护的了解,促进学生的环境保护意识。在高等教育阶段,环境教育加深了知识的深度,增加了环境发展管理和环境科学方面的内容,旨在通过高校环境教育培养环境资源管理与环境可持续发展的优秀人才。

在学校环境教育之外,环境教育也融入了职业教育、技术教育等教育领域。采取这种方式的现实原因是菲律宾国内不同地区间发展很不平衡,在一些地区,学校教育资源匮乏、入学率低,许多人接受职业教育或校外教育。将环境教育融入各种教育形式有助于提高大众对环境教育的参与度,推进环境教育的发展。

（三）政府部门职责明确、相互协作

菲律宾政府部门主导环境教育工作,为环境教育工作的开展提供支持与帮助。菲律宾没有单独设立机构负责环境教育工作,而是由教育部、高等教育委员会、技术教育和技能发展委员会、社会福利和发展部、环境和自然资源部、科学技术部等共同负责。[①]《国家环境意识与教育法》明确了科学技术部与环境和自然资源部的职责,其中环境和自然资源部负责提供环境信息和环境保护情况,对环境教育中的重点和活动提供建议和意见;科学技术部负责

---

① 果海英:《菲律宾的环境教育与环境教育立法及其对我们的启示》,《法学杂志》2010 年第 11 期。

制订合理的学生环境科学教育计划,促进学生对环境科学的学习。法律还规定,各个相关部门应当紧密合作,加强各层次和各方面的合作,引领和保障针对公共大众的环境教育计划的实施。

（四）重视环境教育能力建设

环境教育具有专业性高、综合性强的特点,由于这两个特点,环境教育对管理者、教师和参与者的能力提出了很高的要求。在推进环境教育建设时,专业人才队伍建设居于首位。为此,《国家环境意识与教育法》做出了专门规定,要求环境教育相关部门为增强环境教育能力承担相应的责任。相关部门应当设计全国性的环境教育能力构建计划,对人才进行培训,开设专业知识研讨会,制定环境教育教材,以各种各样的形式提高国内环境教育能力,为开展环境教育提供人才保障。在国家培训计划中,菲律宾高等教育委员会将环境教育作为高校学士学位课程和职业教育课程中福利培训的一部分。其中公民福利培训服务是根据菲律宾 2001 年国家服务培训计划的规定,对青少年开展社会公益性质的教育的活动,包含健康、环境、教育相关的内容。对现有的人才进行环境教育的培养,可以充分利用已有的高校人才,增加环境教育人才储量。

第四节　全面推动学校环境保护法制教育

一、将环境教育、生态文明教育与法制教育紧密融合

随着环境问题日益凸显,人们有了更强的危机意识,环境教育和法制教育也都被提上议事日程。在环境教育的过程中,施教者往往会选择先在科学层面为学生普及知识,进而延伸到在具体生活中如何才能科学并正确地保护

环境。比如,当我们讨论全球气候变暖问题时,环境教育的侧重点在于气候变暖的概念、产生这种现象的原因、人类排放的哪些物质会破坏臭氧层、全球气候变暖会产生什么样的后果等。经过知识层面的普及,再向学生讲解个人在日常生活中如何减少这些物质的排放,从而使学生能够将理论与实际相结合,不光掌握环境保护的知识,更在行为上参与到环保行动中来。法制教育能增加学生对于法律知识和技能的储备,从而影响他们的观念和行为。在实践中,法制教育往往更偏向于针对青少年本身的问题,如开展《未成年人保护法》和《青少年保护条例》等法律法规的相关教育,却基本未涉及环境保护方面的法律法规内容。

开展环境教育、生态文明教育,不能让教育仅仅停留在自然科学层面,也要涉及人文科学领域,尤其在今天的法治中国,环境保护法制教育需要成为环境教育、生态文明教育不可或缺的一部分。在面临人类共同的环境问题时,由于每个国家的现实情况不同,相对应的法律政策也是不同的。解决不同国际主体之间的自然资源利益问题、化解环境矛盾,需要用扎实的法律基础作为后盾以及把大量的专业人才资源作为支撑,才能在日益激烈的各种国际环境争端中维护我国的合法权益。所以提高学生的环境意识和能力是必要的,这不是仅靠环境教育、生态文明教育就能解决的,这就需要我们将环境教育、生态文明教育与法制教育紧密地融合起来,在学生对环境保护有基本的认知的基础上,将法制教育渗透到具体的环保教学实践中。比如,在讲到全球气候变暖的问题时,除了给学生科普温室效应的原理、大气的构成、二氧化碳排放的后果和影响,以及个人在生活中如何实现节能减排,为低碳生活做出贡献以外,还可以适当地引入与探讨的问题相契合的环境与资源保护方面的法律条文,或者与之相关的案例,进一步渗透环境保护法制知识、原理,促进环境教育、生态文明教育和法制教育的融合,为环境保护法制教育的良好发展提供基层构建。

二、丰富环境保护法制教育的方式

(一) 环境保护法制教育与社会实践相结合

更新环境保护法制教育的观念,是落实环境保护法制教育的前提。随着经济的加速发展,环境污染逐渐加重,环境立法也不断面临新的挑战,传统的环境保护法制教育已经跟不上时代脚步,不能满足社会发展的需要。随着社会的发展,当代的环境法正在发生革命性变革,同时也迫切地需要与之匹配的观念来支撑环境保护法制教育的发展。如今社会需求的变化使得环境保护法制教育不能再局限于环境科学知识的普及,应该更加重视增强受教育者的环境意识;不能再局限于理论上的讲授,应该更加注重提高受教育者在实践中的环境运作与管理能力;应培养受教育者的宏观思维,使他们能够整体地看待环境保护与社会经济的发展。

要拓展和优化环境保护法制教育的内容。从广义上理解,环境可以指自然、人文、经济、社会和立法等要素综合统一的整体,环境保护法制教育自然也要坚持整体性的原则,要不断地拓展环境保护法制教育的内容,开设多门课程,培养受教育者的相关专业知识和技能。环境保护法制教育自身所具有的综合性与跨学科性的特点,就更加决定了它不可能只局限于一门或者几门学科。在科目较多的情况下就需要我们加强对内容的优化,比如让一些学科交叉的课程在保证衔接性的前提下在教学中渗透环境保护法制教育,使其相互贯穿起来,或者在课程中多增加一些高质量的户外实践课,使受教育者在透彻理解环境相关法律的作用的基础上,提高环境保护、利用、管理等的综合能力,这样才能使受教育者在现实条件下拥有解决环境问题的能力,并善于保护自己的环境权利。

（二）开展线上环境保护法制教育

要不断创新形式，开拓教育渠道。如今互联网应用技术十分发达，学习的方式也由现实课堂拓展到了虚拟网络，教育教学走向线上线下相结合的方式，环境保护法制教育也可以充分地利用多种技术手段，通过多媒体的影音功能，全方位、多层次地开展教育，带给受教育者身临其境的真实感受。可建立网络环境教育咨询平台，通过互联网提供环境知识答疑服务，提升环境保护法制教育的实效性。可制订新颖的教育主题实践活动方案，让受教育者在获得知识和提高能力的同时也能提升对环境保护的热情。甚至还可以把环境教育实践活动做成系列、做成品牌，不断扩大其影响力，让更多的人加入环境保护法制教育的队伍中。

（三）多学科融入环境保护法制教育内容

要改变传统环境保护法制教育中单一的讲授模式，实现分类施策，促进广泛参与。为了满足社会发展的需求，丰富环境保护法制教育的方式，在教育实践中应当及时改进教育方式方法。在完成基础教学的前提下，可根据学科特点引入更多社会中有影响力的实际案例来辅助教学，不断提升受教育者在学习过程中的主动性，改变传统填鸭式的理论灌输教学，帮助受教育者实现多方面能力共同发展。根据受教育者分属的群体，可以制定针对性较强、操作性良好的主题教育实践活动方案。比如面向学生，可以根据不同学段不同年级学生设置各具特色的主题，举办环境文化节或者创新性的主题活动；面向社会公众，可以在日常生活中组织开展以物换物的活动，或者环保公益林等活动，构建全民共治共享的环境保护新格局。

（四）建立环境教育法制基地

日本建立了不同主题的环境教育基地,结合教育基地的情况进行主题教育、专题教育,这对我国丰富环境保护法制教育模式同样有借鉴意义。一些人环境保护意识较为薄弱,许多破坏生态环境的当事人并没有意识到自己正在破坏环境,触犯了法律。近些年,为了吸引眼球获取利益,兴安野生杜鹃遭到滥伐。作为一种生长周期较长的野生植物,兴安杜鹃面积大幅度减少,且再生难度大,对当地的生态环境造成了严重的破坏。这不仅仅是环境保护知识的缺失,更是环境法制知识的缺失。对此,我国可以建立环境法制教育基地,如在森林自然保护区内建立以珍稀动植物为主题的环境法制教育基地,介绍我国法律保护的珍稀动植物,让学生在领略我国丰富的动植物资源的同时,也了解到违法挖掘、采集珍稀植物和违法捕猎野生动物的危害,以及违反法律需要承担的法律责任。建设此类环境法制教育基地可以采取收费或公益两种方式,两种方式各有优点。采取收费模式的环境法制教育基地在进行环境保护法制教育的同时,可以为维护环境法制教育基地的运行提供资金上的支持,一方面可以为自然保护区带来一定的收入,缓解自然保护区的资金压力,另一方面可以为当地居民提供一定的工作岗位,减少当地居民因谋生而违法采集、挖掘珍稀植物和盗猎野生动物对生态环境造成的破坏,为自然保护区的建设做出一定的贡献。采取公益方式免费向学生开放的环境法制教育基地可以较大地提高学生参与环境保护法制教育的积极性,与学校环境保护法制教育结合,提高环境保护法制教育的质量。公益性环境法制教育基地需要志愿者进行环境保护法制教育工作,招募学生作为志愿者进行培训,不仅加强了学生环境保护法制教育的实践性,在培训过程中,学生对环境保护法制教育的内容的记忆和感受也会更加深刻。

三、建立环境保护法制教育体系

（一）环境保护法制教育应贯穿大中小学教育的全过程

习近平总书记在十九大报告中指出我们应"像对待生命一样对待生态环境"，"坚持全面依法治国"，"提高全民族法治素养和道德素质"。随着人类社会经济的高速发展，环境破坏也日益严重，这促使我们转变发展思路，坚持绿色可持续发展理念，深入贯彻"绿水青山就是金山银山"的生态发展观，促进人与自然和谐共生。同时，也应该更深刻地理解环境保护法制教育在全面实施可持续发展战略中的举足轻重的作用。青少年作为祖国未来的建设者，作为中国特色社会主义事业的接班人，无论他们将来在什么样的岗位，从事什么类型的工作，都会成为不同层次的领导者、管理者或者是执行者，他们的环境素养、生态文明素养、法治素养将直接影响生态文明建设水平和中国特色社会主义现代化进程。

要将环境保护法制教育纳入学校教育教学体系。首先，要明确环境保护法制教育在小学、中学、大学教育中的重要地位，把可持续发展、绿色发展理念贯穿到小学、中学、大学的办学理念之中，坚持可持续发展的"绿色"教育，将环境保护法制教育纳入大中小学的教育教学全过程，让教育教学从根本上满足社会对"绿色人才"的需求，使学生从小树立起科学的环境观和可持续发展观，让教育事业、人才培养服务于生态文明建设，促进人与自然、社会的和谐发展。其次，要确立环境保护法制教育不等同于一般学科教育的思想，要将其作为必修的课程教学内容，纳入教学大纲，并根据大中小学各学段人才培养和教育教学规律，以不同的课程形式呈现在人才培养方案和课程教学计划之中。最后，学校领导要高度重视环境保护法制教育，依法治校，将绿色理念融入学校办学指导思想之中。要加强绿色学校建设，打造有利于环境保护法制教育实施的条件、平台和文化,使学校的教育教学顺应时代发展潮流,学校自身获得可持续的发展。

环境保护法制教育内容在各学段的衔接、环境法治意识的渗透要符合青少年认知发展规律和教育教学规律。在大中小学不同的阶段中,学生的智力以及认知能力、逻辑思维的发展存在差异,环境保护法制教育要分层次展开,可以先对青少年进行环境教育或者法制教育,然后再向环境保护法制教育深化;对不同年龄阶段的学生采取不同的教学手段和方法,使教育具有针对性和有效性。对于小学生,为了便于理解,可以简单地讲解一些发生在身边的环境问题,简单地介绍这种环境问题带来的危害,鼓励学生参与一些简单的环保活动,逐步引导学生了解自然和环境、热爱自然。对于初中生,可以适当加强科普力度,在讲授具体环境问题的时候带领学生探究问题背后的科学成因,让学生较为全面地了解环保知识,培养学生的环境保护意识,进一步激发他们对保护环境的责任感和使命感。对于高中生,可以为其适当地讲授环境问题背后的法制理念,使其对相关环境保护法律法规的实质内容有一些较为深刻的认识,以便培养其环境法治意识,为其成年后参与环境法制活动打好基础。此外,还要做好不同学段环境法制教育的衔接。随着教育阶段的变化,教学方法和教学模式的转变应循序渐进,避免出现教育断层。在高等教育阶段,应在专业教育、职业教育的基础上,引导和指导学生思考、探索、研究环境问题、环境保护法律问题,培养学生在环境教育、生态文明教育、环境法制教育领域提出问题、发现问题、解决问题的能力。

(二) 增强教师环境保护法制教育能力和水平

教师的环境保护法制教育的研究和教学能力直接影响学校环境保护法制教育教学水平。学校要把握时代发展主题,加强环境保护法制教育师资队伍的建设。要紧跟时代前进的脚步,满足社会可持续发展的需求,不断地完善环境保护法制教育制度,建设立体的环境保护法制教育体系,提高环境保护法制教育的有效性。要重视教育资源的配置和建设,包括师资队伍的建设、教学设备的配置、教育用地的规划等。其中,教师是推动环境保护法制教育有序开展的核心资源和关键因素,师资队伍的建设就更不可忽视。高等学校可以通过引进、吸收专业人才的方式来壮大师资队伍,加强环境法学专业领域从事教学和研究的师资队伍的建设。我国每年都会有一批从高校毕业的环境与资源法学的硕士生或博士生,这些毕业生往往拥有较高的素质和专业能力,完全能够胜任这些课程的教学,邀请他们加入环境保护法制教育工作队伍是再合适不过的。另一方面,要加强高等学校法律公共课特别是环境保护法律专题教学资源的配备,为提升大学生的环境法律素养服务。中小学校应当通过正规培训的方式加强环境保护法制教育师资队伍的建设,培训应当在理论层面和实践层面进行双重考核。可设立环境保护法制教育专项培训活动,对已经执教的教师进行环境法制教育培训,使已有的教师资源向环境保护法制教育人才资源进行转化。这种做法一方面可以提高教师的教学水平和综合素养,另一方面也可以在学科课程教学中将环境保护法制教育融入其中,对学生起到潜移默化的作用。教师的环境法治意识和专业知识水平是进行教育的关键因素,当学校拥有充足的智力资源保证时,才能不断提高环境保护法制教育水平。中小学校也要发挥公检法、律师公证仲裁机构中的专业人员的作用,有计划地开展环境保护法制专题教育,这有事半功倍的效果。

（三）设立专门机构管理环境保护法制教育工作

我国目前管理环境保护法制教育的部门大多由政府部门工作人员组成,

在职权上存在交叉，因此在行使权利的过程中可能会出现争夺利益或扯皮的现象。在国家机构改革中，关于环境保护法制教育的政府各机构的职权和责任可能会逐渐明确，但是现阶段我国行政机关庞大、多部门职责交叉，在这种情况下，在教育行政部门设立一个专门负责环境保护法制教育的机构或岗位或许更加方便。

设立专门的机构统一行使环境保护法制教育管理工作时，一方面，要明确部门职权，提高环境保护法制教育的管理效率；另一方面，专门的机构规划，在提供资金支持、提供环境保护法制教育人才方面都能带来较大的进步。具体的权利与责任可包括以下几点：第一，由专门机构调动法制教育资源对环境保护法制教育人才进行培养；第二，要协调各行政部门制定环境保护法制教育计划，对环境保护法制教育资金的流转进行监督管理；第三，要形成环境保护法制教育发展情况报告，以及日后在环境保护法制教育中需要明确的其他内容。要通过这个专门的部门集中职权，做到对环境保护法制教育工作的专一处理，为环境保护法制教育疏通各个环节，从而展开环境保护法制教育全新的发展蓝图。

第七章　绿色教育发展策略分析

第一节　积极推动教育的绿色发展

要实现经济、社会、环境的绿色发展,必须依靠科学技术的不断创新、各层次各类型人才培养以及公民绿色素养培育等多方面的支持,这些都有赖于教育的改革和创新,有赖于教育的绿色发展。因此,必须从绿色发展的高度理解和把握绿色教育。教育领域承担着经济社会发展需要的人才培养、科学研究和技术服务等多种功能,绿色发展理念在教育领域的贯彻和运用具有非同寻常的价值和意义。教育领域培养的各层次各类型人才的绿色素养,所提供的科研成果和技术产品中蕴含的绿色品质,直接影响经济、社会、环境各领域的绿色发展水平。

一、绿色发展的内涵

什么是绿色发展？近年来学者们进行了诸多探讨和分析,研究成果丰富。王玲玲等认为,绿色发展是"在生态环境容量和资源承载能力的制约下,通过保护自然环境实现可持续科学发展的新型发展模式和生态发展理念"。它包含绿色环境发展、绿色经济发展、绿色政治发展、绿色文化发展等多种系统,其目标是实现经济社会、政治社会、人文社会和生态环境可持续的科学发展。[①] 世界银行和国务院发展研究中心联合课题组所著《2030 年的中国：建

---

① 王玲玲、张艳国：《"绿色发展"内涵探微》,《社会主义研究》2012 年第 5 期。

设现代、和谐、有创造力的社会》指出,绿色发展是指经济增长摆脱对资源使用、碳排放和环境破坏的过度依赖,通过创造新的绿色产品市场、绿色技术、绿色投资以及改变消费和环保行为来促进增长。并强调这一概念包括三层含义:一是经济增长可以同碳排放和环境破坏逐渐脱钩,二是"绿色"可以成为经济增长新的来源,三是经济增长和"绿色"之间可以形成相互促进的良性循环。① 国家发展改革委经济体制与管理研究所研究员杨春平认为,绿色发展概念具有广义和狭义之分,狭义的绿色发展是指以环境友好型的生产生活方式为核心的发展理念和模式,主要解决发展中产生的环境污染和生态损害问题。当绿色、低碳、循环一起出现时,绿色发展就是狭义的概念。单独使用时的绿色发展概念,是涵盖了绿色、低碳、循环发展三重含义的广义的概念。广义的绿色发展是指以资源节约型、环境友好型、能源低碳型生产生活方式为核心的发展理念和模式。② 按照这个定义,本书所讨论的绿色发展当然是从广义上理解的概念。当然,笔者认为,绿色发展理念和模式应该覆盖经济、社会、环境的各领域,包括政治、文化、科技、教育等领域,是中国式现代化的应有之义。

二、教育的绿色发展,具有其深刻的内涵和逻辑

教育的运行和发展有自身的规则、规律和逻辑,教育的绿色发展同样如此。教育的绿色发展蕴含着多重含义,如资源节约、结构优化、环境友好、关系和谐、健康快乐等,其本质就是实现教育的科学发展、健康发展和可持续发

---

① 世界银行和国务院发展研究中心联合课题组:《2030 年的中国:建设现代、和谐、有创造力的社会》,中国财政经济出版社,2012 年,第 44 页。
② 杨春平:《建立健全绿色低碳循环发展经济体系是建设现代化强国的必然选择》,https://www.ndrc.gov.cn/fzggw/jgsj/zys/sjdt/202102/t20210228_1268575_ext.html。

展。第一，尊重和遵循教育发展规律、青少年成长和发展规律、教育教学规律，是教育绿色发展的核心，这是实现教育资源节约、结构优化、环境友好、关系和谐、健康快乐、科学发展的前提和基础。第二，实现教育的内涵式发展是教育绿色发展的重要选择。教育的内涵式发展应该体现为教育质量有保障、兼顾效率和公平的发展以及教育生态的不断优化。如合理安排并不断优化区域内教育各学段的布局、不同层次学校的布局、不同类型学校的布局；又如相同类型相同层次学校在办学定位、人才培养定位上实现差异化、特色化，以满足社会对教育的多样化需求等。第三，和谐关系建构是教育绿色发展的重要目标。教育的和谐关系，不仅仅表现在和谐的师生关系、生生关系上，还表现在家校关系、学校和社区的关系上，这是学生身心健康成长、教师幸福感及学校可持续发展的文化支撑。第四，教育的绿色发展，体现在教育教学上。学校在教材和教学内容选定、教育教学方式方法和手段选用、教育教学评价方式把握等环节和过程中，应全员、全过程、全方位渗透环境和生态文明知识以及绿色理念，这有利于学生健康、快乐、全面发展，有利于学生生态文明素养的培育。第五，教育的绿色发展，必须依托绿色校园、智慧校园才能够实现。要推动学校积极创建绿色学校，努力建设一个环境优美、节能低碳的校园，努力建设一个数字化、智能化程度高的校园。

三、全方位推进教育的绿色发展

推进教育的绿色发展，须做到政府、学校、家庭、社会多方联动，相关主体全员、全方位、全过程共同发力，特别是要激发教育领域的内生动力，促进教育系统在遵循教育规律的前提下实现有序发展和不断创新。一是要逐步缩小区域之间、城乡之间、学校之间在办学资源和办学条件上的差距，均衡合理配置资金、教师、校舍、设施设备等资源，充分实现教育的均衡发展。二是要破除阻碍教育科学发展、健康发展、可持续发展的体制机制障碍,构建与经济社会发展需求相适应、与教育内在规律相适应的体制机制,让教育焕发出生命活力。三是要打造能促进教育科学发展、健康发展、可持续发展的环境和条件,如对绿色教育理念的共识、教育法规和政策的健全完善、教育评价制度的改革和完善。四是要坚持以人为本、以生为本,促进人的全面发展,创造能促进学生健康成长、全面发展的平台和氛围,帮助学生学会学习、学会做事、学会相处、学会做人,帮助学生建立和完善知识、能力、素养结构,促进学生身心健康发展。在当下,把"双减"工作要求落实落地是一个促进学生健康成长的具体而有效的政策措施,需要地方政府、学校、家庭、教师等共同发力、共同配合。五是要创设有利于教师减轻负担、不断提高教师地位和待遇、真正让教师成为令人羡慕的职业、提升教师幸福感的条件保障和社会氛围。六是要积极推进绿色教育。绿色教育是绿色发展理念在教育领域的运用,是绿色发展理念在教育领域的渗透的主要表现。绿色教育的推进必须依托绿色学校创建,在绿色校园建设、绿色教育、绿色科学研究和科技开发、绿色管理等方面实现突破,最终实现绿色人才的培养,为经济、社会、环境的绿色发展提供强有力的支持。同时,绿色教育的对象不仅仅是在校学生,也包括全体社会成员;绿色教育不仅仅是在学校推行,还必须辐射到社区和整个社会。也就是说,绿色教育的主体不仅仅是学校,政府机关、企事业单位、社区等都有责任和义务推进绿色教育事业的发展。

第二节 高质量推进新时代绿色学校创建

新时代的绿色学校创建是一个复杂的体系,需要认真谋划、协同推进。

绿色学校是在各级各类学校已有基础上创建的、以学校为主体,其核心要素是贯彻绿色发展理念,实施生态文明教育,推进生态文明建设。绿色学校创建具体落实在绿色校园建设、绿色教育教学、学校绿色管理、学校绿色文化打造等方面,以培养具有较好生态文明素养的绿色人才为最终目的。其基本架构不能脱离学校已有结构,也不是另外建设一所学校。从政府、学校到社会必须牢固树立绿色发展理念,大力推进绿色学校建设,为建设美丽中国、推进生活方式绿色化多做贡献。

一、完善绿色学校创建评价

新时代绿色学校的创建,其核心是学习贯彻落实习近平生态文明思想,具体要求和任务是在学校建设、改革和发展中践行绿色发展理念,培育学生的生态文明素养,目标是建设一个环境优美、绿色低碳的校园,培养经济、社会、环境绿色发展需要的绿色人才。绿色学校创建评价,本质就是对绿色学校创建工作的成效和目标达成状况做出判断。

(一)明确基本原则

《绿色生活创建行动总体方案》要求 2022 年 60% 以上的大中小学完成绿色学校创建,这是一个非常明确具体的艰巨任务。《绿色学校创建行动方案》对绿色学校创建提出了具体要求和标准。各地必须根据国家要求和标准,建立和完善绿色学校创建方案、评价标准和指标体系。在制定绿色学校创建方案时,应该充分考虑如下因素:一是必须严格执行国家的统一要求和指标规范,包括总体目标、基本原则、工作主体、创建的主要内容以及绿色学校创建通用性指标;二是在遵循国家规范的前提下,基于本地区绿色学校、绿色大学建设的已有经验,充分反映地方的实际和需求,形成本地特色;三是根据不同层次学校的特点,分别研究制定高等学校、中学和中职学校、小学绿色学校创建标准;四是绿色学校创建的评价标准,国家已规定了三个通用指标,即精神文化、物质条件、行为管理以及十四个二级指标,各地应根据国家的一级、二级指标拟定本地绿色学校创建的三级指标及评价标准。

(二) 建构科学合理的评价指标

绿色学校创建评价指标体系可由三部分构成:控制项、评分项和加分项。控制项即学校在申报绿色学校时必须满足的基本要求,是准入资格,否则可以不予申报和评审。包括但不限于:学校遵守适用的环境保护、卫生、消防等方面的法律法规要求;近三年内,学校没有发生环境污染事故,无有效的环保信访投诉或环境行政处罚记录;学校有创建绿色学校的规划、计划和工作机构等。评分项即由三级指标体系构成的评价标准,评分项分值为100;加分项是对绿色学校创建中有特色有影响力的成效给予加分,分值不宜超过20。评分项和加分项相加,达到一定分数(如80分以上)可以申报绿色学校认定。

(三) 体现不同层次学校的差异

由于高等学校、中学、职业学校、小学在学段、学生认知水平、培养目标等方面的差异,绿色学校创建评价指标应该有所区别,不能全部统一要求统一标准,要允许某些指标在不同层次学校有不同标准。如绿色校园、智慧校园评价,一般说来高等学校的绿色校园和智慧校园建设投入要大、要早,其建设成效理应不同,如果大中小学统一评价指标和赋分,对中小学不公,这样的评价标准就不尽合理。

二、建立健全绿色学校创建党委政府层面工作联动机制

绿色学校创建是一项系统工程,需要党委和政府各相关部门和单位协同推进,单一部门无法完成如此复杂的系统工程。一是同一级党委和政府层面需要教育行政部门、发展改革委共同组织,教育行政部门牵头,其他部门如生

态环境部门、财政部门、宣传部门以及共青团和妇联组织协同。在同一政府部门内部,同样需要多个部门的配合。如在教育行政部门内部,由哪个部门牵头组织绿色学校创建工作? 是后勤基建管理部门还是发展规划部门,抑或教育管理的业务处室? 目前来看,各地的做法都不一样,有的是后勤基建管理部门,有的是发展改革管理部门,有的是法治建设管理部门,等等。不管由哪一个部门牵头,没有其他部门和单位的支持和配合,绿色学校创建工作不可能有效推进。因此,有必要在同一级党委和政府的相关部门之间、同一部门内部相关处室间建立健全联席会议制度,形成创建工作联动机制。

三、学校要高度重视系统谋划绿色学校创建工作

各级各类学校是绿色学校创建的主体,必须高度重视、认真谋划绿色学校创建工作。一是从学校领导到教职工、学生要不断提高对绿色学校创建的重要意义的认识。通过加大宣传力度,开展全方位、多层次、多形式和内容丰富的宣传活动,引起师生更广泛的关注和重视,吸引越来越多的单位积极投入绿色学校创建活动,推进创建活动持续发展。在校园中发展环保志愿者,发挥环保志愿者的影响和带动作用,形成人人宣传绿色学校、人人参与绿色学校创建的局面。加强对绿色环保系列创建工作的新闻宣传,及时报道绿色学校创建工作的动态,宣传绿色学校创建的先进典型和经验,为绿色学校创建营造浓厚的舆论氛围。二是做好生态文明教育教师的培养工作。学校工作中最核心的部分是教学工作,要确保绿色学校教学工作良性、可持续发展,就离不开整个教师队伍的建设。要组织教师研讨学科教育教学过程中有效渗透生态文明教育的方式方法,要动员师德高尚、业务精湛、业绩突出的教师从事生态文明教育工作,发挥生态文明教育骨干教师评选的激励导向作用。另外要搭建培养平台,加大对骨干教师的培养力度,为他们提供更多的锻炼

机会,形成骨干教师快速成长的通道。最后要加强评后考核。规定骨干教师评后需履行的职责,进行跟踪管理考核,为骨干教师搭建展示的舞台,更好地发挥骨干教师的示范、引领、辐射作用。三是发挥地域优势,创建具有地方和民族特色的绿色学校。如广西少数民族在长期的生活中历来都有重视生态环境的习俗,这其中蕴藏着丰富的民族民俗文化,应对广西少数民族文化中的生态智慧资源进行深入研究,邀请生态学科专家团队参与广西少数民族地区生态文明教育读本编写,结合广西少数民族的生态智慧,探索并设立生态文明教育课程。还可以邀请本地区少数民族中的德高望重者担任环境保护使者或进入学校开展讲座,加入教师队伍一道开展生态文明教育工作;尊重并重视少数民族环境文化活动,加大对该活动中所体现的环境意识的宣传。四是高度重视绿色校园和智慧校园建设。2019年10月,住房和城乡建设部发布并实施《绿色校园评价标准》,该标准的主要内容包括规划与生态、能源与资源、环境与健康、运行与管理、教育与推广五类指标,每类指标均包括控制项和评分项,还应统一设置加分项。① 新校区建设、老旧校园绿色改造应该按照绿色校园标准有序推进。2018年6月国家市场监督管理总局、中国国家标准化管理委员会发布了《智慧校园总体框架》(GB/T 36342—2018),2019年1月开始实施。该框架对智慧校园总体架构、智慧教学环境和资源、智慧校园管理和服务、智慧校园信息安全体系等做了明确规定,为学校智慧校园建设指明了方向。

四、推动创建绿色生活方式,保障绿色学校创建成效

绿色生活方式创建是一个庞大的系统,它包含节约型机关、绿色家庭、绿

---

① 住房和城乡建设部关于发布国家标准《绿色校园评价标准》的公告,https://www.mohurd.gov.cn/gongkai/fdzdgknr/tzgg/201909/20190911_241758.html。

色社区、绿色出行、绿色商场、绿色建筑等一系列创建行动,绿色学校创建只是其中的一个子系统。要全面推进绿色学校创建,巩固和发挥绿色学校创建成效,就必须全面协同推进节约型机关、绿色家庭、绿色社区、绿色出行、绿色商场等绿色生活方式创建行动,全社会共同发力,才能取得预期效果。节约型机关、绿色家庭、绿色学校、绿色社区、绿色出行、绿色商场、绿色建筑等一系列创建行动是一个相互交织、相互影响的整体,各项创建活动必须同时同方向推进,绿色生活方式才能产生应有的效应。如果没有整个绿色生活方式各子系统的全面发力,单一的绿色学校创建成效必将大打折扣。各级党委政府部门一定要系统谋划、整体布局绿色生活方式创建活动,协同推进绿色生活创建行动措施,各部门各单位要积极响应,全力配合,共同发力,促进绿色生活方式创建取得全局性成功,保障绿色学校创建的成效。

第三节　高等学校应成为绿色学校创建的榜样[①]

绿色学校创建覆盖了大中小学,高等学校创建绿色学校的价值和意义有独特的一面。高等学校由于办学层次高、学校职能更多,应该成为绿色学校创建的榜样,为中小学校的绿色学校创建提供可借鉴的模式和样板。因此,专门讨论高等学校的绿色学校创建很有必要。为方便讨论,我们把高等学校的绿色学校创建简称为绿色大学创建。

一、全面系统谋划绿色大学创建

绿色大学创建是我国高校贯彻习近平生态文明思想,践行绿色发展理念

---

① 此部分主要参考黎旋《广西高校绿色大学建设现状研究——以 A 大学为例》,硕士学位论文,广西师范大学,2020 年。

的重要举措。高等学校承担着人才培养、科学研究、社会服务、文化传承与创新等多种职能,故绿色大学创建是一项长期、复杂而艰巨的系统工程,它集绿色校园、绿色教育、绿色科研、绿色文化等于一体,关键是培养绿色人才。

(一)规范绿色校园建设

绿色校园是绿色大学的一个重要组成部分,是师生生活、学习和工作的场所。鉴于目前高校绿色校园建设普遍存在浅层化的问题,有必要进一步规范绿色校园建设,具体可以从以下几个方面入手。一是制定科学合理的绿色校园建设规划。高校应认真分析自身的办学历史和传统文化,认真研究绿色校园的内涵、评价标准等,真正把绿色理念贯穿于学校的人文环境、自然环境、校园基本建设规划之中。校园规划的制订要遵循科学性、生态性、人文性与多样性的原则,同时要充分凸显学校的文化底蕴和区域特色,构建一个美观性强、布局合理、人文底蕴深厚且具有鲜明区域特色的校园环境。二是提高校园能源资源的利用水平。坚持校园环境建设和绿色环保并重,提高能源资源的利用率。一方面,把绿色环保理念贯穿于校园建设的各个环节,因地制宜开展节能改造工作。无论是旧校区改造,还是新校区建设,都要注意贯彻落实绿色环保理念,更多地采用节能环保材料和设备,减少能源资源浪费。另一方面,让绿色环保理念渗透在校园日常生活中,积极倡导教职工、学生形成绿色生活方式。例如:食堂不提供一次性筷子、一次性餐盒、一次性塑料袋等一次性用品,建立校园旧衣物、旧书刊、旧电子设备等的收集利用制度,为电瓶车提供便捷的充电桩等充电设施,为教职工、学生营造宜人的校园环境。三是持续开展校园环境建设。深入开展绿色办公室、绿色教室、绿色寝室、绿色教学楼等的创建活动;推广可再生能源包括太阳能、地热能的开发利用;有序推进校园节能节水设施改造;完善节能节水奖惩制度,激发教职工、学生节能的自觉性、主动性；加强节能减排技术改造，减少废污水排放，降低校园对环境的污染，逐步实现校园污染零排放目标。四是对校园废弃物进行分类规范回收处理。按照地方政府要求，制定完善的校园垃圾投放、分类回收的标准和管理办法；加大校园垃圾回收设施的改造、建设，加大垃圾管理工作的经费、人员投入，保障垃圾的及时清理。

（二）建立健全绿色教育体系

绿色教育是绿色大学建设的核心内容，对大多数高校来说，绿色教育体系是一个新生事物。建立健全高校绿色教育体系是一个需要规划论证、长期建设和投入的过程。其一，加强与环境保护、绿色发展相关的学科专业建设和课程建设。梳理已有的与环境保护、绿色发展相关的学科专业和课程，加强建设，提升水准；挖掘与学校学科群建设相适应、与经济社会绿色发展所急需的人才相匹配的学科专业，基于充分论证，有计划地新增相关学科专业；加强相关学科专业人才培养方案的制订和修订，完善绿色人才培养制度，加强绿色课程建设、师资队伍建设和教材建设。其二，把绿色教育相关通识课程纳入各人才培养体系之中。高校应面向全校大学生开设与环境保护、可持续发展、绿色教育相关的必修课，适当增设环保选修课（尤其是增设人文社科类的绿色课程），并定期开展相关专题讲座、研讨会。同时，把绿色教育的实践活动纳入人才培养方案中，明确绿色教育实践活动、课内外实习的相关要求，并确定合理的学分。另一方面，应在本科生及研究生的人才培养方案中明确绿色科研的理念或目标，倡导学生开展与绿色环保相关的研究。如借鉴哈工大的做法，把经济意识、风险意识和环境意识作为评选优秀论文的重要指标，并对积极开展绿色研究的学生给予一定的奖励。其三，加强生态文明教育的课程教学渗透。一方面，要优化和整合教学内容，把人文科学和自然科学结合起来,使学生形成全面系统的知识结构。另一方面,要深化课程改革,努力把环境保护意识和绿色发展理念融入课程体系之中,形成富有本校特色的课程。如把生态文明、绿色环保的相关内容融入思想政治理论课、专业课和年级班级活动中,在思政课、专业课和年级班级活动中渗透绿色环保理念。其四,开展形式多样的环境保护和生态文明教育活动。经常组织开展形式多样的专题讲座和宣传活动,充分利用学校网站、微信公众号、广播、宣传栏等开展绿色环保宣传教育活动,增强师生的环保意识,让师生的环境素养、生态文明素养发生明显的变化。其五,建设一支具有绿色教育教学能力、绿色科研能力的教师队伍。要对教师队伍进行环境保护、绿色发展等方面知识、理论、技能的培训,提高专业教师对环境保护和绿色发展的认识,使其自觉地把环保知识和绿色发展理念渗透到日常教育教学中去;要建立有效的激励竞争机制,大力表彰在环境教育、生态文明教育一线做出贡献的优秀教师,引导广大教师以良好的环境道德、环境行为、绿色行为教育和感染学生;要在课程建设项目、教育教学成果建设项目、年度评先评优、优秀教师评选推荐、职称评定中纳入"绿色指标",激励教师在日常教学、科研和管理过程中积淀绿色教育因素;要定期举办知识讲座,并对从事环境教育的教师给予一定的奖励,鼓励他们开设环保教育、生态文明教育相关课程。

(三) 加大绿色科研推进力度

推进绿色科研和创新,是高校绿色大学创建有别于普通中小学的最主要的内容。目前高校普遍存在绿色科研力度不足、成效不明显等问题,高校有必要进一步加大绿色科研和创新推进力度,将可持续发展、环境保护和绿色发展理念贯穿于科学研究工作的全过程。一是在各级别科研项目申报立项时,要有目的有计划地建设、论证与国家和地方环境保护、可持续发展、绿色发展相关的项目,选题要反映国家重大方针政策、重大发展战略、重大项目对科技人才和技术的需求。同时,要在相关项目论证、建设中有机渗透环保、绿色、可持续发展因素。二是因地制宜开展绿色研究,积极承担国家重大环保项目。不可否认的是,每所大学的办学目标和办学特色各不相同,优势学科专业不同,因此各高校要根据自身的特点,围绕绿色科技创新,充分发挥重点实验室和绿色环保学科专业的优势,积极开展与环境保护、绿色发展和可持续发展等相关的研究。以理工科为主的高校,应积极开展环境理论、节能减排技术、低碳技术、垃圾处理工程技术、环境质量测度等项目的研究;以文科为主的高校,应积极开展绿色教育理论、生态伦理、环境哲学、生态文明制度、生态环境立法、生态经济等方面的研究。三是加强与绿色环保企业的紧密合作,支撑环保产业发展;加大绿色科研成果的转化力度,服务环保产业、绿色经济、绿色科技发展。学校要建立绿色技术转化服务平台,高效率地服务地方及国家经济社会发展。

(四) 营造绿色文化氛围

文化的含义非常复杂,校园文化的含义同样复杂。学者们关于校园文化进行了丰富热烈的讨论,有不同的观点。我们比较认可潘懋元先生团队的观点。他们认为,校园文化有广义和狭义之分。"广义的校园文化是高等学校生活方式的总和。"生活在大学校园内的群体概括起来主要有大学生、教师和管理人员。因这些群体而生成的物质财富、精神产品和氛围以及活动方式等具有一定的独特性。从其内涵上看,校园文化应包括四个方面:一是智能文化,如学术水平、学科设置、科研成果等;二是物质文化,包括文化设施、校园营造等;三是规范文化,包括学校制度、校风校纪、道德规范等;四是精神文化,如价值体系、观念、精神氛围等。狭义的校园文化是指在各高等院校历史发展过程中形成的,在生活方式、价值取向、思维方式和行为规范上有别于其他社会群体的一种团体意识、精神氛围。它是维系学校团体的一种精神力量,即凝聚力和向心力。① 按照这个观点,绿色学校的绿色文化可以理解为依附于校园文化之物质、精神、氛围和活动方式等文化载体而存在的,有利于学生身心健康发展和生态文明素养培育,能促进绿色人才培养和学校绿色发展的校园文化元素。据此,高校应着力营造校园绿色文化氛围,逐步形成校园绿色文化。

其一,加大对绿色大学创建的宣传力度。思想是行动的先导,思想认识是推进绿色大学创建活动的关键。教职工、学生要充分认识绿色大学创建的内容、意义和价值,要全面了解和掌握绿色大学创建的基本原则、基本内容和基本做法,拓展绿色大学建设的广度和深度。具体而言,学校应加大对绿色大学创建的目的、意义的宣传的力度,使广大教职工、学生充分认识到建设绿色大学、保护生态环境、建设生态文明的重要性和紧迫性,提高师生的绿色环保意识。通过加强宣传,不仅可以消除学校领导在绿色大学建设过程中认识不清、定位不明确、观念迷茫的状态,同时也有利于加深学校师生对绿色大学的认识和理解,从而使其自觉参与到创建活动中去。由于绿色大学创建任务的艰巨性和长期性,为了推进绿色大学创建工作的长期开展,学校有必要建立长期的、系统的绿色大学创建宣传计划。与此同时,新闻媒体应加强对绿色大学创建的宣传,及时报道绿色大学建设的工作动态,宣传建设绿色大学的先进典型和经验,为建设绿色大学营造浓厚的舆论氛围。如建立专门的绿色学校创建网站或微信公众号、在学校首页建立绿色学校创建栏目等,把绿

① 潘懋元:《新编高等教育学》,北京师范大学出版社,2002年,第560页。

色学校创建的动态、成果共享在网站上。还可以采取出板报、贴宣传画、编排演出文艺节目、举办演讲比赛、组织开展专题研讨会等大家喜闻乐见的形式宣传绿色大学建设。多种形式的全方位的宣传，能让学校的绿色大学建设规划和措施人人皆知；形成人人宣传绿色大学建设、人人参与绿色大学建设的局面；真正把绿色大学建设工作贯穿于日常工作、学习和生活之中，让学校的绿色文化氛围越来越浓厚并具有育人功能。

其二，倡导学校师生员工积极参与绿色大学创建活动。绿色大学创建任务涉及面广、难度大、时间长，仅仅依靠高校领导和政府部门远远不够，学校应发动广大教职工、学生积极参与绿色大学创建活动。绿色学校创建的任务，包括绿色校园建设、绿色教育推进、绿色科研建设、绿色文化打造，牵涉学校办学的方方面面、各个环节、各个时段，各项创建任务无不与学校全员相关，包括学习、工作、生活在学校的教职工及其家属。创建任务必须分解到学校各部门、各单位及各岗位，必须发动全体教职工、学生参与。没有全员发动、全员参与，绿色学校创建任务的完成度、目标达成度都将打折扣。

其三，校园景观营造绿色化。校园景观是学校文化传承的重要载体，是校园文化的重要表现形式，更是学校办学理念、学风、校风的载体，反映学校的历史文化、学校的发展目标定位、学校的办学理念和价值取向，其功能重要且强大，是学校建设规划设计的重要组成部分。校园景观的规划、设计、开发和管理必须纳入绿色学校创建的轨道，纳入绿色校园建设规划，形成系列。校园景观的设计理念应与学校的办学理念，与绿色学校创建、绿色校园建设同向而行。校园景观建造本身应达到绿色建筑的标准，在节能、新材料和新技术的使用等方面达到基本指标；校园景观的建造过程应符合绿色建筑的要求；校园景观所体现的精神内涵应包含节约、健康、文明、向上的元素，应有助于绿色低碳、优美宜人的绿色校园的建设。

其四,学校的制度建设应有利于和谐校园建设。学校的学科专业建设申报规则,教职员工聘用、奖惩、晋升、退出制度,教育教学基本制度,科研管理中的课题立项、成果奖励、学术水平认定、学术荣誉评审等方面的制度,学生录取和学籍、学生事务管理等制度,学校资产管理制度、财务管理制度,等等,构成了学校管理制度体系。上述制度的建构和完善,应体现人文精神、健康绿色、有利于师生发展等因素,与学校办学理念、发展目标定位、绿色学校创建等价值追求相匹配、相呼应;应使教职员工热爱学校、愿意为学校发展和学生成长付出,使他们的获得感和幸福感不断增强;应使学生在和谐的校园生活中健康成长,实现自己的学业目标,获得职业发展所应具备的知识、能力和素养的积淀,毕生不忘母校、热爱母校;应使师生关系、生生关系、教职员工与学校的关系、学生与学校的关系变得健康、和谐、美好。

二、完善绿色大学创建的顶层设计

绿色大学创建,并非重新建立一所大学,而是在现有的基础上让绿色发展理念渗透到学校建设的各个方面,实现学校的绿色发展。高校在绿色大学创建中,有必要成立专门的机构、交流平台及专家团队。可运用系统论的思维,从全局的角度出发,对绿色大学创建的各要素进行统筹规划,以有效提升绿色大学的创建水平。

(一) 组建绿色大学创建专家团队

绿色大学创建是一项复杂而又崭新的工作,专业性、技术性强,建设内容覆盖高校工作的各个方面、各个环节,错综复杂。目前国内外的绿色大学创建仍处于探索阶段,尚无成熟的理论和经验可借鉴。虽然清华大学积累了许多有益的经验,但由于各地区各高校的情况不尽相同,其经验难以普及和推广。许多高校在绿色大学创建过程中,基本上每一步都是"摸着石头过河",常常不知道下一步该往哪里走。实践经验表明,学校在创建绿色大学时,若能得到生态文明教育、环境工程、建筑学、设计学等学科专业和业界专家的指导,可收到事半功倍之效。事实上,无论是绿色大学创建政策制定、理论研究,还是信息交流、人员培训等,都离不开专业人员的指导和支持,专家在绿色大学外部系统中发挥着核心作用。建立一支学科齐全、视角全面、经验丰富的绿色大学创建专家队伍,将有力促进绿色大学创建系统的有效运行,从而加快绿色大学创建步伐。高校应吸收校内外相关学科专业的专家队伍,建设有一定规模的绿色大学创建专家库,组建一支绿色大学创建专家团队。一方面,从众多专业人员中选取若干人员组成绿色大学创建核心专家团队,负责绿色大学创建的研究、培训、指导和咨询等工作。另一方面,从环境、教育、地理、生物、社会、哲学等学科中吸收更多的专业人员从事绿色大学创建相关研究工作,丰富专家团队的学科背景。

(二) 建立绿色大学创建交流平台

目前学校之间缺乏绿色学校创建交流平台,各校在绿色学校创建过程中基本上是"各自为政"。这使得成功的经验无法得到及时推广,遇到的疑惑和问题无法交流破解,大大降低了绿色大学创建水平。研究和实践表明,各高校之间加强沟通和联系,可以让高校在绿色大学创建过程中少走许多弯路。建立统一的信息交流中心,加强绿色大学创建信息交流,可以有效提升绿色大学建设水平。一方面,建立绿色大学创建信息收集、整理和交流中心,可促进学校之间的沟通交流。另一方面,发布、传播相关信息并开展互动,可及时、有效地利用和分析有用的信息。主管部门和高校应定期举办绿色学校创建师资培训、区域性或全校性的绿色学校创建讲座、绿色学校创建先进事迹交流会和绿色学校创建课题研究学术论坛等,学习、交流、借鉴国内外先进经验,及时总结经验教训,推广成功经验,消除绿色大学创建过程中"各行其是"的地域影响。

（三）成立绿色大学创建办事机构

创建绿色大学时应该紧扣其内涵,在办学宗旨中体现绿色,在办学目标中突出绿色,在办学理念中渗透绿色,在办学策略中注重绿色。从某种意义上讲,创建绿色大学需要学校从发展定位、人才培养、学科专业等方面进行系统谋划。需要制定详尽的绿色大学创建行动方案,从整体上把握绿色校园、绿色教育、绿色科研、绿色文化等方面的建设。有条件的高校应设立绿色大学创建办事机构,这是推动绿色大学创建有序发展、保证建设水平的重要举措。清华大学之所以取得今天的成绩,一个重要原因在于该校成立了专门的绿色大学办公室。当然,成立绿色大学创建领导小组是前提,领导小组应负责组织领导绿色学校创建工作,制定、发布绿色大学创建工作方案,出台绿色大学创建工作实施细则等。办事机构在领导小组的带领下开展工作,负责绿色学校创建日常工作的推进。

三、构建绿色大学创建的保障体系

绿色大学创建是一项系统性、综合性的工程,需要相应的工作机制和资金做保障。

（一）健全绿色大学创建工作机制

从某种程度上讲,绿色学校创建就是把绿色发展理念贯穿教育教学各方面、全过程,形成绿色教育育人、绿色科研育人、绿色校园育人、绿色文化育人的长效机制。要形成这样的长效机制,高校必须建立完善相关的规章制度。一是建立绿色大学创建的长效机制。绿色大学创建是一个时间相当长远的动态过程,高校必须有创建规划和制度建设。就考核机制来讲,应将绿色大学创建的相关任务、目标完成情况作为一项内容,纳入各学院各部门各单位业绩考核、教职工综合考核评价体系,确保绿色大学创建工作任务落到实处。就奖励机制来讲,学校应定期开展"绿色人物""生态文明教育优秀教师""寻找身边绿色人物"评选活动等,激励学校教职工、学生真正践行绿色生活方式,积极为学校推进绿色大学创建贡献力量。二是完善绿色大学创建的相关制度。"无规矩不成方圆",绿色大学创建的顺利开展,离不开相关制度的保驾护航。学校及相关主管部门应建立相应的制度,明确绿色大学创建任务的基本要点。其一,制定相应的绿色教育制度。鼓励教师根据学校情况和专业特点,开设绿色课程,打造绿色课堂,实行绿色教学。学校要在人力、物力和财力等方面给予相应的支持。其二,制定相应的绿色科研制度。鼓励教师在搞好绿色教育的同时,开展绿色、环保、低碳等方面的研究,支持有这方面科研能力的教师申报各类纵向、横向课题,对成功申报的项目,给予一定的奖励,如经费配套等。其三,制定相应的绿色校园建设制度。学校可以根据国家的相关规定,并结合学校自身的需要,制定一系列绿色校园建设制度,包括配套资金制度、奖惩制度、激励制度、考评制度等。比如,制定节约水电的奖惩制度、劳动制度、环保活动制度等,以此调动学校教职工及学生参与绿色校园建设的积极性。其四,制定开展绿色文化活动的相关制度。学校应定期制定绿色文化发展规划,支持大学生开展绿色实践活动,倡导学生社团开展丰富多样的绿色环保宣传教育活动,鼓励大学生深入城市、乡村或荒野开展环境、生态调研活动。

（二）保证绿色大学创建所需资金

绿色大学创建需要大量建设资金,无论是绿色校园建设,还是绿色教育的实施、绿色科研的推行,或是绿色文化的打造,都需要投入资金。没有足够的经费投入,必然会影响各项建设的力度和水平。投入足够的资金,是绿色大学建设工作得以顺利进行的基本保障。经费投入渠道可包括:一是政府财政专项预算。高等教育办学经费大都是政府财政预算资金,政府可在年度经费预算中设立绿色大学创建专项经费,确保每一项建设都有稳定、足够的经费,确保绿色大学建设的可持续性。二是绿色学校创建主管部门可设立绿色大学创建基金,对在绿色大学创建中有突出表现的高校给予奖励,调动高校参与创建的热情,吸引更多的高校参与绿色大学建设,确保绿色大学建设工作深入持久地开展下去。三是学校作为绿色学校创建主体,应在年度经费预算中设立相应的专项经费,实行专款专用。四是高校可以通过产学研相结合的方式,与企事业单位合作进行绿色科技创新和技术发明创造,实现横向经费投入。同时学校要制定科学合理的绿色大学创建经费预算,保证在绿色科研建设、绿色教育建设、绿色文化建设上都有相应的经费投入。

参考文献

（一）期刊类

［1］卞素萍：《绿色大学建设的发展趋势与创新模式》,《南通大学学报》（社会科学版）2016 年第 2 期。

［2］蔡利东、阎志国、黄晓华等：《绿色大学之梦的实践者》,《绿色中国》2008 年第 9 期。

［3］常昊、田亚平等：《绿色大学目标下的大学生绿色行为体系建构》,《衡阳师范学院学报》2010 年第 12 期。

［4］陈加莉：《绿色大学效益模糊综合评价模型》,《云南民族学院学报》（自然科学版）2001 年第 3 期。

［5］陈骏：《创建绿色大学　走健康可持续发展之路》,《中国高等教育》2012 年第 Z2 期。

［6］陈清：《绿色教育隐喻诠释：哲学"三论"视角》,《湖南第一师范学院学报》2018 年第 6 期。

［7］陈文荣、张秋根：《绿色大学评价指标体系研究》,《浙江师范大学学报》2003 年第 2 期。

［8］陈晓清：《绿色研究托起可持续校园——耶鲁大学建设绿色大学的理念与方略》,《清华大学教育研究》2015 年第 6 期。

［9］邓蓓、王金凤、周世学：《建设绿色校园的研究》,《教育与职业》2009

年第 14 期。

　[10] 丁道勇：《作为一种教育隐喻的"绿色教育"》,《北京师范大学学报》(社会科学版)2011 年第 5 期。

　[11] 付丽佳、王民：《高校环保社团在绿色大学建设中的作用——以北京师范大学为例》,《环境教育》2009 年第 12 期。

　[12] 顾晓薇、李广军、王青等：《绿色大学建设中的生态足迹》,《环境科学》2005 年第 4 期。

　[13] 郭永园、白雪赟：《绿色大学：习近平生态文明思想在高等教育中的"打开方式"》,《思想政治教育研究》2019 年第 5 期。

　[14] 黄宇：《大学可持续性的评测与排名：绿色指数大学排名评析》,《大学教育科学》2017 年第 3 期。

　[15] 黄宇：《国际环境教育的发展与中国的绿色学校》,《比较教育研究》2003 年第 1 期。

　[16] 黄宇、贾宁：《中国绿色大学的理念和行动》,《教育文化论坛》2014年第 6 期。

　[17] 黄宇：《"绿色学校"辨析》,《环境教育》2005 年第 1 期。

　[18] 黄宇：《绿色学校的内涵及其创建》,《环境教育》2001 年第 1 期。

　[19] 姜翠美：《基于模糊理论的绿色大学评价模型》,《数学的实践与认识》2016 年第 6 期。

　[20] 康永久：《绿色教育的意蕴与纲领》,《教育学报》2011 年第 6 期。

　[21] 李久生、谢志仁：《论创建"绿色大学"》,《江苏高教》2003 年第 3 期。

　[22] 李鸣：《我国绿色大学运行机制研究》,《社会科学家》2008 年第

3 期。

[23] 梁立军、刘超：《试论"绿色大学"建设的理念与实践——以清华大学为中心的考察》，《清华大学教育研究》2015 年第 5 期。

[24] 廖成中、李睿智：《基于道德维度的绿色大学价值思考》，《西南科技大学学报》(哲学社会科学版)2015 年第 1 期。

[25] 刘丹平：《高等院校"绿色大学"评价层次分析模型》，《生态经济》2009 年第 2 期。

[26] 刘婧婷、刘紫微等：《南开大学绿色大学评价指标体系构建》，《环境教育》2010 年第 11 期。

[27] 刘雅静：《高校研究生对"绿色大学"的认知现状及其展望——以上海市 H 高校为例》，《高校后勤研究》2019 年第 7 期。

[28] 罗贤宇、俞白桦：《绿色教育：高校生态文明建设的路径选择》，《云南民族大学学报》(哲学社会科学版)2017 年第 2 期。

[29] 罗泽娇、庞岚、程胜高：《浅议绿色大学的创建》，《环境教育》2004 年第 9 期。

[30] 满达：《北京林业大学绿色校园文化建设探究》，《高校后勤研究》2018 年第 S1 期。

[31] 满达：《绿色校园文化建设的探索与实践》，《高校后勤研究》2018 年第 9 期。

[32] 秦书生、杨硕：《绿色大学建设面临的障碍及其破除》，《现代教育管理》2016 年第 2 期。

[33] 瞿振元：《安排中央专项资金　推动"绿色大学"建设》，《教育与职业》2010 年第 28 期。

［34］桑国东、王蓬勃、王军：《创建"绿色大学"建设世界第一流高等航海学府》，《航海教育研究》2001年第3期。

［35］施建军：《以绿色大学理念创建低碳校园》，《中国高等教育》2010年第12期。

［36］孙刚、房岩、刘倩等：《创建绿色大学的实践探索》，《安徽农业科学》2011年第35期。

［37］孙萍、刘钊：《大学绿色教育的现状与对策》，《中国高教研究》2000年第11期。

［38］谭洪卫：《我国绿色校园的发展与思考》，《世界环境》2016年第5期。

［39］童洁：《高等学校绿色校园现状及规划》，《建材与装饰》2018年第47期。

［40］王崇杰、张蓓、何文晶等：《绿色大学园区评价标准的构筑与实践》，《建筑学报》2007年第9期。

［41］王大中：《创建"绿色大学"实现可持续发展》，《清华大学教育研究》1998年第4期。

［42］王大中：《创建"绿色大学"示范工程，为我国环境保护事业和实施可持续发展战略做出更大的贡献》，《世界经济与政治》1999年第2期。

［43］王大中：《清华大学建设"绿色大学"研讨会主题报告节录——创建"绿色大学"示范工程，为我国环境保护事业和实施可持续发展战略做出更大的贡献》，《环境教育》1998年第3期。

［44］王国聘：《绿色大学建设中的全球视野和本地行动》，《中国高等教育》2011年第Z1期。

［45］王蕾：《基于 ISO14000 系列标准构建绿色大学环境管理体系》，《绿色科技》2019 年第 13 期。

［46］王民：《绿色大学的定义与研究视角》，《环境保护》2010 年第 12 期。

［47］王民、蔚东英等：《我国绿色大学建设与实践》，《环境保护》2010 年第 19 期。

［48］王民、蔚东英、李红秀等：《国内外绿色大学评价的指标体系》，《环境保护》2010 年第 15 期。

［49］王民、蔚东英、张英等：《绿色大学的产生与发展》，《环境保护》2010 年第 13 期。

［50］王志华、郑燕康：《清华大学创建“绿色大学”的探索与实践》，《清华大学教育研究》2001 年第 1 期。

［51］蔚东英、胡静、王民：《英美绿色大学的建设与实践》，《环境保护》2010 年第 16 期。

［52］蔚东英、王民：《亚洲绿色大学建设与实践》，《环境保护》2010 年第 17 期。

［53］魏宏森、曾国屏：《试论系统的层次性原理》，《系统辩证学学报》1995 年第 1 期。

［54］邬国强、景慧、汪旸：《高等学校绿色校园建设的策略研究》，《国家教育行政学院学报》2017 年第 6 期。

［55］吴静、贾峰、李曙东等：《基于联合国可持续发展目标的绿色大学建设——以日本冈山大学为例》，《环境教育》2020 年第 Z1 期。

［56］吴敏生：《“绿色大学”与 21 世纪的人才培养》，《清华大学教育研

究》1998 年第 4 期。

　[57] 吴祖强、黄长缨:《ISO14001 环境管理体系对创建"绿色学校"的作用》,《上海环境科学》2001 年第 9 期。

　[58] 熊校良:《构建绿色校园文化的思考》,《高校理论战线》2012 年第 12 期。

　[59] 徐飞:《基于绿色发展理念的绿色大学创建指标体系研究——以云南省绿色大学创建为例》,《环境教育》2018 年第 4 期。

　[60] 杨华峰:《面向循环经济的绿色大学评价指标体系研究》,《中国高教研究》2006 年第 7 期。

　[61] 杨华峰、张华玲:《谈基于循环经济的绿色大学建设》,《中国高等教育》2005 年第 7 期。

　[62] 杨叔子:《绿色教育:科学教育与人文教育的交融》,《教育研究》2002 年第 11 期。

　[63] 叶峻:《关于绿色教育的生态化进程——中国绿色大学系统论》,《太原师范学院学报》(社会科学版)2006 年第 5 期。

　[64] 尹华、曹贤香:《"绿色学风"是建设"绿色大学"的重要内容》,《天津市教科院学报》2006 年第 5 期。

　[65] 余吉安、陈建成:《促进高等院校绿色教育的思考》,《国家教育行政学院学报》2017 年第 11 期。

　[66] 余清臣:《绿色教育在中国:思想与行动》,《教育学报》2011 年第 6 期。

　[67] 俞白桦:《提升绿色大学创建水平的思考》,《中国农学通报》2009 年第 12 期。

［68］曾红鹰：《环境教育思想的新发展——欧洲"生态学校"（绿色学校）计划的发展概况》，《环境教育》1999年第4期。

［69］张凤昌：《践行科学发展创建"绿色大学"》，《中国高等教育》2011年第Z1期。

［70］张强：《中国绿色大学建设发展探讨——以北京师范大学为例》，《住区》2017年第S1期。

［71］张笑涛：《生命视野中的绿色教育》，《中国教育学刊》2017年第9期。

［72］张远增：《绿色大学评价》，《教育发展研究》2000年第5期。

［73］张远增：《绿色大学的涵义》，《浙江万里学院学报》2001年第1期。

［74］张峥嵘：《绿色大学创建中的育人问题》，《教育与职业》2012年第35期。

［75］周光迅、吴晓飞：《创建绿色大学的现状和展望》，《高等教育研究》2018年第8期。

［76］周溢、邵爱华：《ISO14001在创建"绿色大学"中的运用》，《高等理科教育》2005年第5期。

［77］祝成业、龚腾飞、张礼财：《高校新校区绿色校园文化建设探究——以北京中医药大学为例》，《住区》2017年第S1期。

［78］庄瑜：《"象牙塔里的绿肺"——以教育为导向的国内外中小学绿色学校建设》，《外国中小学教育》2013年第3期。

［79］Alshuwaikait, H. M., Abubakar, I., "An integrated approach to achieving campus sustainability: assessment of the current campus environmental management practices," in *Journal of Cleaner Production*, Vol. 16(2008).

[80] Cortese, A. D., "The critical role of higher education in creating a sustainable future," in *Planning for Higher Education*, Vol. 31, No. 3(2003).

[81] Keoy, K. H., "An Exploratory Study of Readiness and Development of Green University Framework in Malaysia," in *Procedia-Social and Behavioral Sciences*, Vol. 50(2012).

[82] Lozano, R., "A tool for a graphical assessment of sustainability in universities (GASU)," in *Journal of Cleaner Production*, Vol. 14(2006).

（二）专著类

[1] [奥]路德维希·冯·贝塔朗菲:《一般系统论》,林康义等译,北京:社会科学文献出版社,1987年。

[2] 芭芭拉·沃德等:《只有一个地球》,《国外公害丛书》编委会译,长春:吉林人民出版社,1997年。

[3] 陈玉琨:《教育评价学》,北京:人民教育出版社,1999年。

[4] 丁国君:《丁国君与绿色教育》,北京:北京师范大学出版社,2015年。

[5]《广西环境年鉴2016》,南宁:广西人民出版社,2017年。

[6]《广西环境年鉴2017》,南宁:广西人民出版社,2018年。

[7]《广西环境年鉴2018》,南宁:广西科学技术出版社,2018年。

[8]《广西环境年鉴2019》,桂林:漓江出版社,2020年。

[9]《广西环境年鉴2020》,桂林:漓江出版社,2020年。

[10]《广西环境年鉴2021》,桂林:漓江出版社,2022年。

[11]《广西通志　环境保护志(1996—2005)》,南宁:广西人民出版社,

2020 年。

［12］《广西通志　环境保护志（1974—1995）》，南宁：广西人民出版社，2006 年。

［13］哈尔滨市环境保护局、哈尔滨工业大学环境与社会研究中心：《道法自然：生态智慧与理念》，北京：中国环境科学出版社，2001 年。

［14］侯爱荣：《基于绿色视角的大学建设研究》，北京：中国社会科学出版社，2014 年。

［15］黄宇：《可持续发展视野中的大学：绿色大学的理论与实践》，北京：北京师范大学出版社，2012 年。

［16］焦志延：《探索可持续发展教育之路论文集》，北京：中国环境科学出版社，2011 年。

［17］焦志延：《我国可持续发展战略框架下绿色大学进展的实证研究》，北京：中国环境科学出版社，2010 年。

［18］金岳霖：《形式逻辑》，北京：人民出版社，1979 年。

［19］李红梅：《绿色发展理念与"服务绿色崛起"的理论与实践研究》，北京：人民出版社，2018 年。

［20］廖福霖：《生态文明建设理论与实践》，北京：中国林业出版社，2001 年。

［21］刘培哲等：《可持续发展理论与中国 21 世纪议程》，北京：气象出版社，2001 年。

［22］刘伊生、陈峰、郑广天：《建设绿色大学，促进低碳发展：北京交通大学节约型校园建设模式》，北京：北京交通大学出版社，2012 年。

［23］卢洪刚：《绿色大学建设理论与实践》，青岛：中国石油大学出版

社,2015 年。

［24］《马克思恩格斯选集》(第四卷),北京:人民出版社,2012 年。

［25］〔美〕德内拉·梅多斯等:《增长的极限》,李涛等译,北京:机械工业出版社,2013 年。

［26］〔美〕蕾切尔·卡森:《寂静的春天》,吕瑞兰等译,上海:上海译文出版社,2014 年。

［27］〔美〕梭罗:《瓦尔登湖》,徐迟译,上海:上海译文出版社,2011 年。

［28］裴娣娜:《教育研究方法导论》,合肥:安徽教育出版社,1994 年。

［29］孙杰远:《教育研究方法》,北京:高等教育出版社,2016 年。

［30］王民:《绿色大学与可持续发展教育》,北京:地质出版社,2006 年。

［31］乌杰:《系统哲学基本原理》,北京:人民出版社,2014 年。

［32］叶平、迟学芳:《从绿色大学运动到全国生态文明宣传教育》,北京:中国环境出版集团,2018 年。

［33］叶平、武高辉:《中国"绿色大学"研究进展》,长春:吉林人民出版社,2001 年。

［34］袁清林:《中国环境保护史话》,北京:中国环境科学出版社,1990 年。

［35］岳伟等:《生态文明教育研究》,北京:中国社会科学出版社,2020 年。

［36］曾广荣、易可君、欧阳绪清等:《系统论·控制论·信息论概要》,长沙:中南工业大学出版社,1986 年。

［37］张宏伟、张雪花：《绿色大学建设理论与实践》，天津：天津大学出版社，2011年。

［38］张家太、徐彻：《现代汉语褒贬用法词典》，沈阳：辽宁人民出版社，1992年。

［39］郑金洲等：《学校教育研究方法》，北京：教育科学出版社，2003年。

［40］《中共中央国务院关于加快推进生态文明建设的意见》，北京：人民出版社，2015年。

［41］《中国21世纪议程——中国21世纪人口、环境与发展白皮书》，北京：中国环境科学出版社，1994年。

［42］朱群芳、王雅平、马月华：《环境素养实证研究》，北京：中国环境科学出版社，2009年。

［43］John，E.，*Cannibals with Forks: The Triple Bottom Line of 21st Century Business*，Philadelphia，PA：New Society Publishers，1998.

［44］Leal，F.，Ed，W.，*Sustainability at Universities Opportunities，Challenges and Trends*，Frankfurt：Peter Lang，2009.

（三）学位论文

［1］敖四江：《高校低碳校园建设研究》，硕士学位论文，江西农业大学，2011年。

［2］白继萍：《绿色大学视野下高校生态德育模式研究》，硕士学位论文，南京财经大学，2014年。

［3］陈建平：《绿色大学评价指标体系的初步研究：以西南交通大学犀浦校区为例》，硕士学位论文，西南交通大学，2004年。

［4］陈英：《绿色学校：现代教育改革与发展的新取向》，硕士学位论文，山东师范大学，2006年。

［5］樊颖颖：《绿色大学之环境教育课程模式》，硕士学位论文，广州大学，2012年。

［6］盖章涛：《绿色大学评价：基于价值的研究》，硕士学位论文，山东科技大学，2009年。

［7］金玉婷：《构建绿色校园文化建设的评价体系》，硕士学位论文，北京林业大学，2010年。

［8］阚茜：《安徽省高校生态文明教育研究》，硕士学位论文，安徽工程大学，2016年。

［9］黎旋：《广西高校绿色大学建设现状研究——以A大学为例》，硕士学位论文，广西师范大学，2020年。

［10］李兴华：《高中生态文明素质教育的现实困境及对策研究》，硕士学位论文，河南师范大学，2015年。

［11］李允海：《创建"绿色学校"：高中开展环境教育的实践探索》，硕士学位论文，东北师范大学，2006年。

［12］刘芳芳：《环境学科在绿色大学建设中技术支持作用研究》，硕士学位论文，华中科技大学，2011年。

［13］刘刚：《构建绿色大学管理体系对策研究：以C大学为例》，硕士学位论文，北京林业大学，2019年。

［14］刘彤：《清华大学绿色大学建设与管理研究》，硕士学位论文，北京林业大学，2018年。

［15］刘骁：《湿热地区绿色大学校园整体设计策略研究》，博士学位论

文,华南理工大学,2017年。

[16]刘亚月:《绿色大学建设的理论与实践研究:以南京工业大学为例》,硕士学位论文,南京工业大学,2015年。

[17]孟庆艳:《绿色行动者的主体自觉何以可能:高校教育的绿色理念研究》,硕士学位论文,苏州大学,2010年。

[18]石艳峰:《中国绿色大学建设研究》,硕士学位论文,北京林业大学,2017年。

[19]邰皓:《高校绿色校园建设问题研究:以清华大学为例》,硕士学位论文,东北师范大学,2014年。

[20]韦娅:《绿色学校环境教育可持续发展研究:基于昆铁五中师生视角》,硕士学位论文,云南大学,2014年。

[21]温丽馨:《绿色大学建设的环境伦理纬度探析》,硕士学位论文,南京林业大学,2012年。

[22]吴寰:《基于使用后评价的高校绿色校园评价标准优化研究:以深圳大学为例》,硕士学位论文,深圳大学,2018年。

[23]杨光:《中国绿色学校环境教育实施框架研究:以第二批全国创建绿色学校活动先进学校(中学)为例》,硕士学位论文,首都师范大学,2003年。

[24]杨佳玲:《绿色学校创建初探》,硕士学位论文,湖南师范大学,2006年。

[25]杨凯东:《中国环境教育的理念及模式研究》,硕士学位论文,东北林业大学,2006年。

[26]杨琦:《绿色大学校园规划设计研究与实践》,硕士学位论文,西南

交通大学,2010 年。

〔27〕杨潇慧:《绿色学校学生环境意识的调查研究:以商丘市高中为例》,硕士学位论文,沈阳师范大学,2011 年。

〔28〕杨怡:《高职高专院校"绿色学校"建设研究:以江苏省 J 学院为例》,硕士学位论文,湖北工业大学,2019 年。

〔29〕张纯大:《绿色大学创建的理论与实践:以浙江师范大学为例》,硕士学位论文,中南林业科技大学,2007 年。

〔30〕张静:《科学发展观视阈下绿色大学建设研究》,硕士学位论文,南京财经大学,2015 年。

〔31〕张允艳:《面向绿色大学建设的高校节能体系研究》,硕士学位论文,河北工业大学,2011 年。

〔32〕赵启鹏:《山东大学创建绿色大学的探索与实践》,硕士学位论文,山东大学,2015 年。

〔33〕周垚:《苏州市生态文明建设背景下的绿色学校创建研究》,硕士学位论文,苏州科技大学,2016 年。

（四）论文集

〔1〕《2007 年海峡两岸环境与可持续发展教育研讨会论文集》,北京师范大学、国家环保总局宣教中心、高雄师范大学,2007 年。

〔2〕《大学绿色教育国际学术研讨会论文集》,1999 年。

〔3〕《海峡两岸环境教育研讨会论文集》,台中师范学院出版社,2002 年。

（五）其他

〔1〕《全国生态环境保护纲要》(国发〔2000〕38 号)

［2］《全国环境宣传教育行动纲要（1996—2010 年）》

［3］《国务院关于落实科学发展观加强环境保护的决定》（国发〔2005〕39 号）

［4］《2001—2005 年全国环境宣传教育工作纲要》（环发〔2001〕85 号）

［5］《全国环境宣传教育行动纲要（2011—2015 年）》（环发〔2011〕49 号）

［6］《2013 年全国环境宣传教育工作要点》（环办〔2013〕8 号）

［7］《"十三五"生态环境保护规划》（国发〔2016〕65 号）

［8］《绿色生活创建行动总体方案》（发改环资〔2019〕1696 号）

［9］《关于加快推动生活方式绿色化的实施意见》（环发〔2015〕135 号）

［10］《关于加快推进生态文明建设的意见》（国务院公报,2015 年第 14 号）

［11］《生态广西建设规划纲要》（桂政发〔2007〕34 号）

［12］《中共广西壮族自治区委员会、广西壮族自治区人民政府关于推进生态文明示范区建设的决定》（桂发〔2010〕4 号）

［13］《关于开展创建"绿色大学"活动的通知》（桂环字〔2003〕22 号）

［14］《云南省绿色大学创建工作指南（试行）》（云环〔2019〕8 号）

［15］《2019 年全国教育事业发展统计公报》,http//www. moe. gov. cn/jyb_sjzl/sjzl_fztjgb/202005/t20200520_456751. html。

［16］习近平:《决胜全面建成小康社会　夺取新时代中国特色社会主义伟大胜利——在中国共产党第十九次全国代表大会上的报告》,https://www. 12371. cn/2017/10/27/ARTI1509103656574313. shtml。

［17］《以习近平生态文明思想引领绿色大学建设》,http://dangjian. people. com. cn/GB/n1/2018/0806/c117092-30211046. html。

［18］广西壮族自治区绿色环保系列创建活动办公室编印：《绿色创建 一路同行——广西绿色环保系列创建十五年经验汇编》，广西壮族自然区内部资料性出版物，准印证号：桂 1014690，2015 年。

［19］BRE，Breeam Education，2011．

［20］*Green Mark for NR*，2015．

后　记

2014年，我们承接了广西教育科学"十二五"规划2012年度委托重点课题"教育公共机构节能减排研究"。随着课题研究的深入，我们探讨了绿色学校创建话题。2020年课题结题后，我们决定继续研究绿色学校的相关问题：绿色学校的渊源是什么，如何理解绿色学校的价值，如何创建绿色学校，我国绿色学校创建成效如何，新时代绿色学校创建如何创新？

随着研究的深入，我们发现了比绿色学校更有意思且值得探讨的话题：绿色教育。绿色教育是一个比较新的话题，其内涵相当丰富。我们发现，倡导和推进绿色教育，既要培养青少年的绿色环保意识，还要把绿色发展的要义引入学校管理和教育教学中，把环境教育、生态文明教育渗透于学科专业的教育教学过程；绿色教育还应主张教育就是促进人的成长、促进生命的成长和发展，引导青少年尊重自然、敬畏自然，尊重生命、敬畏生命。绿色教育的宗旨与当下政府正在大力推进的"双减"行动同向而行，这都是与素质教育、教育现代化密切相关的话题和行动。然而，绿色教育到底如何理解、如何推进是一个值得继续讨论的话题。

我从事研究生教育管理二十余年，担任硕士研究生导师近二十年，对研究生教育有一些思考，其中一个重要观点或理念，就是研究生培养一定要重视科研训练环节。课程学习是研究生培养的基本环节，科研训练同样是研究生特别是学术型研究生培养的重要的、必不可少的环节。如果没有科研训练这个环节,那么研究生和本科生的培养就没有多大的差异。研究生科研训练如何实现,其渠道之一就是研究生直接参与课题研究。参与谁的课题?主要是导师的课题。研究生也可以自己申请课题,但并不是每个研究生都能够申请到课题,绝大部分研究生主要还是参与导师的课题研究。我要求我所指导的研究生必须参与课题研究,尽量参与课题研究的全过程,包括课题申报、文献资料查阅和分析、课题调研、数据分析、撰写研究报告或者学术论文乃至参与著作的撰写。所以,我的不少研究生参与了这个课题的研究。我们一起讨论课题,一起调研,一起查阅图书资料。调研范围涉及行政管理部门、中小学校、高等学校。行政管理部门包括广西壮族自治区生态环境厅、教育厅、机关事务管理局,以及桂林市机关事务管理局;高等学校有广西师范大学、桂林电子科技大学、广西科技大学等;中小学包括桂林的广西师范大学附属外国语学校、临桂中学、榕湖小学、荔浦中学和荔浦三中,柳州的景行小学、羊角山小学,南宁的南宁二中、秀田小学和位子渌小学,以及全州和灌阳的中小学校。访谈了部门负责人、学校领导以及暑假期间回广西师范大学参加活动的在中小学工作的校友。正因为如此,本书撰写者大都是我指导的研究生,大致有六、七届研究生以不同方式参与了这个课题。

以上是本课题完成时间跨度较大的主要原因。

本书各章撰写者分别为:第一章"绿色教育的内涵及其价值",黄茜;第二章"绿色教育的演进和实践进展",李燕华;第三章"绿色学校:绿色教育的主要主体",黎旋;第四章"我国绿色学校创建的回顾和反思",黎旋、王一冰;第五章"广西绿色学校创建的实践探索",韦夏妮、黎旋、陈闻、黄春燕;第六章"学校环境保护法制教育专题研究",石爽;第七章"绿色教育发展策略分析",陈闻、王孜、黎旋。韦金鹤、亓瑶、朱睿、葛畅参与了课题调研,张颖星、辜晓君帮助整理了资料。万卫博士、余勇博士对本书撰写提出了诸多中肯意见。全书由陈闻拟定框架，并负责统稿、审稿、定稿。

在课题调研过程中，得到了桂林临桂中学的虞小燕副校长、柳州羊角山小学的蒋雪蓉校长、南宁位子渌小学青军校长、桂林榕湖小学龙桂丽校长、广西壮族自治区环境保护宣传教育中心梁雅丽主任等给予的支持和帮助，在此深表谢意。

感谢广西壮族自治区招生考试院罗索院长为课题的研究提供的大力支持，感谢广西师范大学校长孙杰远教授对本书的撰写和出版所给予的指导、支持并为本书作序，感谢广西师范大学出版社编辑为本书的撰写和出版给予的指导和帮助。

我妻子蒋红彬教授，作为环境法学学者，从专业角度对本书的撰写提出了不少意见和建议，在此一并致谢。

关于绿色教育的讨论仅仅是一个开始，还有很多理论和实践问题有待进一步探索，加之课题研究参与人员的资历、阅历和学识水平有限，本书存在不足和问题在所难免，敬请各位批评指正。

陈　闻

2023 年 9 月于桂林独秀峰下